汽轮机数字式电液调节系统

Steam turbine digital electro-hydraulic control system

肖增弘 徐 丰 编著

中国电力出版社
CHINA ELECTRIC POWER PRESS

内 容 提 要

本书从阐述汽轮机调节系统的基本概念出发,系统地介绍了汽轮机数字式电液调节系统的组成、功能及工作原理。本书主要内容包括汽轮机调节系统的基本概念,功频电液调节系统,汽轮机数字式电液调节系统的数字系统、模拟系统,电液调节系统中的主要部件,EH 供油系统,电液伺服执行机构,危急遮断系统,润滑油系统,数字式电液调节系统的运行维护及故障处理,典型机组的电液调节系统等。

本书可供大专院校电厂集控运行专业和电厂热能动力工程专业的师生使用,也可供从事火电设备运行、检修的工程技术人员参考。

图书在版编目（CIP）数据

汽轮机数字式电液调节系统/肖增弘,徐丰编著.
北京:中国电力出版社,2003.4（2025.1 重印）

ISBN 978-7-5083-1426-6

Ⅰ.汽… Ⅱ.①肖…②徐… Ⅲ.蒸汽透平-液压调节系统,数字式 Ⅳ.TK263.7

中国版本图书馆 CIP 数据核字（2003）第 008595 号

中国电力出版社出版、发行

（北京市东城区北京站西街 19 号 100005 http://www.cepp.sgcc.com.cn）
北京雁林吉兆印刷有限公司印刷
各地新华书店经售

*

2003 年 4 月第一版 2025 年 1 月北京第十六次印刷
787 毫米×1092 毫米 16 开本 14 印张 312 千字 1 插页
印数 27001—28000 册 定价 **39.00** 元

前　言

　　随着科学技术的迅速发展，对汽轮机自动控制的要求越来越高。汽轮机电液调节系统已被广泛使用，并日趋成熟。目前，新投产的大、小容量机组以及已投产的300MW及以上的机组均广泛采用了计算机控制。以往采用液压调节系统的50MW、100MW、125MW以及200MW等机组均改造为采用电液调节或电液调节为主、液压调节为备用的调节系统。然而，相关的科技书却极度缺乏。为满足广大工程技术人员的迫切需要，我们编著了本书。

　　本书根据国内机组实际情况，以上海新华电站控制工程有限公司生产的300MW火电机组汽轮机数字式电液调节系统为例，系统地介绍了该系统的数字系统、模拟系统及其液压部件；同时，根据现场运行经验，介绍了电液调节系统检修方面的内容；最后还介绍了50MW、125MW及200MW机组改造后的电液调节系统工作原理。

　　全书共分十二章，主要内容包括汽轮机调节系统的基本概念，功频电液调节系统，汽轮机数字电液调节系统的数字系统和模拟系统，电液调节系统中的主要部件，EH供油系统，电液伺服执行机构，危急遮断系统，润滑油系统，电液调节系统的运行维护及故障处理，几种典型机组的电液调节系统的工作原理、特点等。

　　本书由沈阳电力高等专科学校肖增弘、铁岭发电厂徐丰编著，东北电力学院叶荣学教授、白俊文高级工程师对原稿进行了仔细地审阅，并提出了许多宝贵的意见。在本书编写过程中，得到了铁岭发电厂黄宝诚值长、张士强专工等的大力支持和热情帮助，在此一并表示衷心的感谢。

　　由于时间仓促、编者水平有限，不妥之处在所难免，诚恳希望读者批评指正。

编著者

2003 年 2 月

目　录

前言

第一章　汽轮机调节系统的基本概念 ···································· 1

第一节　汽轮机自动调节的基本内容 ································ 1

第二节　汽轮机自动调节系统的发展 ································ 2

第三节　汽轮机自动调节系统的基本原理 ·························· 3

第二章　功频电液调节系统 14

第一节　功频电液调节系统的工作原理 ···························· 14

第二节　功频电液调节系统的静态特性 ···························· 16

第三节　功频电液调节系统的反调现象 ···························· 16

第三章　数字式电液调节系统（DEH） ···························· 19

第一节　概述 ·· 19

第二节　数字式电液调节系统的组成 ································ 21

第三节　数字式电液调节系统的功能 ································ 24

第四节　数字式电液调节系统的运行方式 ·························· 26

第五节　数字式电液调节系统的工作原理 ·························· 26

第六节　汽轮机自动控制（ATC） ·································· 34

第四章　数字式电液调节系统的数字系统 37

第一节　设定值处理和控制运算 ···································· 37

第二节　高压主汽阀的数字系统 ···································· 41

第三节　高压调节汽阀的数字系统 ·································· 45

第四节　中压调节汽阀的数字系统 ·································· 59

第五章　数字式电液调节系统的模拟系统 ···························· 62

第一节　概述 ·· 62

第二节　高压主汽阀的模拟系统 ···································· 64

第三节　高压调节汽阀的模拟系统 ·· 66

第四节　中压调节汽阀的模拟系统 ·· 69

第五节　超速保护控制系统 ·· 70

第六节　模拟系统的操作逻辑 ·· 74

第六章　电液调节系统中的主要部件 ·· 76

第一节　电子调节装置 ··· 76

第二节　阀位控制装置 ··· 79

第三节　配汽机构 ··· 86

第四节　跟踪滑阀 ··· 89

第七章　EH 油系统 ··· 92

第一节　抗燃油 ··· 92

第二节　EH 抗燃油系统中的主要设备 ··· 95

第八章　电液伺服执行机构 ·· 105

第一节　高压主汽阀的执行机构 ·· 105

第二节　中压主汽阀的执行机构 ·· 111

第三节　高压调节汽阀的执行机构 ·· 112

第四节　中压调节汽阀的执行机构 ·· 114

第九章　危急遮断系统 ·· 117

第一节　电磁阀及控制块 ·· 119

第二节　机械超速保护与手动遮断 ·· 124

第三节　危急跳闸装置（ETS） ··· 129

第十章　润滑油系统 ·· 136

第一节　供油系统 ··· 136

第二节　润滑油系统的主要设备 ·· 139

第十一章　数字式电液调节系统的运行维护与故障处理 ······························· 152

第一节　数字式电液调节系统的正常运行 ·· 152

第二节　数字式电液调节系统的维护与故障处理 ······································· 160

第三节　数字式电液调节系统的事故处理实例 ··· 161

第十二章　典型机组的数字式电液调节系统 ··· 164

第一节　几种改造方案的特点 ·· 164

第二节　50MW 机组的数字式电液调节系统 ………………………………………… 167

第三节　125MW 机组的数字式电液调节系统 ……………………………………… 168

第四节　200MW 机组的数字式电液调节系统 ……………………………………… 181

参考文献 ………………………………………………………………………………… 215

第一章

汽轮机调节系统的基本概念

第一节　汽轮机自动调节的基本内容

汽轮机是大型高速运转的原动机，通常在高温、高压下工作，它是火电厂中最主要的设备之一。汽轮机调节的任务是，首先要保证汽轮机安全运行，其次要满足用户所需要的功率，再次要保证电网周波不变，因为周波过高、过低都将直接影响用户的正常工作，要求周波不变就是要求汽轮机的转速不变。汽轮机往往具有相当完善的自动控制系统，这些系统所包含的内容大体上可分成以下几个方面。

一、自动检测系统

为了监视汽轮机的工作情况，在汽轮机上设置了各种检测仪表，以监视其主要运行参数。这些仪表除了具有指示功能以外，有的还具备自动记录、报警等功能，在计算机的配合下，还可以实现趋势预测、事故追记、效率计算等数据处理功能。

目前，大容量汽轮机自动检测内容包括：发电机功率，新蒸汽压力与温度，真空度，监视段抽汽压力，润滑油压，调节油压，转速，油动机行程，转子轴向位移，转子与汽缸的相对膨胀，汽缸的热膨胀，汽缸与转子的热应力，汽轮机的振动，主轴挠度，轴承温度与润滑油温度，推力瓦温度，推力轴承油膜压力，油箱油位和上、下汽缸温差等。

随着汽轮机容量的不断增大，一套完善的自动检测系统是保证汽轮机安全运行必不可少的条件，大功率的汽轮机目前采用数据采集系统（DAS），完成对上述参数的自动测量、显示、报警和打印制表。

二、自动保护系统

为了保证机组的安全运行，在汽轮机上一般设置了各种自动保护设备。当汽轮机的运行参数超出正常范围时，自动保护设备将根据情况及时动作，发出警报，提醒运行人员及时采取措施或自动采取措施。当运行参数超过机组安全运行允许的范围时，它将及时动作，使汽轮机自动停机，避免事故的进一步扩大。

目前，大功率汽轮机自动保护装置的主要内容有超速保护、低油压保护、轴向位移保护、差胀保护、低真空保护、振动保护等。

为了能够可靠地对汽轮机进行保护，对某些参数还采取了双重甚至多重保护，例如汽轮机的超速保护（OPC）。

三、自动调节系统

汽轮机带动发电机向外供电，由于电力用户要求提供足够数量的电能，并保证供电质量，因此汽轮机必须设置自动调节系统。电的频率是供电质量的主要标志之一，为了使电频率维持在一定的精确度范围之内，要求汽轮机具备高性能的转速自动调节系统。

除了转速调节系统以外，大功率汽轮机一般还具有汽封汽压调节系统、旁路调节系统、凝汽器水位调节系统及热应力控制系统，这些系统有的和转速调节系统连在一起，形成多变量调节系统，有的是独立系统。

四、程序控制系统

汽轮机的程序控制系统又称为汽轮机自启、停控制系统。目前，大功率汽轮机主要根据机组热应力来控制其自启、停过程的。

汽轮机采用自启、停，不但可以节约劳动力和减轻工作的劳动强度，而且还可以缩短启动时间，避免误操作，提高汽轮机运行的经济性和可靠性。

第二节　汽轮机自动调节系统的发展

汽轮机的自动调节系统已经有了相当长的历史，可以说，汽轮机在实现了自动化之后，也就是配备了调节系统之后才得到工程实际应用的。

一、机械液压式调节系统（MHC）

早期的汽轮机调节系统是由离心飞锤、杠杆、凸轮等机械部件和错油门、油动机等液压部件构成的，称为机械液压式调节系统（mechanical hydraulic control，MHC），简称液调。其示意如图 1-1 所示。这种系统的控制器是由机械元件组成的，执行器是由液压元件组成的。通常只具有窄范围的闭环转速调节功能和超速跳闸功能，并且系统的响应速度较低，由于机械间隙引起的迟缓率较大，静态特性是固定的，不能根据要求任意改变，但是由于它的可靠性高，并且能满足机组运行的基本要求，所以至今仍在使用。

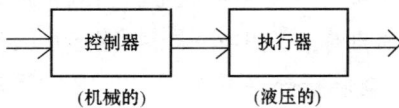

图 1-1　机械液压调节装置示意图　　　　图 1-2　电气液压式调节装置示意图

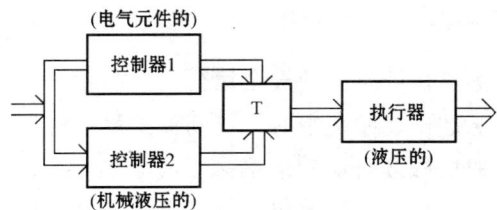

二、电气液压式调节系统（EHC）

随着机组单机容量的增加，再热机组的出现，单元制运行方式和滑压运行方式的采用，机组的启、停次数随两班制运行方式的出现而增加，以及电网集中调度等问题的提出，对汽轮机调节系统提出了更高的要求，仅依靠机械液压式调节系统已不能完成控制任务。这时产生了电气液压式调节系统（electric hydraulic control，EHC），简称电液调节，其示意图如图 1-2 所示。

这种系统有两个控制器，控制器 1 由电气元件组成，控制器 2 由机械元件组成，执行部件仍保留原来液压部分。这种系统很容易实现信号的综合处理，控制精确度高，能适应复杂的运行工况，而且操作、调整和修改都比较方便。由于早期电气元件的可靠性还比较低，组成电路的可靠性还不能满足汽轮机调节系统的要求，因此保留了控制器 2 作为后备，当电调的电路因故障退出工作时，还有机械液压式调节系统接替工作，以保证机组的安全连续运行。

三、模拟式电气液压调节系统（AEH）

随着电气元件可靠性的提高，20 世纪 50 年代中期，出现了不依靠机械液压式调节系统作后备的纯电调系统。开始采用的纯电调系统是由模拟电路组成的，称为模拟式电气液压调节系统（analog electric hydraulic control，AEH），也称模拟电调，其示意图如图 1-3 所示。这种系统的控制器是由模拟电路组成的，执行部件仍保留原有的液压部分，两者之间通过电液转换器相连接。

四、数字式电气液压调节系统（DEH）

数字计算机技术的发展及其在过程自动化领域中的应用，将汽轮机控制技术又向前推进了一大步，20 世纪 80 年代出现了以数字计算机为基础的数字式电气液压控制系统（digital electric hydraulic control，DEH），简称数字电调，其示意图如图 1-4 所示。其组成特点是控制器用数字计算机实现，执行部件保留原有的不变。早期的数字电调大多是以小型计算机为核心的，微机出现后，数字电调也采用了微机。近年来，在分散控制系统发展的影响下，均采用了由分散控制系统组成的电调。本书主要介绍上海新华电站控制工程有限公司生产的汽轮机数字式电液调节系统。

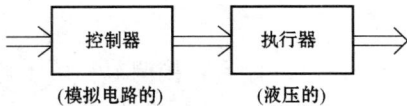

图 1-3　模拟式电气液压调节装置示意图　　　　图 1-4　数字式电气液压控制装置示意图

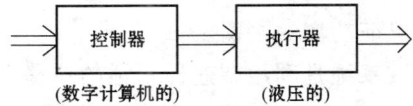

第三节　汽轮机自动调节系统的基本原理

一、概述

电力生产对发电用的汽轮机调节系统提出了两个基本要求，一是保证能够随时满足用户对电能的需要；二是使机组能维持一定的转速，保证供电的频率和机组本身的安全。

汽轮发电机组的电功率与汽轮机的进汽参数、排汽压力、进汽量有关。如果汽轮机的进汽参数和排汽压力均保持不变，那么机组发出的电功率基本上与汽轮机的进汽量成正比，当电力用户的用电量（即外界电负荷）增大时，汽轮机的进汽量应增大，反之亦然。如果外界电负荷增加（或减少）时，汽轮机进汽量不做相应增大（或减小），那么，汽轮机的转速将会减小（或增大）。为使汽轮发电机发出的电功率与外界电负荷相适应，机组将在另一转速下运行，这就是汽轮机的自调节性能。

若仅依靠自动调节性能，将会使汽轮机转速产生很大的变化。这是因为外界电负荷的变化是很大的，仅依靠汽轮机的自动调节性能，不但不能保证电能质量（电频率、电压），还会使发电机组并列困难。因此就必须在汽轮机上安装自动调节系统，利用汽轮机转速变化的信号对汽轮机进行调节。汽轮机调节系统总体上可划分为无差系统和有差系统两种。

（一）无差调节系统

一台汽轮发电机组单独向用户供电时，即孤立运行机组，根据自动控制原理，汽轮机调节系统可以采用无差调节系统。假设在某初始状态下，汽轮机的功率与负荷相等，其转速为额定值。由于某种原因，例如用户的耗电量增加，则发电机的反转矩加大，转子和转矩平衡遭到破坏，转速将要下降，这时汽轮机的调节系统将会动作，开大调节汽阀，增大进汽量，以改变汽轮机的功率，建立起新的转矩平衡关系，使转速基本保持不变。

采用无差调节系统的汽轮发电机组不利于并网运行，因此并网运行的汽轮发电机组几乎都采用有差调节系统。无差调节常被应用于供热汽轮机的调压系统中，使供热压力维持不变。

（二）有差调节系统

对于发电用的汽轮发电机组，其转速调节系统一般为有差调节系统。

1. 直接调节

图 1-5 是汽轮机转速直接调节系统的示意图，当汽轮机负荷减少而导致转速升高时，离心调速器的重锤向外张开，通过杠杆 2 关小调节汽阀 3，使汽轮机的功率相应减少，建立起新的平衡。负荷增加时，转速降低，重锤向内移动，开大调节汽阀，增大汽轮机的功率。由此可见，由于设置了调速器，不仅能使转速维持在一定的范围之内，而且同时还能自动保证功率的平衡。

该系统是利用调速器重锤的位移直接带动调节阀的，所以称为直接调节。由于调速器的能量有限，一般难以直接带动调节汽阀，所以应将调速器滑环的位移在能量上加以放大，从而构成间接调节系统。

2. 间接调节

图 1-6 是最简单的一级放大间接调节系统。在间接调节系统中，调速器所带动的不是调节汽阀，而是错油门。转速升高时，调速器 1 的滑环 A 向上移动，通过杠杆 2 带动错油门 5 向上移动，这时错油门滑阀套筒上的油口 m 和压力油管连通，而下部的油口 n 则和排油口相通。压力油经过油口 m 流入油动机 3 活塞的上腔，油动机活塞在上、下油压力之差的作用力推动下，向下移动，关小调节汽阀 4。转速降低时，调速器滑环向下移动，带

动错油门向下，这时油动机活塞下腔通过油口 n 和压力油路相通，而上腔则通过油口 m
和排油口相通，活塞上下的压力差推动活塞向上移动，开大调节汽阀。

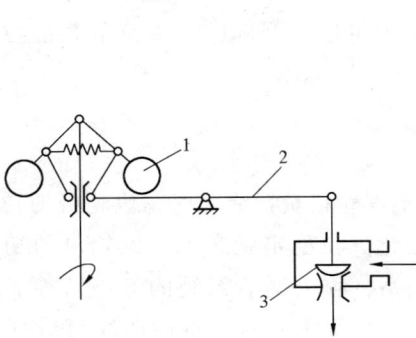

图 1-5　直接调节系统

1—飞锤；2—杠杆；3—调节汽阀

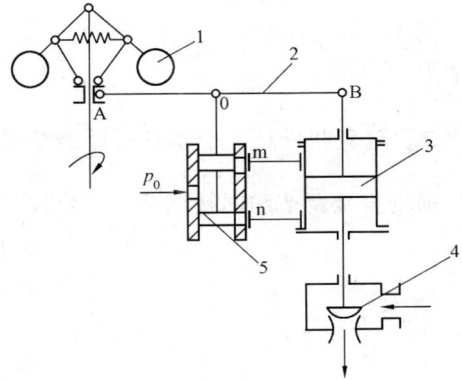

图 1-6　间接调节示意图

1—调速器；2—杠杆；3—油动机；

4—调节汽阀；5—错油门

从以上分析可知，一个闭环的汽轮机自动调节系统可分成下列四个组成部分：

（1）转速感受机构。它是用来感受转速的变化，并将转速变化转变为其他物理量变化
的调节机构。图 1-6 系统中的离心飞锤调速器就是转速感受机构的一种形式，它接受转速
变化信号，输出滑环位移的变化。

（2）传动放大机构。它是处于转速感受机构之后、配汽机构之前的，起着信号传递
和放大作用的调节机构。图 1-6 系统中的滑阀、油动机以及杠杆属于传动放大机构，它
感受调速器的信号（滑环位移），并经滑阀和油动机放大，然后以油动机的位移，传递
给配汽机构。

（3）配汽机构。它是接受由转速感受机构通过传动放大机构传来的信号，并能依此来
改变汽轮机进汽量的机构。图 1-6 系统中的调节汽阀以及与油动机活塞连接的杠杆就属于

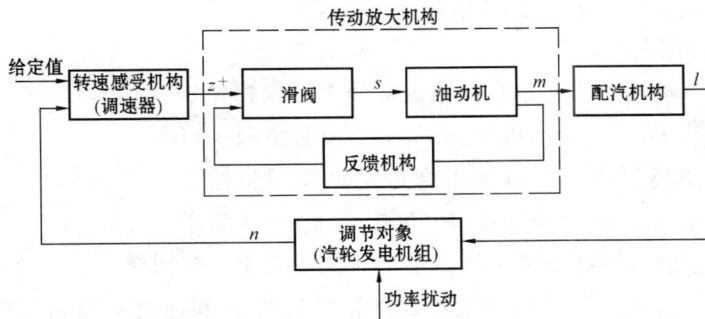

图 1-7　汽轮机调节系统框图

z—调速器滑环位移；s—油动机滑阀位移；

m—油动机位移；l—调节汽阀升程；n—汽轮机转速

5

配汽机构。

(4) 调节对象。对汽轮机调节来说，调节对象就是汽轮发电机组。当汽轮机进汽量改变时，汽轮发电机组发出的功率也相应发生变化。

图1-7是用框图表示的调节系统框图。从图1-7中可以很明确的看出调节系统各组成环节之间的关系。

二、汽轮机液压调节系统的静态特性

根据直接调节和间接调节的工作原理，可以看到汽轮机负荷变化时，汽轮机的转速也会相应发生变化。在稳定状态下，汽轮机的功率与转速之间的关系，称为调节系统的静态特性。静态特性曲线如图1-8所示。静态特性曲线可以通过计算或空负荷试验及带负荷试验的方法获得，也可以采用做图法。

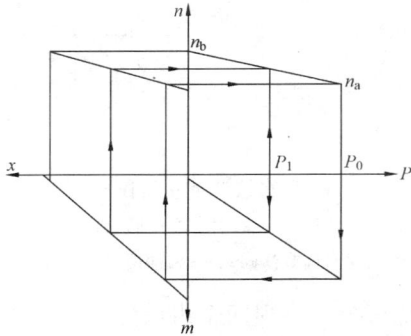

图1-8 调节系统的静态特性曲线

（一）静态特性曲线

确定调节系统的静态特性曲线需要预先知道组成系统各元件的静态特性，下面以图1-6的间接调节系统作为例子，说明怎样用做图方法来确定调节系统的静态特性。假设调速器的静态特性、油动机和错油门的静态特性和调节汽阀的升程流量特性均为已知。

(1) 调速器的静态特性：$x = f(n)$。调速器转速 n 升高，则滑环的位移 x 也相应增大，静态特性曲线如图1-8的第 II 象限所示。

(2) 油动机和错油门的静态特性曲线 $m = f(x)$。滑环位移 x 越大，则油动机所带动的调节汽阀的开度 m 越小，静态特性曲线如图1-8的第 III 象限所示。

(3) 调节阀的升程流量特性曲线 $P = f(m)$。油动机行程（m）和汽轮机功率（P）之间存在着一一对应的关系，如图1-8的第 IV 象限所示。

任意选定某一功率 P，在第 IV 象限的曲线上可以找到所对应的油动机位移 m_1，按油动机位移 m_1，在第 III 象限上可以找到所对应的滑环位移 x_1，在第 II 象限的调速器特性上找到所对应的转速 n_1，最后按功率 P_1 和转速 n_1 绘在第 I

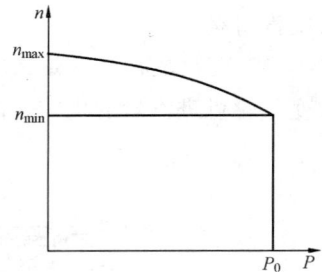

图1-9 用绘图法绘制
静态特性曲线

象限上，就得到了静特性线上的一个点。取不同的功率，按同样的方法，可以求得静特性线上的许多点，将这些点连接起来就得到汽轮机功率 P 和转速 n 的关系曲线，即汽轮机调节系统的静态特性。

（二）转速不等率和迟缓率

1．转速不等率 δ

调节系统的静态特性曲线是一条连续倾斜的曲线，其倾斜程度可用调节系统的转速不等率 δ 表示。根据图1-9所示的静特性曲线，可找到从空负荷到满负荷的转速变化值 $\Delta n = n_{max} - n_{min}$，则调节系统的转速不等率为

$$\delta = \frac{\Delta n}{n_0} \times 100\% = \frac{n_{max} - n_{min}}{n_0} \times 100\%$$

式中　n_{max}、n_{min}——空负荷和满负荷时对应的转速，r/min；

　　　　n_0——额定转速，r/min。

δ 是调节系统最重要的指标，从自动调节原理的角度讲，它相当于调节系统的比例带，既反映了一次调频能力的强弱，又表明了稳定性的好坏。如果特性曲线平坦，即 δ 较小，则一次调频能力较强。一次调频是指在电网负荷变化后，电网频率的变化将使电网中各台机组的功率相应地增大或减小，从而达到新的功率平衡，并且将电网频率的变化限制在一定的限度以内。从调频能力看，似乎 δ 越小越好，但 δ 过小，易引起调节系统不稳定，甚至引起系统强烈振荡；相反，δ 过大，虽可使调节系统稳定，但不能保证供电频率在规定的范围内。可见，δ 的大小对供电质量和调节系统的稳定性有十分重要的影响。

一般 δ 的范围为 3%~6%，常用的为 4.5%~5.5%，带基本负荷的汽轮机转速不等率应比带尖峰负荷的取得大些，但是所谓基本负荷和尖峰负荷也是相对的，它是随单机功率增大而变化的。因此，一般希望将转速不等率设计成连续可调，即可按运行情况调整。

2. 迟缓率

由于调节系统各部套间的连续部分存在着间隙、摩擦力以及错油门重叠度等原因，使机组在加负荷过程和减负荷过程中，静态特性曲线是不重合的，中间存在着带状宽度的不灵敏区，如图1-10所示，不灵敏区的转速差和额定转速之比称为调节系统的迟缓率 ε，也称为调节系统的不灵敏度，其关系式为

$$\varepsilon = \frac{n_2 - n_1}{n_0} \times 100\%$$

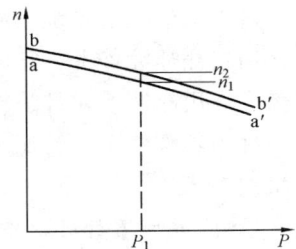

图1-10　静态特性曲线上的不灵敏区

式中　n_2——减负荷时，功率为 P_1 所对应的转速；

　　　　n_1——加负荷时，功率为 P_1 所对应的转速。

由于加负荷与减负荷过程中，两条静态特性曲线不一定互相平行，即不灵敏区的宽度是不一样的。其中转速最大差值 Δn_{max} 与额定转速 n_0 之比称为最大迟缓率，其关系式为

$$\varepsilon = \frac{\Delta n_{max}}{n_0} \times 100\%$$

调节系统迟缓率是一个重要的质量指标，一般要求越小越好。过大的迟缓率会引起机组的速度或负荷摆动，甚至引起调节系统不稳定。

（三）静态特性曲线的平移和同步器

汽轮发电机组有两种基本运行方式：一种是单机运行，即在电网中只有一台机组向用

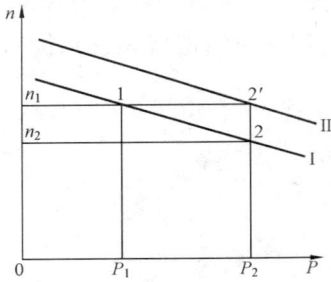

图 1-11 单机运行时平移静态特性曲线的作用

户供电；另一种是并网运行，此时在电网中同时有两台或两台以上机组向用户供电。

单机运行时，机组的负荷即等于用户的耗电量。根据调节系统的静态特性，负荷变化时机组的转速将要变化，因为交流电的频率与发电机的转速成正比，所以在负荷增加时，电网的频率将按照静态特性而略有降低；负荷减少时，频率将略有上升，如图 1-11 所示，当功率由 P_1 增加到 P_2，则转速（频率）将由 n_1 下降到 n_2。频率的变化显然是不希望的，为了补偿频率的变化，在调节系统中附加了一种频率（即转速）调整设备，称为同步器。它的作用是使静态特性曲线做平行的上下移动。从自动调节原理角度讲，操作同步器就相当于改变调节系统的给定值。当功率由 P_1 增加到 P_2 时，工作点由 1 移至 2，转速由 n_1 下降到 n_2。如果此时把静态特性曲线由 I 平移至 II，则工作点将由 2 移至 2'，此时汽轮机的功率仍为 P_2，而转速则由 n_2 上升到 n_1。可见，在单机运行时，平移静特性的结果是改变汽轮机的转速。汽轮机的功率则取决于外界的负荷，不受平移静态特性曲线的影响。

要实现静态特性曲线的平移，原则上只要对系统加入一个附加信号，使第 II、III、IV 象限中任意一个元件的静态特性曲线做平行移动即可，但是第 IV 象限中的油动机行程与汽轮机功率的特性曲线实际上是无法对之施加信号，使之平行移动的。

对于电液调节系统，静态特性曲线的平移是通过附加给定信号来实现的。附加给定信号作用在测速元件上，它的作用是平移测速元件的静态特性曲线，称为转速给定；附加给定信号作用在测速元件后的综合放大器上时，它的作用就是平移放大机构的静态特性曲线，称为功率给定。转速给定的作用是改变汽轮机的转速，而功率给定的作用则是改变汽轮机的功率。

（四）并网运行时的分配特性和二次调频

许多汽轮发电机联成一个电网是近代大规模供电方式。由于各台发电机有共同的转速，就好像机械地连接在一起。在这种情况下，各机组调节系统的作用将受到互相牵制。每一台机组的转速都取决于电网的频率，而电网的频率又由所有机组的调节系统综合工作所决定。因此，分配给电网中每台机组的负荷取决于各台机组调节系统的静态特性。

假设在电网中只有两台机组，它们的静态特性如图 1-12 所示。设电网的频率是 f_1，与 f_1 相应的转速是 n_1，根据两台机组的静态特性。I 号机和 II 号机的功率分别是 P'_I 和 P'_{II}，两台机组所发出功率的总和（$P'_I + P'_{II}$）应等于用户所消耗的功率 P'_L。设电网的负荷增加了 ΔP_L，使电网的频率从 f_1 下降到 f_2 时，机组的转速从 n_1 下降到 n_2，由静态特性曲线可知，I 号机和 II 号机的功率分别增大到 P''_I 和 P''_{II}，而且必然有 $\Delta P_L = \Delta P_I + \Delta P_{II}$ 的关系，这里 I 号机的功率变化（ΔP_I）比较大，而 II 号机其功率变化（ΔP_{II}）比较小，可见静态特性曲线平坦的机组比静态特性曲线较陡的机组承担的功率大。也就是说，转速不等率越大，则电网频率变化时，功率变化较小；而转速不等率越小，则电网频率变化时，功率变化越大。

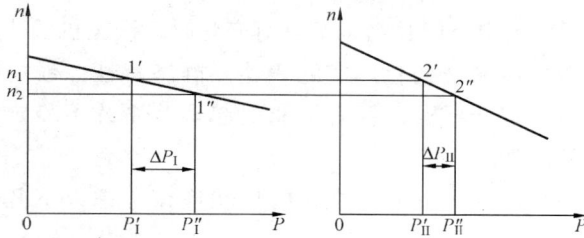

图 1-12　并网运行时的负荷分配

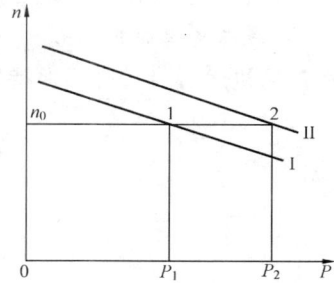

图 1-13　并网运行时平移
静态特性曲线的作用

　　并网运行时，也可以利用同步器平移某一台机组的静态特性曲线。但是它的作用将不是改变它的转速，而是改变它的功率。因为在一个电网里一般都有很多台发电机组同时向用户供电，每一台机组功率的变化对电网频率的影响可以认为是很微小的，所以可以近似地把电网频率看成是固定不变的常数。如图 1-13 所示，当把某一台机组的静特性由 Ⅰ 平移到 Ⅱ 时，由于电网的频率恒定不变，实际上电网的频率将略有升高，使其他机组的功率略有减少。这一台机组的功率增长恰好为其他机组功率的减少所抵消。因为电网中机组的台数很多，所以频率的变化和单机运行时相比要小很多。电网的调度人员正是利用这种办法来调整电网的频率，使之保持在额定值的范围内。这种调整频率的作用称为二次调频。

（五）静态特性曲线的平移范围

　　同步器的行程，也即静态特性曲线的平移范围应该能够满足汽轮机运行的要求。

　　在并网运行时，同步器的功能是改变汽轮发电机组的功率。所以，在电网频率不变，而且蒸汽的初温初压和背压都是额定值时，同步器的行程至少应使汽轮机的功率能够在零到额定功率之间做任意的变动。如图 1-14 所示，同步器的行程至少应该使调节系统静态特性曲线的变动范围等于它的转速不等率 δ。但实际上电网频率是变化的，它可能高于额定值，也可能低于额定值，另外，蒸汽的初温、初压和背压都可能偏离额定值。为了使机组在电网低周波时仍能减负荷到零或者仍能并入电网，要求同步器的行程能够使静态特性曲线在降低转速的方向再向下移动 3% ~ 5%。另外，为了使机组在初温、

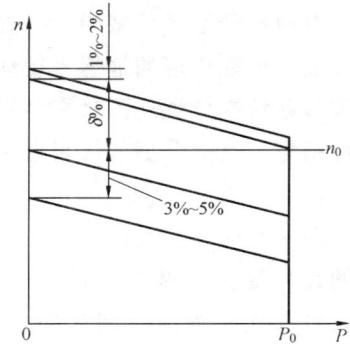

图 1-14　同步器的移动范围

初压降低，背压升高同时在电网频率升高时也能带上满负荷，要求同步器的行程能够在转速升高的方向再增加 1% ~ 2%。

　　同步器在降低转速方向扩大行程是没有害处的，实际上，在某些调节系统中，由于调速器几乎从零转速开始就有信号输出，所以同步器只要在低转速方向有足够的行程范围，就可以使机组在低转速时可以受到转速调节系统的控制，并利用同步器来使汽轮机升速并带上负荷。但是同步器在使汽轮机升速方向上若有过大的富裕行程是不适宜的，因为在操

作不当时，它可能使调节系统在甩负荷时的性能恶化。

（六）静态特性的合理形状

在汽轮机运行时，必须保持发电机频率恒定，但是当机组负荷变化时，汽轮机转速将按静态特性曲线变化。实践表明，静态特性曲线的形状如果不符合要求，将有可能引起调节系统不稳定等不正常的现象。

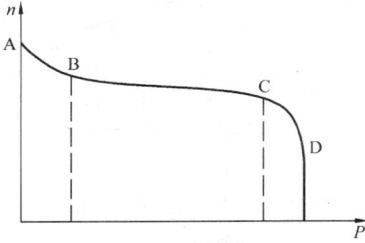

一般认为静态特性曲线的形状应该考虑以下几个方面：

（1）曲线的初始段，要求静态特性曲线的斜率大一些。

（2）在额定功率附近，静态特性曲线的斜率也应大一些。

图 1-15　合理的静态特性曲线

（3）静态特性曲线的中间段应该平滑地过渡，不允许出现斜率过小，甚至为零或者为负的现象，以避免出现局部不稳定。合理的静态特性曲线形状示意图如图 1-15 所示。

三、液压调节系统的动态特性

调节系统静态特性描述的是各稳定状态下功率与转速的对应规律，它与两状态之间的过渡过程无关。调节系统动态特性描述的是调节系统受到扰动后，被调量随时间的变化规律。研究调节系统动态特性的目的是：判别调节系统是否稳定，评价调节系统品质以及分析影响动态特性的主要因素，以便提出改善调节系统动态品质的措施。

（一）动态特性指标

对液压调节系统来说，一方面，转速是被调量，过高的转速会威胁设备运行安全；另一方面，可能出现的最恶劣扰动是机组甩全负荷，它是一个幅度最大的阶跃扰动信号。期望调节系统在此扰动下具有良好的调节性能。所以，研究甩全负荷时机组转速变化的动态特性指标，具有典型的代表意义。

1. 稳定性

图 1-16 为汽轮机甩全负荷时，转速的几种变化过程。图 1-16（a）上的三条过程线，都随时间 t 的加长而最终趋于由静态特性决定的空负荷转速 n_1。这样的过程被称为过渡过程。图 1-16（b）所示的三条过渡曲线，转速围绕 n_1 做不衰减的谐振（曲线 d），或者振幅随时间 t 逐渐增大（曲线 e），或者偏离额定转速后便一直扩散开去（曲线 f）。这些过程统称为不稳定过渡过程。图中纵坐标量为转速相对值，即 $\varphi = n/n_0$。

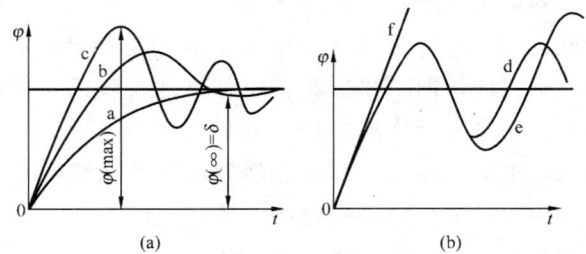

图 1-16　机组甩全负荷时的转速过渡过程
（a）稳定过程；（b）不稳定过程

生产工艺要求转速调节的过渡过程必须是稳定的，但其过渡过程可以是单调的，也可以是衰减振荡的，但明显的振荡次数要少于 3～5 次。

2. 精确性（转速动态偏差）

图 1-17 为甩全负荷时一种典型的转速过渡过程曲线。机组在额定负荷、额定转速下甩全负荷时，通过调节系统的调节，理应到达空负荷稳定工况，这一新的稳定工况点转速可按同步器在额定负荷位置处的静态特性关系求出：$n_s = (1 + \delta) n_0$。

在转速调节过程中，最大动态转速 n_{max} 与最后的静态稳定转速 n_s 之差 Δn_{max} 被称为转速动态偏差，或称为转速动态超调量。最大动态转速为 $n_{max} = (1 + \delta) n_0 + \Delta n_{max}$。

为保证机组在甩全负荷时不引起停机，最大动态转速 n_{max} 必须低于超速遮断装置的动作转速，并留有足够的余量。机械超速遮断装置的动作转速为 $(110\% \sim 112\%) n_0$，希望最大动态转速 n_{max} 不超过 $(107\% \sim 109\%) n_0$。要减少 n_{max}，则：一方面 δ 不易选得过大；另一方面要提高调节性能，例如减小系统的迟缓，努力减小动态超调量 Δn_{max}。此外，在甩全负荷时，若设有自动信号，驱使同步器快速退向空负荷位置，也将有利于减小最大动态转速 n_{max}。

3. 快速性（过渡过程时间）

在调节过程中，当被调量与新的稳定值之差 Δ 小于静态偏差的 5% 时，就可认为系统已达到新的稳定状态。调节系统受到扰动后，从原来的稳定状态过渡到新的稳定状态所需要的最少时间被称为过渡过程时间。图 1-17 中的 Δt 为机组甩全负荷时的过渡过程时间，一般要求小于 5～50s，不宜过长。

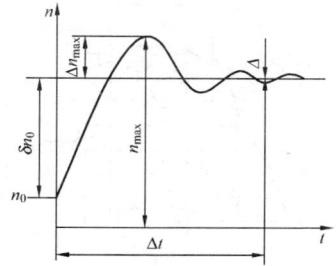

图 1-17 机组甩全负荷时
的转速过渡过程

（二）影响动态特性的主要因素

1. 转子飞升时间常数 T_a

转子飞升时间常数是指转子在额定功率时的蒸汽主力矩 M_{t0} 作用下，转速由零升高到额定转速时所需的时间。

甩负荷时，T_a 越小，转子的最大飞升转速越高，而且过渡过程的振荡将加剧。影响转子飞升时间常数的主要因素有汽轮发电机组转子转动惯量 I_ρ 及汽轮机的额定主力矩 M_{t0}。I_ρ 越小、M_{t0} 越大，即 I_ρ 越小，越容易加速，随着汽轮机容量越来越大，M_{t0} 成倍地增加，但转子的转动惯量 I_ρ 却增加不多，因而 T_a 越来越小。例如，小功率机组 T_a 约为 11～14s，高压机组 T_a 为 7～10s，中间再热机组 T_a 仅为 5～8s。所以机组功率越大，超速的可能性也越大，因而甩负荷后，控制动态超速的难度也越大。

2. 中间容积时间常数 T_V

中间容积时间常数是指蒸汽以额定流量，以多变过程充满整个中间容积，并达到额定工况下的密度所需要的时间。

从汽轮机的调节汽阀以后一直到最末级为止，在蒸汽流过的整个路径内，包括调节汽阀以后的蒸汽管道、蒸汽室、通流部分以及再热器，这些被蒸汽占据的容积称为汽轮机的中间容积。由于这些中间容积的存在，在调节系统动作时，要改变蒸汽的流量，必须同时改变各中间容积中的压力势能。换句话说，在开大调节汽阀的过程中，在增加蒸汽流量的同时还要增加各中间容积的压力势能，从而造成了蒸汽流量增加的速度减慢；在关小调节汽阀的过程中，减小蒸汽流量的同时，各中间容积中储存着的压力势能会释放出来，造成蒸汽流量减小的速度变慢。中间容积时间常数表示中间容积贮存蒸汽能力的大小。当中间容积越大、中间容积压力越高时，中间容积时间常数 T_V 越大；反之，T_V 越小，表明中间容积中储存的蒸汽量越多，其做功能力越大，甩负荷时，虽然主蒸汽调节汽阀已迅速关小，但中间容积的蒸汽仍继续流进汽轮机，压力势能在释放，使汽轮机转速额外飞升也就越大。

3．转速不等率 δ

如图 1-18 所示，转速不等率对动态特性指标的影响是：δ 大时，动态稳定性好，调节速度快，但动态偏差与静态偏差均较大。

4．油动机时间常数 T_m

油动机时间常数的定义是：当油动机滑阀为最大时，油动机处在最大进油量条件下走完整个工作行程所需要的时间。

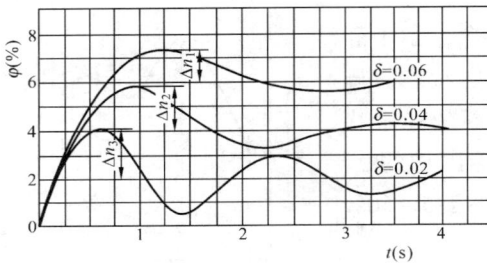

图 1-18　转速不等率 δ 对动态特性的影响　　图 1-19　油动机时间常数 T_m 对动态特性的影响

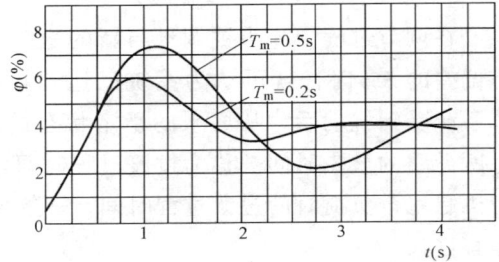

如图 1-19 所示，油动机时间常数 T_m 越大，则调节汽阀关闭的时间越长，调节过程的动态偏差越大，转速过渡过程曲线摆动幅度越大，过渡过程时间越长，因而调节品质越差。但另一方面，T_m 大可削弱油压波动对调节系统的影响。

5．迟缓率

由于迟缓的存在，甩负荷时不能及时使调节汽阀动作，动态偏差要加大。

四、中间再热式汽轮机调节特点

与非再热机组比较，再热机组调节系统有以下特点：

（1）由于再热机组有再热器及其连接管道构成的庞大蒸汽容积，会导致机组总功率的"滞后"，从图 1-20（a）中可看出，当机组负荷增加时，调节系统将把调节汽阀开大，高压缸的功率随着流量的增加而增加，而中低压缸的功率则随再热容积内蒸汽压力的逐渐升高而增加。然后，由于该压力的升高，高压缸前后的压差将逐渐减小，其功率有所下降，因此，机组的总功率不是立即达到电网所要求的数值，而是经延迟后才达到，这种现象称为功率的滞后，该滞后直到过渡过程结束，达到高、中、低压缸各自应承担功率的份额为止。为了提高机组对外界负荷的适应性，调节系统应采取相应的校正方法，使机组功率的变化如图 1-20（b）所示，以消除动态过程中功率的滞后现象。

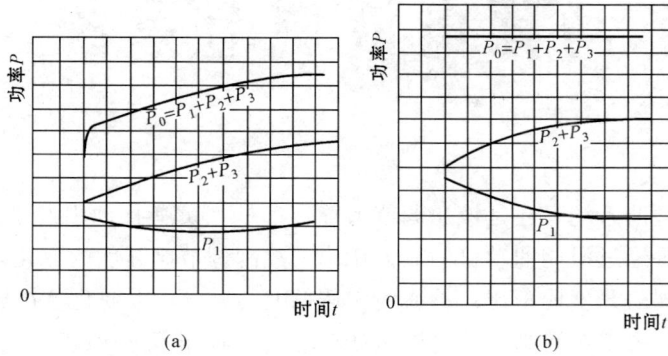

图 1-20　再热汽轮机功率的滞后和校正

（a）无校正时；（b）有校正时

（2）由于中间再热容积内存在大量的蒸汽会引起超速，除高压缸调节汽阀外，还须增设中压缸调节汽阀，以便在机组甩负荷时，调节系统将把两种汽阀同时关闭，以确保机组的安全可靠。该设置会增加运行时中压缸的节流损失，为此，阀门的动作规律应设计成：高压缸调节汽阀全程可调；中压缸调节汽阀在 1/3 额定负荷以下可调，1/3 以上全开。

（3）从热力过程看，在主要负荷变化区域内，由于再热蒸汽压力有随着负荷的变化而变化的特点，使再热机组的主蒸汽和再热蒸汽管道都只能采用单元制系统。然而，汽轮机和锅炉的动态特性不同，这必然造成机炉有协同配合问题。从机组的启停和甩负荷情况看，再热汽轮机的空载汽耗量一般为 3%～8% 的额定汽耗量，不允许干烧的再热器的最小冷却蒸汽量为百分之十几，而维持锅炉稳定燃烧的蒸发量则高达 30%～50%，要满足这些蒸汽量的要求，在锅炉不设启动旁路，再热器不允许干烧的情况下，高压缸应设置高压旁路。同样，机组甩负荷时，高压缸和中压缸的调节汽阀应同时关闭，为了保证环境条件和回收工质，冷却再热器后的蒸汽，也必须经设置的低压旁路排入凝汽器。与这些特殊工况有关，也要设置旁路调节系统，并解决它们与主机调节系统的协同配合问题。

第二章
功频电液调节系统

　　不论是机械调节系统，还是液压调节系统，都是把负荷扰动引起的转速变化信号 Δn 输入到调速器，再经过滑阀油动机的放大作用，控制调节阀开度的变化。在额定蒸汽参数下功率的变化与阀门开度成正比，最终使转速偏差 Δn 与功率变化 ΔP 成正比。而机组采用了中间再热后，由于单元制系统的汽压波动较大，破坏了上述的比例关系，破坏了一次调频能力。另外，由于中间再热器和相应的管道中存在有大量的蒸汽，形成了一个庞大的蒸汽空间，即中间容积。当高压调节阀动作时，由于压力扰动传播要有一定的时间，要充满中间容积也要有一定的时间，因此，中低压缸的功率变化要滞后，其滞后时间的长短决定于中间容积的大小。这种中低压缸功率的滞后将破坏机组的适应性，同样降低了一次调频能力。

　　此外，随着自动化水平的提高，要求机组自动化水平也要相应的提高，因而就要求用计算机参与过程控制。很显然，过去的机械或液压调节系统很难适应这些要求。为此，便出现了灵敏度较高的电子调节器和液压油动机组成的新型调节系统，同时为了改善机组的一次调频能力又采用了功率调节器，即形成了功频电液调节系统。

第一节　功频电液调节系统的工作原理

　　图 2-1 为功频电液调节系统的基本原理图，系统中包括电调和液压放大两部分。其中电调部分包括测功、测频和校正单元，液压放大部分包括滑阀和油动机，它们之间由电液转换器相连。图中的测频单元，其作用相当于原来调节系统中的调速器，调速器在感受了转速变化后输出一个滑环位移，而测频单元在感受了转速变化后输出一个相当电压信号。

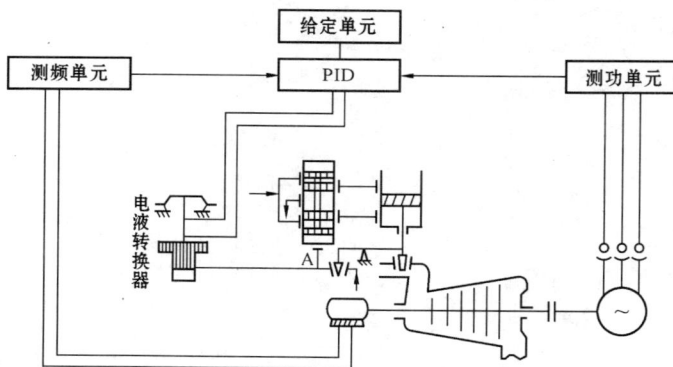

图 2-1　功频电液调节系统原理图

测功单元是功频电液调节系统中的特有环节，它的作用是测取汽轮发电机的有功功率，并成比例地输出直流电压信号，作为整个系统的负反馈信号，以保持转速偏差与功率变化之间的固定比例关系。校正单元是一个具有比例、积分和微分作用的无差调节器，PID 调节器，它的作用是将测频、测功及给定的输入信号进行比例、微分和积分运算，同时将信号加以放大，其输出信号便去推动电液转换器。电液转换器，顾名思义，就是将电信号转换成液压控制信号的装置，它是电调部分和液压部分的联络部件。给定装置相当于原来调节系统的同步器，由它给出电压信号去操纵调节系统。

当外界负荷增加时，汽轮机转速下降，测频单元感受了转速偏差，产生一电压信号，经过整流、滤波之后输出一个与转速偏差成比例的直流电压信号 ΔU_n，输入 PID 校正器。经过处理后输入电液转换器的感应线圈，当线圈的电磁力克服了弹簧支持力后，使其滑阀下行，关小油口 A，脉动油压升高，油动机上行，开大了阀门，增加功率，与外界负荷变化相适应。汽轮发电机功率增加后，测功单元接受了这一变化后，输出一个负的直流电压信号，也输入 PID 校正器。如果测功单元输出值变化 ΔU_p 等于测频单元输出值变化 ΔU_n，由于两者极性相反，其代数和等于零。此时 PID 校正器的输出值保持不变，因此调节系统的动作结束。外界负荷减少时，其调节过程与上述相反。

当外界负荷变化而新蒸汽压力降低时，在同样阀门开度的条件下汽轮发电机组的功率将减少，因此在 PID 校正器入口处仍有正电压信号存在，使 PID 校正器输出继续增加，经过一系列的作用又开大了调节阀，直到测功单元输出电压与给定的电压完全抵消时，也就是使 PID 校正器入口信号代数和为零时才停止动作。由此可见，采用了测功单元后可以消除新蒸汽压力变化对功率的影响，从而保证了频率偏差与功率变化之间的比例关系，即保证了一次调频能力不变。

利用测功单元和 PID 调节器的特性还可以补偿功率的滞后。当外界负荷增加时，使汽轮机转速下降，测频单元输出正电压信号作用于 PID 调节器，经过一系列的作用后，使高压调节阀开大，使高压缸功率增加。此时测功单元输出的信号还很小，不足以抵消测频单元输出的正电压信号，因此，高压调节阀继续开大，即产生过开。高压缸因过开而产生的过剩功率刚好抵消了中低压缸功率的滞后。当中低压缸率滞后逐渐消失时，由于测功单元的作用又使高压调节阀关小，当中低压缸功率滞后完全消失后，高压调节阀开度又回到稳态设计值，此时调节系统动作结束。

图 2-2 功频电液调节系统方框图

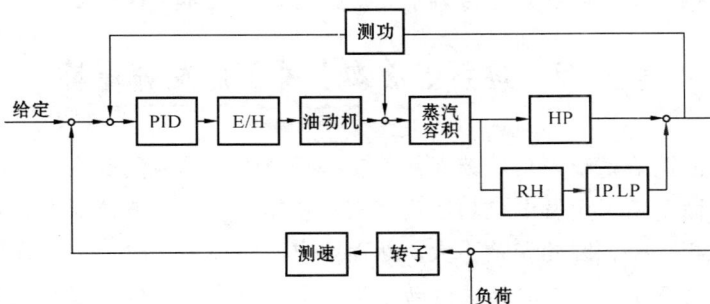

从上述分析可知，无论是新蒸汽压力发生波动或者功率产生滞后，都能保证转速偏差与功率变化之间的固定比例关系，即保证了一次调频能力的不变。

图 2-2 是功频电液调节系统的方框图，由测频单元和测功单元构成了两个闭合回路。在汽轮发电机没并网时，改变给定值可以调节汽轮机转速，而且可以精确地保持汽轮机转速与给定值吻合；在并网运行时，即转速可以认为不变，改变功率给定值可以调整汽轮机功率，其功率值也能精确地等于给定值。

第二节 功频电液调节系统的静态特性

如上节所述，当汽轮机的负荷变化时，调节系统将产生相应的动作以消除外界的扰动，经过一定的时间后，调节系统将在新的工况下稳定运行。根据比例积分调节器的特点，在达到新的稳定工况时，其输出的电压之和必须等于零，否则其输出电压仍将继续变化，引起调节系统各部分的继续运动，也就是说，在任何稳定工况下，必然有

$$U_g + U_P + U_n = 0$$

式中　　U_g——给定电压；

　　　　U_P——测功单元输出电压；

　　　　U_n——测频单元输出电压。

如果给定电压 U_g 不变，则负荷的变化将引起相应的转速变化，必然有

$$U_g + U_P + \Delta U_P + U_n + \Delta U_n = 0$$

则

$$\Delta U_P + \Delta U_n = 0$$

假设测功单元和测速单元的转换系数分别为 K_P 和 K_n，则

$$\Delta U_P = K_P \Delta P, \Delta U_n = K_n \Delta n$$

因此

$$\Delta P = -\frac{K_n}{K_P} \Delta n = K \Delta n$$

上述表示了汽轮机功率与转速的关系，也就是通常所说的静态特性，K 值表示了静态特性曲线的斜率，此斜率只与测功单元、测速单元的转换系数 K_P 和 K_n 有关。由于测功元件和测速元件的特性一般能够保证良好的线性，即 K_P = 常数，K_n = 常数，所以 K 值也基本上是一个常数，或者说功频电液调节系统的静态特性基本是一条直线。

第三节 功频电液调节系统的反调现象

作为功频电液调节系统中负反馈元件的功率调节器，本应测取汽轮机的实发功率，由于技术上的困难而采用了用发电机功率代替汽轮机功率。在一般情况下，发电机输出功率与汽轮机的功率相平衡，因此误差不大。然而当电网负荷突变时，例如外界负荷变少，发电机输出功率随之变小，而这时转速因转子惯性等原因尚未改变，或者改变很小，此时功率小于静态特性所要求的与当时转速对应的值。功频调节系统动作，不但不减少负荷，与

外界要求相适应，反而是开大调节阀来增加功率，以满足 PID 校正器输入信号为零的要求。这种在外界负荷突变时，在调节过程的最初阶段，调节方向与外界负荷的需要相反的现象，称为反调。很显然，反调现象恶化了调节过程的动态特性。

反调现象产生的原因就是由于测量功率时所取的信号不同而造成的。因为测量汽轮机功率作为功率信号时，这个信号是系统的反馈信号，而测量发电机功率作为功率信号时，此信号是一个扰动信号，如图 2-3 所示。在甩负荷时这个信号的作用方向是使调节阀打开，因此，恶化了过渡过程。

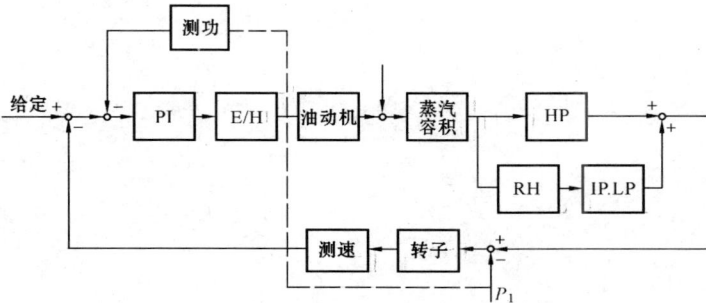

图 2-3　以发电机功率信号代替汽轮机功率信号的功频调节系统

我们可以用甩负荷后的汽轮机功率、转速及发电机功率信号的变化情况来进一步分析反调现象。图 2-4 为测量发电机功率作为功率信号时的功频调节系统在甩负荷时的过渡过程曲线。在过渡过程的初始阶段，油动机的运动方向不仅不是关小调节阀，相反却是开大调节阀，只有在转速升高到一定数值时，才能克服这一现象（反调现象）。它不仅对系统甩负荷时的转速飞升带来不良的影响，而且对电网发生事故时的稳定性也是不利的。

假设汽轮发电机突然甩去全负荷，则汽轮机转速迅速上升，调节系统动作应使调节阀关小，减少汽轮机的功率，最后建立起新的平衡。图 2-5 为甩负荷时发电机负荷信号 U_{PL}、

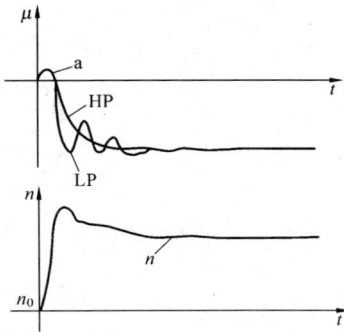

图 2-4　功频系统在甩负荷时的反调现象

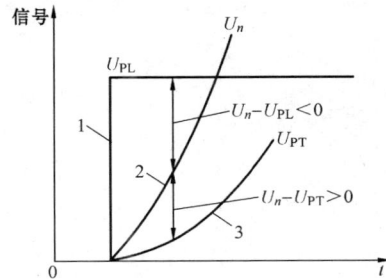

图 2-5　甩负荷时发电机负荷信号、转速信号和汽轮机功率信号的变化曲线

转速信号 U_n 和汽轮机功率信号 U_{PT} 的变化曲线。从图上可以看到，由于转速的变化是发电机负荷变化所引起的，所以转速信号的变化 U_n 落后于发电机信号 U_{PL} 的变化，而汽轮

机功率的变化又是由于转速的变化所引起的，所以汽轮机功率信号 U_{PT} 的变化又落后于转速信号 U_n 的变化。对于以汽轮机功率作为功率信号的系统，由于汽轮机功率信号始终落后于转速信号，甩负荷后二者之间始终为正，所以就出现了反调现象。

常见的克服反调现象的方法有：①在系统中引入转速的微分信号，把发电机功率信号校正成为汽轮机功率信号；②使测功元件与一个滞后环节相串联，以延迟功率信号的变化；③在系统中引入负的功率微分信号；④在甩负荷时，同时切除功率给定信号。

第三章

数字式电液调节系统（DEH）

第一节 概 述

20 世纪 70 年代微型计算机的出现，给工业革命带来了新的生机。随着计算技术的发展、微型计算机的广泛应用及其性能价格比的不断提高，一种新型的、功能更强、调节精度更高的数字式电液调节系统，很快取代了模拟调节系统，并广泛地应用于对各种大型汽轮机的控制。

图 3-1 为中间再热式汽轮机数字式电液调节系统的方框图，它也是一种功率—频率调节系统，与模拟电调相比较，其给定、综合比较部分和 PID（或 PI）的运算部分，都是在数字计算机内进行的。由于计算机控制系统是在一定的采样时刻进行控制的，所以两者的控制方式完全不同，模拟电调属于连续控制，而数字电调则属于离散控制，也称采样控制。

图 3-1 中的调节对象，考虑了调节级汽室压力特性、发电机功率特性和电网特性，而计算机的综合、判断和逻辑处理能力又强，因此它是一种更为完善的调节系统。

该系统采用了 PI 调节规律，是一种串级 PI 调节系统。整个系统由内回路和外回路组成，内回路增强了调节过程的快速性，外回路则保证了输出严格等于给定值。PI 调节规律既保证了对系统信息的运算处理和放大，积分作用又可以保证消除静态偏差，实现无差调节。

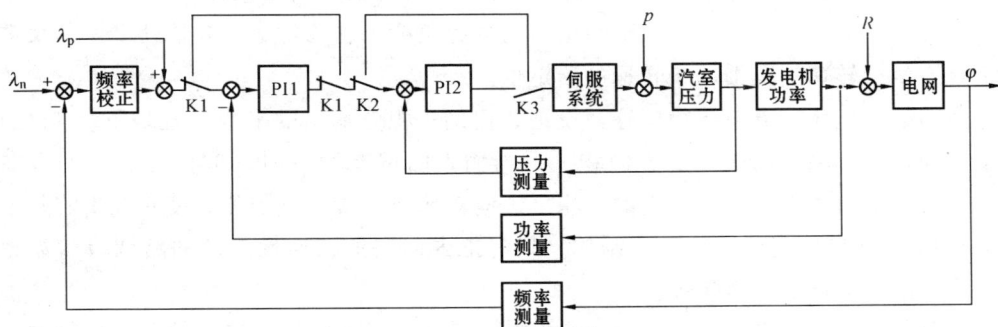

图 3-1 中间再热式汽轮机数字式电液调节系统方框图

系统的虚拟"开关"由软件实现，K1 和 K2 开关的指向可提供不同的运行方式，既可按串级 PI 方式运行，又可按单级 PI 方式运行。这就使得当系统中某个回路发生故障时，如变送器损坏等情况下，系统仍能正常工作，这对于液压调节系统来说是办不到的。运行方式的变更既可以通过逻辑判断和跟踪系统自动切换，又可以通过键盘操作进行切换。系统中的外扰是负荷变化 R，内扰是蒸汽压力变化 p，给定值有转速给定 λ_n 和功率给定 λ_p，两给定值彼此间受静态关系的约束。机组启停或甩负荷时用转速回路控制，并网运行不参与调频时用功率回路控制，参与调频时用功率—频率回路控制。

当系统受到外扰时，调节级汽室压力首先变化，该压力正比于汽轮机的功率，能准确地代表汽轮机功率的大小，可使系统较快做出响应。而发电机功率的变化既受自身惯性的影响，又受中间再热容积的影响，其系统响应较慢。并网运行机组的转速，受电网频率的影响，但对一台机组而言，影响相对较小，在系统图中用虚线连接，以示影响较弱。因此，这三个变量的系统响应是不同的。

当机组处于调频方式运行时，若电网的负荷增加，有两种情况。一种是功率给定值随之增加，直到该给定值与电网要求本机增加的负荷相适应，电网频率回升，系统的调节偏差为零，系统才能保持转速的给定值，也即频率不变。另一种是功率给定仍保持不变，电网的频率必然降低，于是转速的偏差就代表了功率的增加部分，该情况表明系统的功率给定值及其所保持的负荷值是不一样的，而被转速偏差修正后的负荷给定值，才是调节系统所保持的负荷值。

当机组处于非调频方式运行时，转速偏差信号就不应进入系统，或者是将该偏差乘以较小的百分数，使机组对外界电网负荷的变化不敏感，只按系统本身的负荷给定值来控制机组。同理，如果在机组的额定负荷附近设置转速的不灵敏区，则机组就处于带基本负荷运行状态。

在串级控制，系统处于调频方式运行下受到电网扰动时，电网频率的变化将引起调节汽阀动作，调节级汽室压力反馈回路响应最快，通过内回路 PI2 的作用，迅速改变调节汽阀的开度，而发电机功率反馈回路的响应则慢一些，但仍都是提高机组对负荷适应性的粗调作用。只有通过外回路 PI1 的细调作用，用外回路去修正内回路的设定值，系统才能最后趋于平衡，此时，系统的实际负荷值已不是负荷给定值，而是经过修正后的负荷设定值。换言之，负荷外扰时，只有负荷给定值与外界负荷要求相适应，才能使功率的反馈等于功率给定值，转速的反馈等于转速的给定值。

外回路的比例积分调节规律应这样设定，比例—积分输出的平衡位置是正负 1，当输入的偏差为正时，输出向正 1 的方向积分；当输入的偏差为负时，输出向负 1 的方向积分。为了避免输出太强，导致系统的不稳定，应对输出设置上下限值，使它在 1 的附近波动。内回路的 PI 参数与外回路互为制约，只有把内回路的快速性与外回路调节参数相互配合，才能获得最佳的调节参数。

DEH 系统在串级调节下，外回路 PI1 为主调节器，当系统处于非调频方式运行时，它保证系统输出的功率严格等于负荷的给定值；在调频方式运行时，被转速修正后的负荷给定值，才是调节系统所应保持的负荷值。内回路不仅反映在负荷外扰下系统响应的快速性，而且在蒸汽压力内扰下，也能很快地调整汽阀的开度，迅速消除内扰的影响，因而，串级调节系统对于克服再热环节功率的滞后，提高机组对外界负荷的适应性，有很大的作用。由于其动态特性最好，因此，应作为 DEH 系统的基本运行方式。相反，当系统处于单级 PI 调节方式运行时，系统的动态品质将有所下降，但由于还可继续运行，仍不失为一种重要的冗余控制手段。

从发展观点看，再热机组调节系统从液压调节系统、功频模拟电液系统到数字式电液调节系统，是从低一级向高一级的调节系统发展，一般而言，后一种系统优于前一种系统。

无论是模拟电调或数字电调系统，目前都还没有一种电气元件取代推力大、动作迅速的液压执行机构，因而都有把电信号转换成液压信号的电液转换装置，所不同的是对液压机构进行了许多重大的改进。例如采用高压抗燃油的液压伺服机构，把油压从过去的 0.98～1.96MPa 提高到 12.42～14.49MPa，提高了十倍之多，使结构紧凑，推力大，动作更加迅速。

数字电调和模拟电调比较，可以说模拟电调与液压调节系统相比较具有的那些优点，数字电调系统也都具有，由于实施计算机控制，还增加了许多新的特点：

（1）用计算机取代了模拟电调中的电子硬件，特别是采用微处理机和使功能分散到各处理单元后，显著提高了可靠性。

（2）计算机的运算、逻辑判断与处理功能特别强，除控制手段外，在数据处理、系统监控、可靠性分析、性能诊断和运行管理（参数与指标显示、制表打印、报警、事故追忆和人机对话）等方面，都可以得到充分的发挥。

（3）调节品质高，系统的静态和动态特性良好。例如，在蒸汽参数稳定的条件下，300MW 机组数字电调的调节精度：对功率调节在 ±2MW，对转速调节在 2r/min 以内。此外，由于硬件采用积木式结构，系统扩展灵活，维修测试方便；在冗余控制手段下，保护措施严密等方面，均比模拟电调有明显的优势。

（4）利用计算机有利于实现机组协调控制、厂级控制以至优化控制，这是模拟电调无论如何也不能相比的。

由于大型机组转子相对较轻，超速的可能性大，对调节品质和安全措施方面都要求很高，液压或模拟电调系统都已很难适应；而且，随着计算机性能价格比的提高，运行经验的积累，特别是自控部分在大型电厂中应受重视已为人们所共识，因此现在国内外 300MW 以上的大型机组，都较普遍地采用了数字式电液调节系统。

第二节　数字式电液调节系统的组成

一、数字式电液调节系统的组成

汽轮机数字式电液调节系统（digital electro hydraulic control system，DEH）体现了当前汽轮机调节的新发展，集中了两大最新成果，固体电子学新技术—数字计算机系统，液压新技术—高压抗燃油系统，成为尺寸小、结构紧凑、高质量的调节系统。

引进型 300MW 机组的 DEH 调节系统，是根据西屋公司 DEH-Ⅲ型的功能原理开发的，在系统配置方面，尽可能吸收了分散控制系统可靠性高的优点；在硬件设备方面，主要部件都采用了微处理机，从而简化了硬件电路，提高了系统的可靠性。

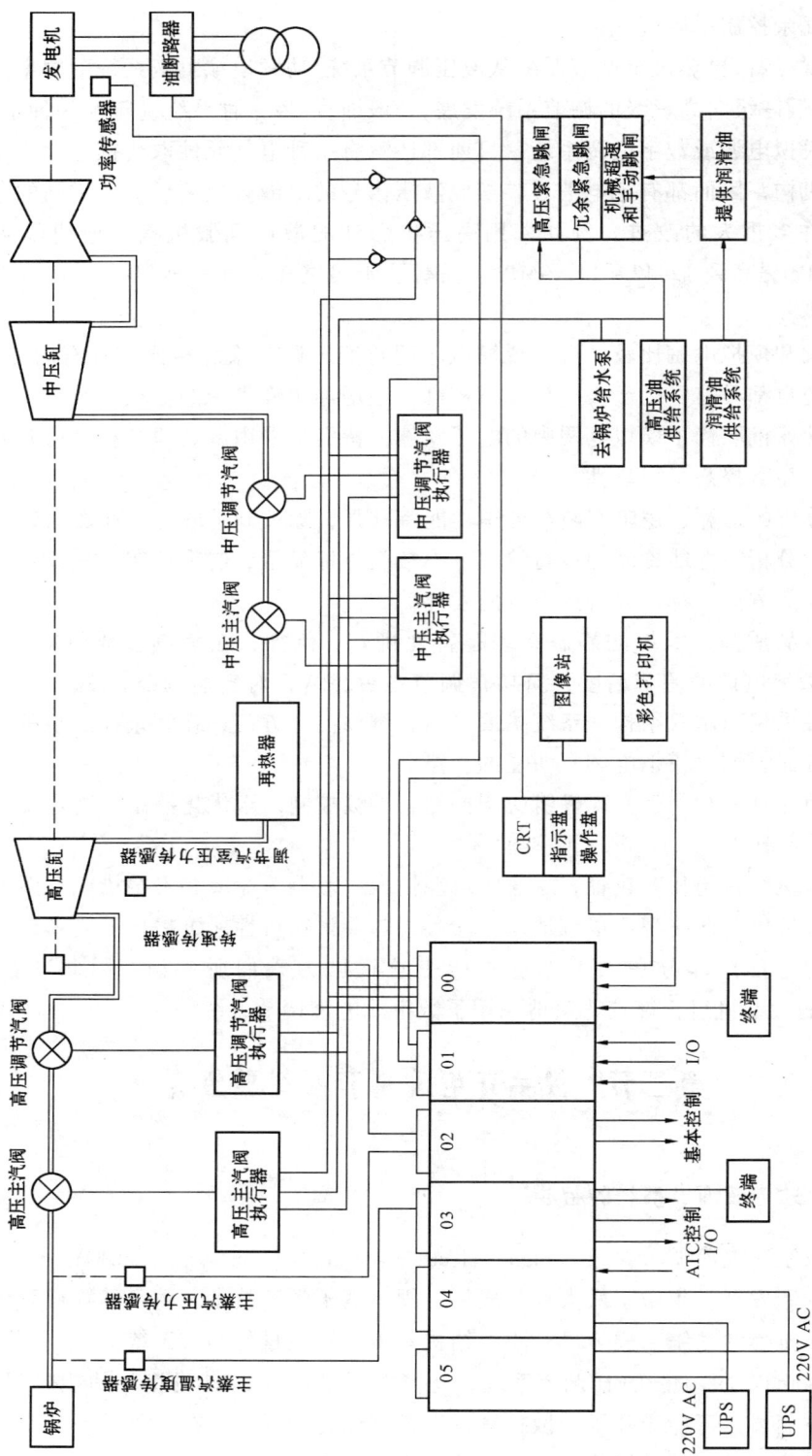

图 3-2 300MW 汽轮机数字式电液调节系统图

图 3-2 为该机组的 DEH 系统图，主要由五大部分组成。

（1）电子控制器。主要包括数字计算机、混合数模插件、接口和电源设备等，均集中布置在 6 个控制柜内。主要用于给定、接受反馈信号以及逻辑运算和发出指令进行控制等。

（2）操作系统。主要设置有操作盘、图像站的显示器和打印机等，为运行人员提供运行信息、监督、人机对话和操作等服务。

（3）油系统。本系统的高压控制油与润滑油分开。高压油（EH 系统）采用三芳基磷酸脂抗燃油，为调节系统提供控制与动力用油，系统设有油泵 2 台，1 台工作，1 台备用，供油油压为 12.42～14.47MPa，它接受调器或操作盘来的指令进行控制。润滑油泵由主机拖动，为润滑系统提供 1.44～1.69MPa 的透平油。

（4）执行机构。主要由伺服放大器、电液转换器和具有快关、隔离和逆止装置的单侧油动机组成，负责带动高压主汽阀、高压调节汽阀和中压主汽阀、中压调节汽阀。

（5）保护系统。设有 6 个电磁阀，其中 2 个用于超速时关闭高、中压调节汽阀，其余用于严重超速（$110\% n_0$）、轴承油压低、EH 油压低、推力轴承磨损过大、凝汽器真空过低等情况下危急遮断和手动停机之用。

此外，为控制和监督用的测量元件是必不可少的，例如，机组转速、调节级汽室压力、发电机功率、主汽压力传感器以及汽轮机自动程序控制（ATC）所需的测量值等。

二、DEH 系统组成方块图

就功能来说，DEH 系统是多参数、多回路的反馈控制系统。图 3-3 为 DEH 系统组成方块图，其功能环节主要有：给定部分、反馈部分、调节器、执行机构、机组对象等。

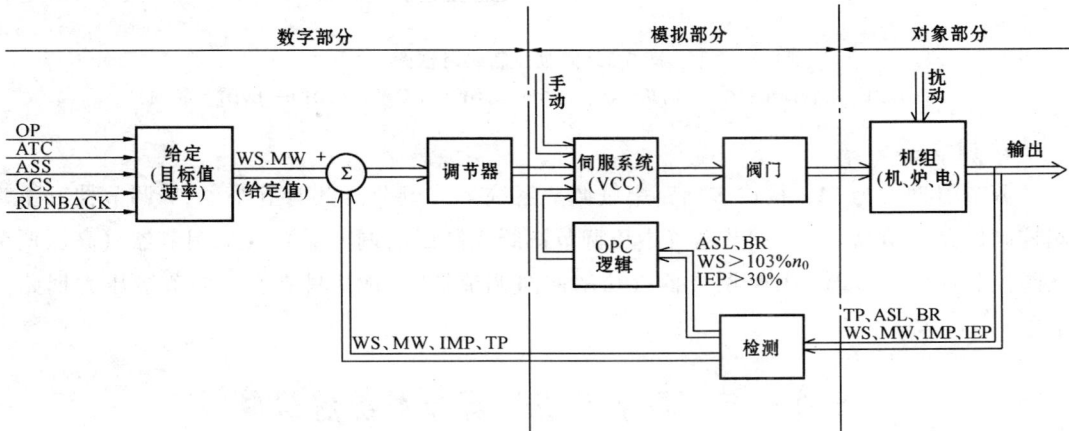

图 3-3　DEH 系统方块图

1．给定部分

给定方式：操作员给定、ATC 给定、逻辑给定（CCS、AS、RUNBACK）。

给定内容：转速、功率或主汽压的目标值和速率。

2．测量及 A/D 转换

测量参数有转速（WS）、功率（MW）、调节级压力（IMP）、主汽压（TP）、中压排汽压力（IEP）、再热器冷端压力（RCP）、再热压力（RHP）以及开关量信号：挂闸（ASL）、油断路器（BR），测量环节如图 3-4 所示。

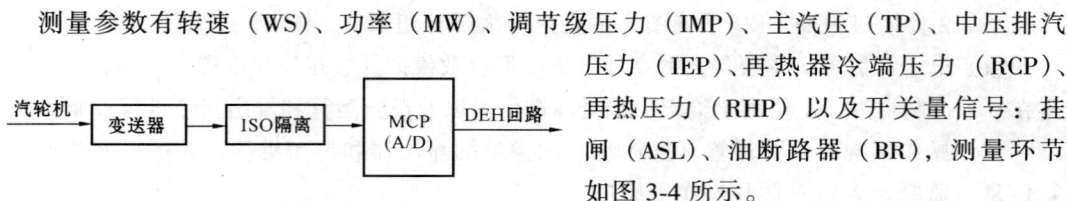

图 3-4 测量环节

为了提高可靠性，功率、调节级压力、主汽压都是双变送器（如图 3-4 所示），高选后送到三块 MCP 板中进行 A/D 转换；三路转换信号在计算机内三选二后送入控制回路。转速信号是用三个变送器分别送入三块 MCP 板中，转换后在计算机内进行三选二后送入控制回路中。所有模拟输入都有隔离放大器。

3．伺服控制回路

每一个阀门有一个伺服回路控制卡（VCC），本机组共有 10 块。如图 3-5 所示，DEH 输出的信号送到 VCC 卡中，首先经函数变换（凸转特性）转换为阀位指令，经功放输出后去控制伺服阀油动机。

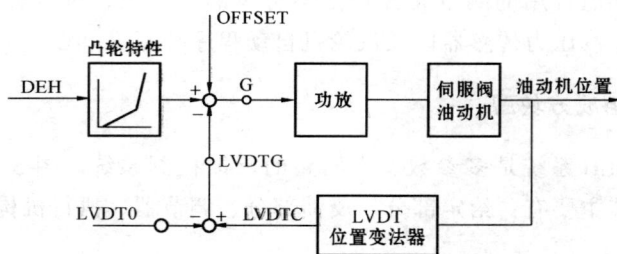

图 3-5 伺服控制回路框图

OFFSET—解置调整；G—回路总增益；LVDT—LVDT 增益调整；LVDT 0—LVDT 零位调整

4．调节器

调节器型式为 PI，构成多回路串级调节系统。PI 调节器共有五个：TV 调节器（主汽阀控制回路调节器）、IV 调节器（中压调节汽阀控制回路调节器）、GV 调节器（高压调节汽阀控制回路调节器）MW 调节器（功率回路调节器）、IMP 调节器（调节级压力回路调节器）。

第三节 数字式电液调节系统的功能

从整体看，DEH 调节系统有四大功能。

一、汽轮机自动程序控制（ATC）功能

DEH 调节系统的汽轮机自动程序控制，是通过状态监测计算转子的应力，并在机组应力允许的范围内优化启动程序，用最大的速率与最短的时间实现机组启动过程的全部自

动化。

ATC 允许机组有冷态启动和热态启动两种方式。冷态启动过程包括从盘车、升速、并网到带负荷，其间各种启动的操作、阀门的切换等全过程均由计算机自动进行控制。

在非启停过程中，还可以实现 ATC 监督。

二、汽轮机的负荷自动调节功能

汽轮机的负荷自动调节有两种情况。冷态启动时，机组并网带初负荷（5%额定负荷）后，负荷由高压调节汽阀进行控制；热态启动时，在机组负荷未达到 35%额定负荷以前，由高、中压调节汽阀控制，以后，中压调节汽阀全开，负荷只由高压调节汽阀进行控制。处于负荷控制阶段，DEH 调节系统具有下述功能：

（1）具有操作员自动、远方控制和电厂计算机控制方式，以及它们分别与 ATC 组成的联合控制方式。

（2）具有自动控制（A 和 B 机双机容错）、一级手动和二级手动冗余控制方式。

（3）可采用串级或单级 PI 控制方式。当负荷大于 10%以后，可由运行人员选择是否采用调节级汽室压力和发电机功率反馈回路，从而也就决定了采用何种 PI 控制方式。

（4）可采用定压运行或滑压运行方式。当采用定压运行时，系统有阀门管理功能，以保证汽轮机能获得最大的效率。

（5）根据电网的要求，可选择调频运行方式或基本负荷运行方式；设置负荷的上下限及其速率等。

此外，还有主汽压力控制（TPC）和外部负荷返回（RUNBACK）等保护主要设备和辅助设备的控制方式，运行控制十分灵活。

三、汽轮机的自动保护功能

为了避免机组因超速或其他原因遭受破坏，DEH 的保护系统有如下三种保护功能：

（1）超速保护（OPC）。该保护只涉及调节汽阀，即转速达到 103% n_0 时快关中压调节汽阀；在 103% $n_0 < n < 110\% n_0$ 时，超速控制系统通过 OPC 电磁阀快关高、中压调节汽阀，实现对机组的超速保护。

（2）危急遮断控制（ETS）。该保护是在 ETS 系统检测到机组超速达到 110% n_0 或其他安全指标达到安全界限后，通过 AST 电磁阀关闭所有的主汽阀和调节汽阀，实行紧急停机。

（3）机械超速保护和手动脱扣。前者属于超速的多重保护，即当转速高于 110% n_0 时实行紧急停机；后者为保护系统不起作用时进行手动停机，以保障人身和设备的安全。

四、机组和 DEH 系统的监控功能

该监控系统在启停和运行过程中，对机组和 DEH 装置两部分运行状况进行监督，内容包括操作状态按钮指示、状态指示和 CRT 画面，其中对 DEH 监控的内容包括重要通道、电源和内部程序的运行情况等；CRT 画面包括机组和系统的重要参数、运行曲线、潮流趋

势和故障显示等。

第四节　数字式电液调节系统的运行方式

为了确保控制的可靠，DEH 调节系统设有四种允许方式，机组可在其中一种方式下运行，其顺序和关系为：

二级手动←→一级手动←→操作员自动←→汽轮机自动 ATC，紧邻的两种运行方式相互跟踪，并可做到无扰切换。此外，居于二级手动以下还有一种硬手操，作为二级手动的备用，但两者无跟踪，需对位操作后才能切换。

二级手动运行方式是跟踪系统中最低的运行方式，仅作为备用运行方式。该级全部由成熟的常规模拟元件组成，以便当数字系统发生故障时，自动转入模拟系统控制，确保机组的安全可靠。

一级手动是一种开环运行方式，运行人员在操作盘上按键就可以控制各阀门的开度，各按钮之间逻辑互锁，同时具有操作超速保护控制器（OPC）、主汽阀压力控制器（TPC）、外部触点返回（RUNBACK）和脱扣等保护功能，该方式作为汽轮机自动方式的备用。

操作员自动方式是 DEH 调节系统最基本的运行方式，用这种方式可实现汽轮机转速和负荷的闭环控制，并具有各种保护功能。该方式设有完全相同的 A 和 B 双机系统，两机容错，具有跟踪和自动切换功能，也可以强迫切换。在该方式下，目标转速和目标负荷及其速率，均由操作员给定。

汽轮机自动（ATC）是最高一级运行方式，此时包括转速和负荷及它们的速率，都不是来自操作员，而是由计算机程序或外部设备进行控制，因此，是居于操作员自动上一级的最高级运行方式。

第五节　数字式电液调节系统的工作原理

汽轮机电液调节系统的基本控制功能有两个，一是单机运行时的转速控制，二是并列运行时的功率控制。对于定压运行的汽轮机来说，无论是转速控制还是功率控制，主要都是通过改变蒸汽阀的开度来调节进汽量，从而达到调节的目的。

一、转速调节原理

汽轮机在机组并网前，必须将转速由零提升到额定转速附近，为机组并网创造条件。为了提高升速过程的安全性、经济性，减少设备的寿命损耗，通常采用多阀组合式升速控制方案。汽轮机在采用高压缸启动方式时，冲转前将旁路系统切除（BYPASS OFF），通过高压主汽阀与高压调节汽阀的顺序开启组合来控制升速过程。

在启动的开始阶段（0~2900r/min），按高压主汽阀控制（TV）按钮，此时高压调节汽阀全开，中压调节汽阀门全开，由高压主汽阀调节器控制高压主汽阀的开度来调节机组的转速。当汽轮机转速达到 2900r/min 时，按高压调节汽阀控制按钮（GV），自动切换到高压调节汽阀控制回路（系统），此时高压主汽阀全开，高压主汽阀控制回路转为开环，高压调节汽阀控制回路转为闭环，从而通过高压调节汽阀去控制机组的转速。从以上可知，机组在不同的转速范围内，阀门的状态是不同的，但在每个阶段中，只有一个控制回路处在控制状态，各阶段阀门的状态如表 3-1 所示。

表 3-1　　　　　　　　冷态高压缸启动（BYPASS OFF）各阶段阀门状态

阶段\阀门	冲转前	0～2900r/min	阀切换 2900r/min	2900～3000r/min
TV	全关	控制	控制→全开	全开
GV	全关	全开	全开→控制	控制
IV	全关	全开	全开	全开

以上阀门的状态是由一定的逻辑条件决定的，如图 3-6 所示。油断路器的状态 BR 是由机组的运行状态决定的。

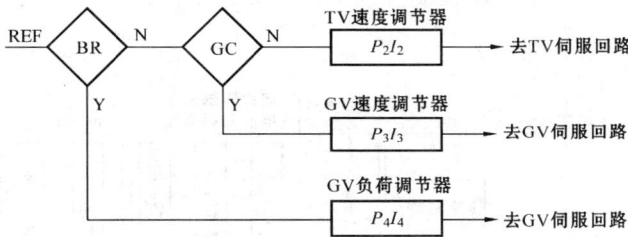

图 3-6　BYASS OFF 启动的控制逻辑

通常，美国的 300MW 机组不采用旁路系统，但我国的引进型机组仍保留有旁路系统，因此在 DEH 调节系统中，还增加了中压调节汽阀的控制功能。机组在启动过程中，旁路系统是否投入，其控制方式是不同的，在操作台上有一旁路系统投/切按钮，可供运行人员选择。

当机组处于热态中压缸启动，旁路系统投入状态时（BYPASS ON），在 0～2600r/min 左右由中压调节汽阀控制机组转速，此时高压主汽阀、高压调节汽阀和中压主汽阀均处于全开状态。到 2600r/min 时，由中压调节汽阀控制切换到高压主汽阀控制；到 2900r/min 时，再切换为高压调节汽阀控制，在此期间，中压调节汽阀保持原开度，之后就与高压缸启动、旁路系统切除（BYPASS OFF）一样，此时，各阶段阀门状态如表 3-2 所示。并网

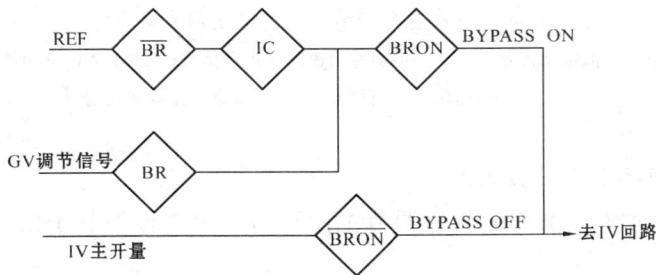

图 3-7　中压调门（IV）控制逻辑（BYPASS ON）

后，由高压调节汽阀和中压调节汽阀同时承担负荷的控制，负荷的设定值乘上旁路流量百分比后作为中压调节汽阀的负荷控制设定值，在负荷带到30％时，中压调节汽阀达到全开状态，这相当于最大的旁路流量。

表 3-2　　　　　　　热态中压缸启动（BYPASS ON）各阶段阀门状态

阶段 阀门	冲转前	0～2600r/min	阀切换 2600r/min	2600～ 2900r/min	阀切换 2900r/min	2900～ 3000r/min	(0％～30％) P_0	30％P_0	P_0
TV	全关	全关	全关→控制	控制	控制→全开	全开	全开	全开	全开
GV	全关	全开	全开	全开	全开→控制	控制	控制	控制	全开
IV	全关	控制	控制→不变	不变	不变	不变	控制	全开	全开

以上阀门的状态由下面的逻辑条件实现，如图 3-7 所示。

图 3-8 为 DEH 调节系统中的转速调节原理图，由图可见，此转速调节回路可接受两种转速控制信号扰动，一是自动控制方式下的转速给定值扰动；二是手动控制方式下的手动转速阀位指令扰动。

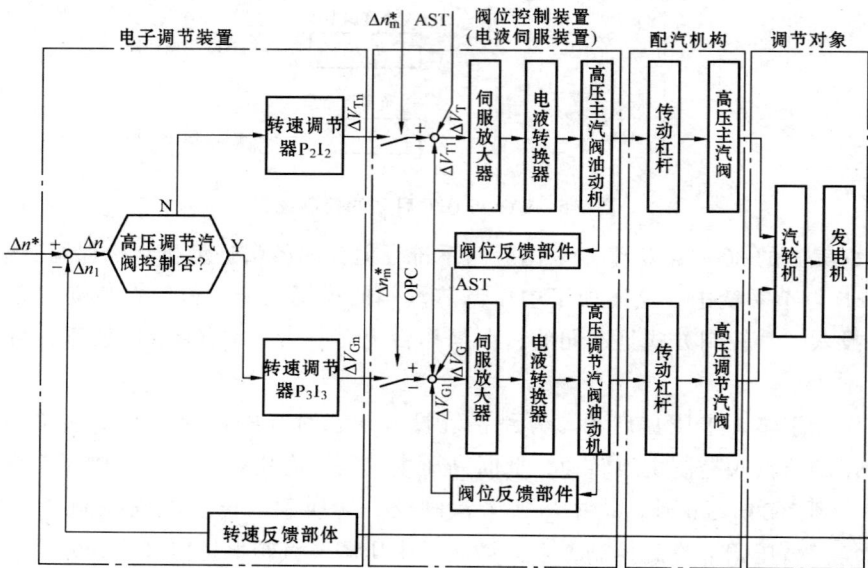

图 3-8　DEH-Ⅲ型调节系统的转速调节原理图

Δn^*—转速给定值扰动信号；Δn_m^*—手动转动速阀位指令信号；ΔV_T、ΔV_G—阀位偏差信号；

OPC—电超速防护控制信号；AST—危急遮断保护信号

1. 转速给定值扰动下的转速调节

在自动控制方式下，系统的转速调节主回路与两个阀位控制子回路均为闭环控制结构。

若系统处于稳定状态，则转速给定值 n^* 与转速反馈值 n 相平衡，转速偏差信号 Δn

$=0$，阀位偏差信号 $\Delta V_{\mathrm{T}} = 0$，$\Delta V_{\mathrm{G}} = 0$。

（1）高压主汽阀的转速控制（$n < 2900 \mathrm{r/min}$）。汽轮机在采用高压缸启动方式时，冲转前切除了旁路系统，中压主汽阀、中压调节汽阀、高压调节汽阀均全开，由高压主汽阀冲转并控制升速至 $2900 \mathrm{r/min}$。

当需要升速时，调整转速给定值 n^*，使之增大，产生转速给定值扰动信号 $\Delta n^* > 0$，进而在转速调节器 $\mathrm{P_2 I_2}$ 上输入产生转速偏差信号 $\Delta n > 0$，有了偏差，转速调节器便按特定的调节规律进行工作，输出阀位调节指令信号 $\Delta V_{\mathrm{Tn}} > 0$，阀位控制子回路受 ΔV_{Tn} 的扰动后产生阀位偏差信号 $\Delta V_{\mathrm{T}} > 0$，此电信号放大后，通过电液转换器转换成调节油压信号去控制油动机，使其产生位移，从而驱动高压主汽阀，使其开度增加，进汽量随之增大，实际转速相应升高。与此同时，取自油动机活塞位移的阀位反馈信号 ΔV_{Tl} 在增加，转速反馈信号 Δn_1 也在增加。

在反馈作用下，当主回路、子回路的稳定条件同时得到满足时，系统便达到了新的稳定状态，新的实际转速与新的转速给定值相等。

（2）高压主汽阀/高压调节汽阀的阀切换控制。当机组转速按要求升速到 $2900 \mathrm{r/min}$ 时，转速由高压主汽阀切换到高压调节汽阀控制。阀切换时，高压调节汽阀从全开位置很快关下，当实际转速下降一定数值（$30 \mathrm{r/min}$）时，说明高压调节汽阀已产生节流作用，接管了高压主汽阀而进行转速控制。随后，在高压调节汽阀控制转速为 $2900 \mathrm{r/min}$ 左右的同时，高压主汽阀逐渐开到全开位置，阀切换过程结束。

（3）高压调节汽阀的转速控制（$n > 2900 \mathrm{r/min}$）。当转速高于 $2900 \mathrm{r/min}$ 时，转速处于高压调节汽阀控制阶段，其转速调节原理与高压主汽阀的转速调节原理基本相同。

无论是高压主汽阀控制还是高压调节汽阀控制，由于主、子回路均为闭环结构，所以具有抗内扰能力，实际转速完全受转速给定值精确控制，转速偏差小于 $2 \mathrm{r/min}$。

2. 手动转速阀位指令扰动下的转速调节

在手动控制方式下，系统的转速调节主回路在自动/手动切换点处断开，所以是开环控制结构。两个阀位调节子回路必须是闭环控制结构。

当需要改变转速时，通过手动，可直接发出手动转速阀位指令信号 $\Delta n_{\mathrm{m}}^* \neq 0$，此信号通过相应的阀位控制装置的调节作用，使相应汽阀产生位移，引起进汽量相应变化，最终导致转速改变。

由于在手动控制方式下主回路是开环控制，所以系统没有抗内扰能力，即使阀位不变，蒸汽参数的波动也会使转速产生自发漂移。

二、功率调节原理

功率调节系统是由三个串级的回路构成，如图 3-9 所示，通过对高压调节汽阀的控制来控制机组的功率。这三个回路分别是：内环调节级压力（IMP）回路、中环功率（MW）调节回路和外环转速（WS）一次调频回路。负荷给定值经一次调频修正后变为功率给定值，经功率校正器修正后，变为调节级压力给定值，最后经过阀门管理器转换为阀位指令信号。三个回路可以有自动或手动两种运行方式的选择，为此可以构成以下各种运行方式，如表 3-3 所示。当 CCS 未投自动时，采用阀位控制。

表 3-3   回路运行方式选择

	方　式	WS	MW	IMP	说　明
1	阀位控制	OUT	OUT	OUT	阀门位置给定控制
2	定功率运行	OUT	IN	OUT	
3	功—频运行	IN	IN	IN	参与电网一次调频
4	纯转速调节	IN	OUT	OUT	

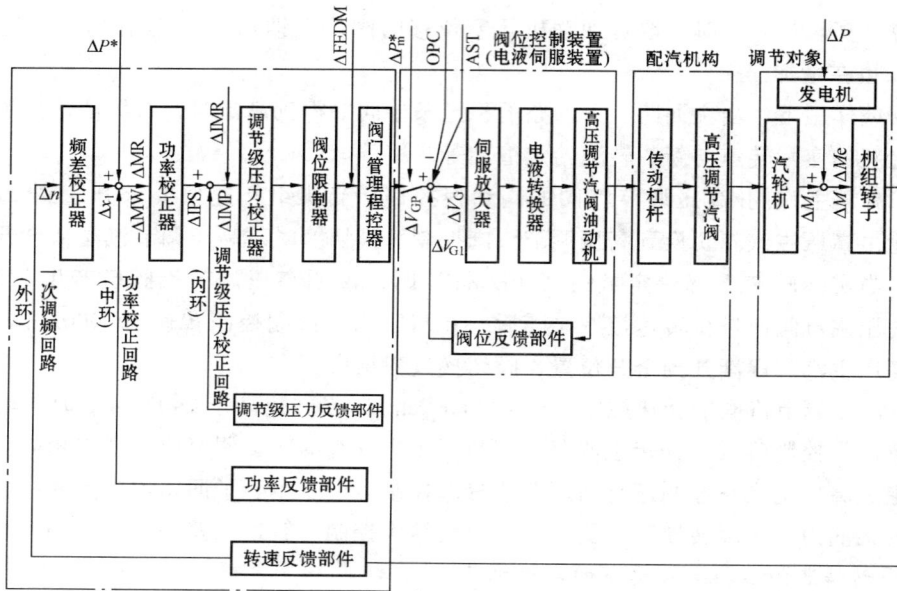

图 3-9 DEH-Ⅲ型调节系统的功率调节原理图

ΔP—外界负荷扰动信号；ΔP^*—功率给定值扰动信号；ΔP_m^*—手动功率阀位指令信号；

OPC—电超速保护控制信号；AST—危急遮断保护信号

(一) 功率控制策略

1. 采用多回路综合控制

从液压调节系统控制策略及系统组成来看，造成负荷适应性差的主要原因是只采用了单一主回路—转速调节主回路，在并网运行时用作一次调频回路。根据一次调频特性，功率静态偏差值 ΔP 可由调节系统静态特性求出，即

$$\Delta P = -\frac{P_0}{\delta n_0}\Delta n$$

$$\Delta n = n - n_0$$

$$\Delta P = P - P^*$$

式中　n_0——额定转速；

　　　Δn——转速静态偏差；

　　　δ——转速变动率；

　　　P_0——额定功率；

　　　ΔP——功率静态偏差；

　　　P^*——功率给定值。

在功率调节过程中，由于受中间再热容积以及蒸汽参数波动等因素影响，功率的动态偏差量与静态偏差量相差很大，反映出液压调节系统功率调节的动态特性较差。

为避免采用单一主回路所带来的问题，电液调节系统通常设置 2～3 个主回路，DEH-Ⅲ型调节系统设置了 3 个主回路（即 3 个主环），即在外环一次调频回路基础上增设了中环功率校正回路与内环调节级压力校正回路。

增设中环功率校正回路的目的是：将实际的功率动态偏差值信号与来自外环一次调频回路的功率静态偏差请求值信号相比较，根据其差值进行校正，差值越大，调节幅度也越大，速度也越快，因此，可减小动态调节过程中的动静偏差量，从而改善了功率调节的动态特性。

根据汽轮机变工况理论可知，将定压运行的凝汽式汽轮机所有非调节级取作一个级组时，调节级后汽室压力的变化与主蒸汽流量的变化成正比，而流量变化又与汽轮机功率变化成正比，因此，可用调节级汽室压力的变化来加快反映由于调节汽阀开度的变化、蒸汽参数的变化等因素引起的功率变化，它比电功率信号及转速信号快得多。所以内环调节级压力校正回路是一快速内回路，不但能消除蒸汽参数波动引起的内扰，而且能起快速粗调机组功率的作用。功率的细调是通过中环功率校正回路的进一步调整来完成的。

由上述分析可知：中环与内环本质上都是用于功率调节的。

由于电液调节系统中引入了功率、频率（转速）信号，所以也被称为功频电液调节系统，或被简称功频电调。

2. 采用多信号综合控制

大机组的集中控制要求运行方式灵活、多样，电子技术的应用为其实现提供了有利条件。

（1）给定值信号综合控制。通过改变汽轮机功率给定值信号来源，便能灵活地进行多种运行方式的综合控制。

（2）中间环节限值信号综合控制。有时受机组运行条件改变的限制，达不到原运行要求，例如达不到原功率要求值，则将反映机组运行条件改变的限值信号送至某一中间环节进行低选限值处理。

（3）直接阀位控制。当机组遇到异常情况时，有专用控制信号（如危急遮断信号或电超速保护信号）直接送至阀位控制装置，进行快速的阀位控制，以求阀门快速动作。

此外，在自动装置失灵时，还可以直接进行手动阀位功率控制。

3. 采用调节汽阀阀门管理技术

阀门管理程序将流量调节信号转换成阀位控制信号，并根据运行需要选择阀门启闭控制方式：一是单阀控制。即采用单一信号控制，使所有高压调节汽阀同步启闭，适用于节流调节；二是多阀控制。即采用多个不同信号分别控制若干个高压调节汽阀，使它们按一定顺序启闭，适用于喷嘴调节。

节流调节能使汽轮机接近全周进汽，受热均匀，从而可以减小转速变动过程中和负荷变动过程中转子热应力，但会降低部分负荷下的运行经济性。一般情况下，在汽轮机升速过程、低负荷暖机过程、滑压运行过程、大幅度变负荷过程以及正常停机过程，采用节流调节。在定压运行过程中负荷稳定时，以及在高负荷（接近于 P_0）时，采用喷嘴调节。运行人员可以根据需要来选择最佳配汽方案。

单阀控制方式与多阀控制方式之间的相互切换是无扰切换。

（二）功率调节原理

由图 3-9 所示的系统可接受四种功率扰动信号：一是外界负荷扰动信号；二是自动控制方式下的功率给定值扰动信号；三是内部蒸汽参数扰动信号；四是手动控制方式下的手动功率阀位指令扰动信号。

1. 外界负荷扰动下的功率调节

若系统的三个主环（即三个主回路）及相应的子环（即阀位控制子回路）均为闭环控制结构，则系统处于功频调节方式。

设系统在原稳定状态下，$n = n_0$，$P = P^*$，当出现外界负荷扰动时，例如外界负荷增加时，发电机电磁反力矩将增大，引起 $\Delta M_e > 0$，此时由于 $\Delta M_t = 0$，所以 $\Delta M = \Delta M_t - \Delta M_e < 0$，根据转子的运动特性，转速将下降，产生转速偏差信号 $\Delta n < 0$，通过频差校正器（或称频差调节器）的调节作用，输出功率静态偏差校正量 Δx_1，由于此时 $P^* = 0$，所以功率静态偏差请求值信号 $\Delta REF1 > 0$。

随后，中环功率校正回路受 $\Delta REF1$ 扰动后，产生功率静态偏差信号 $\Delta MR > 0$，经过功率校正器 $P_4 I_4$ 的校正作用后，输出功率校正请求值信号 $\Delta REF2 > 0$，再经参数变换到调节级压力请求值信号 $\Delta IPS > 0$，内环调节级压力校正回路受 ΔIPS 扰动后，产生调节级压力偏差信号 $\Delta IMP > 0$，经过调节级压力校正器 $P_5 I_5$ 的信号校正以及阀位限值处理后，生成主汽流量请求值信号 $\Delta FEDM > 0$，再经过阀门管理程序处理后，变为阀位调节指令信号 $\Delta V_{GP} > 0$，阀位控制子回路受 ΔV_{GP} 扰动后，产生阀位偏差信号 $\Delta V_G > 0$，此信号通过电液转换器转换成调节油压信号，用以驱动油动机，进而驱动调节汽阀开大，主汽流量随之增加，蒸汽动力矩、功率、调节级压力相应增大，与此同时，取自油动机活塞杆位移的阀位反馈信号 ΔV_{GL}、调节级压力反馈信号 ΔIMP、功率反馈信号 ΔMW 与蒸汽动力矩反馈量 ΔM_t 也相应增大。

系统的稳定条件是：

$$\Delta V_G = \Delta V_{GP} - \Delta V_{GL} = 0$$

$$\Delta IMR = \Delta IPS - \Delta IMP = 0$$

$$\Delta MR = \Delta REF1 - \Delta MW = 0$$

$$\Delta M = \Delta M_t - \Delta M_e = 0$$

当上述四个条件同时满足时，系统便达到了新的稳定状态。

当外界负荷减小时，调节过程中各信号变化方向与上述相反。

2．功率给定值扰动下的功率调节

在自动控制方式下，系统的三个主环及相应的子环均为闭环控制结构。

为了分析问题的方便，首先假设电网频率不变且为额定值，因此机组转速 n 也不变，此时转速偏差信号 $\Delta n = 0$ 即 $n = n_0$，外环处于软阻断状态——相当于外环是开环结构，无校正作用，即 $\Delta x_1 = 0$。由图 3-9 可知，当出现功率给定值扰动时，将引起功率给定值 P^* 变化，例如 $\Delta P^* > 0$，相应地引起功率偏差信号 $\Delta MR > 0$，相继经过功率校正器、调节级压力校正器、阀位限制器、阀门管理程序以及阀位控制装置的作用后，使调节汽阀开大，蒸汽量增大，功率增加，与此同时，阀位反馈信号、调节级压力反馈信号以及功率反馈信号随之增大，在同时达到子环、内环、中环的稳定性条件时，系统便达到新的稳定状态，此时机组实发功率与新的功率给定值相等。

若在功率给定值扰动的同时出现外界负荷扰动，则外环也参与调节，其总的调节效果可看成是由两种扰动单独作用后相叠加的结果。

当出现给定值扰动信号 $\Delta P^* < 0$ 时，调节过程中各信号变化方向相反，但稳定性条件不变。

3．内部蒸汽参数扰动下的功率调节

液压调节系统不具备抗内扰能力，在蒸汽参数变化时，如主汽压力、主汽温度、排汽压力变化时，机组的功率就会自动漂移。在电液调节系统中，当内环、中环投入时，系统具有抗内扰能力，蒸汽参数的变化不会影响功率的稳定性。

例如，主汽压力在允许范围内降低时，则引起蒸汽流量减小，根据汽轮机变工况理论，当内环、中环均投入时，若出现幅度不大的蒸汽参数扰动且此时 $\Delta n = 0$，$\Delta P^* = 0$，当主汽压力在允许的范围内降低时，则将引起蒸汽流量减少。当将所有非调节级取作一个级组时，该级组前的压力—调节级压力（即调节级后汽室的压力）随着蒸汽流量的减小而减小，产生的调节级压力反馈信号 $\Delta IMP < 0$，内环调节级压力校正回路受 ΔIMP 扰动后，将产生调节级压力偏差信号 $\Delta IMP > 0$，经过调节级压力校正器的信号校正，再通过阀位限值处理以及随后的压力—流量数值转换作用，输出主汽流量（相对值）请求值信号 $\Delta FEDM > 0$，再经过阀门管理程序处理后变为阀位调节指令信号 $\Delta V_{GP} > 0$，阀位控制子回路受 ΔV_{GP} 扰动后产生阀位偏差信号 $\Delta V_G > 0$，此电信号通过电液转换器转换成调节油压信号，用以驱动油动机，进而驱动调节汽阀开大。在主汽压力降低引起蒸汽流量减小，以及整机理想焓降减小时，汽轮机功率将下降，产生滞后于调节级压力反馈信号的功率反馈信号 $\Delta MW < 0$，此信号作用于中环功率校正回路，产生功率静态偏差信号 $\Delta MR > 0$，经过功率校正器的校正作用后，输出功率校正请求值，随后通过功率—压力参数变换成调节级压力请求值信号 $\Delta IPS > 0$，此信号作用于调节级压力校正回路也产生调节级压力偏差信号 $\Delta IMR > 0$，通过随后各环节的调节作用，也会使得调节汽阀开大。这就是说，主汽压力下降时，通过内环、中环两个反馈信号的作用是同向叠加的，均使得调节汽阀开大，随着调节汽阀开大，蒸汽流量增加，调节级压力、汽轮机功率均相应回升，反馈信号 ΔV_{GL}、

ΔIMP、ΔMW 也相应回升。

当上述前三个条件同时满足时，系统便达到了新的稳定状态，功率将恢复到原稳定值。

通过上述分析可知，系统的内环、中环通过改变调节汽阀的开度来补偿内部蒸汽参数扰动对功率的影响，从而能维持功率不变。

当系统的中环断开时，虽然可以依靠内环来抗内扰，但不能精确地维持功率不变。

当系统的内环断开时，虽然可以依靠中环来抗内扰，精确地维持功率不变，但调节的过渡过程时间长些。

在阀门管理程序中，阀门的流量特性根据主汽压力来修正，当主汽压力变化时，具有一定的抗内扰辅助作用。

功率控制精度可达 ±0.5% ~ ±0.67%。

4．手动功率阀位指令扰动下的功率调节

在手动控制方式下，系统的三个主回路均在自动/手动切换点处断开，所以全是开环结构，阀位调节子回路必须是闭环控制结构。

当需要改变机组功率时，通过手动，直接发出功率阀位指令信号。由于机组处于并列运行方式，所以此时的阀位指令即为手动发出的功率给定值扰动信号。其调节过程与手动转速阀位指令扰动下的转速调节过程基本相同，不同的是调节结果改变了机组功率而不是转速。

第六节　汽轮机自动控制(ATC)

汽轮机自动控制（ATC）内容比较多，涉及面较广。

一、ATC 控制

汽轮机在启动或改变负荷时，由于汽轮机热惯性大，特别是转子，如果蒸汽温度变化快，则汽轮机内部温差就会较大，将产生过大的热应力，经多次升减负荷循环后，将产生热疲劳裂纹，引起机组疲劳损坏。

循环次数与应力大小关系很大，循环次数就相当于机组的寿命。例如若按寿命 10000 次进行设计，如果使用不当使热应力过大，实际寿命可能只有几千次，这就要求对机组进行自动控制，以保证机组寿命，ATC 就是控制机组寿命的一种运行。

二、控制手段

控制汽轮机第一级蒸汽变化速度，就能控制机组的热应力，这可通过控制负荷变化量和变化速率来达到。

三、应力计算

汽轮机转子应力在汽轮机启、停及其升、降负荷时，应进行应力控制。目前应力测量尚不成熟，所以应力控制是以应力计算为基础的。

热应力的大小与直径、形状和主轴表面的温度变化率、温度的变化幅度以及所用的材料都有关系，并随上述参数的变化而变化。热应力计算公式为

$$S = \alpha E (T - T_a)$$

式中　S——主轴热应力；

　　　E——弹性模量；

　　　α——线膨胀系数；

　　　μ——泊松比；

　　　T——主轴表面或轴孔温度；

　　　T_a——主轴的体积平均温度。

在汽轮机制造好以后，E、α、μ 就成了恒定的常数，所以热应力的大小主要由有效温差 $(T - T_a)$ 来确定，即

$$\delta = \frac{\alpha E}{1 - \mu}$$

$$\Delta T = T - T_a$$

$$S = \delta \Delta T$$

公式表明，计算热应力的关键，是求出有效温差 ΔT。主轴的表面温度和体积平均温度是通过转子温度场进行估算的。转子温度场是由汽室内蒸汽温度、转子表面初始温度和蒸汽至转子的传热系数等因素决定的。转子表面初始温度采用汽室内壁温度代替。理论和试验结果证明，蒸汽与转子的传热系数，在速度控制时，它是凝汽器压力和转速的函数；在负荷控制的最初 5min，它是时间的函数；5min 后，它是一个常数。

四、控制回路方块图

通过 DEH 控制柜的 ATC　I/O 通道，检测机组的各点温度，计算高压和中压转子实际的应力，而后将它与许可应力进行比较，得其差值，再将它转化为转速或负荷的目标指令和变化率，通过 DEH 去控制机组升速和变负荷，在整个变化过程中，进行闭环的自动控制，使转子应力在允许的范围内。

ATC 中除了应力进行闭环控制外，对于盘车、暖机、阀切换、并网等有其他完善的逻辑控制和闭锁回路。汽轮机的偏心、差胀、振动、轴承金属温度、轴向位移，电动机冷却系统等各安全参数也自动进行监控。

ATC 控制任务由一个调度程序和 16 个子程序组成，图 3-10 为应力控制回路方块图。

引进型 300MW 机组，升速率从 50 ~ 500r/min 分为 10 级，每级为 50r/min，

图 3-10　应力控制回路方块图

应力可以用温差 Δt 表示。当实际温差 < 72F 时，每 3min 可升一级速率，最大速率为 500r/min；当温差 > 72F 时，则每 3min 降低一级升速率，最小速率为 50r/min。温差在 70F 左右时，速率基本不变。

升负荷率从 1.395 ~ 13.95MW/min，分为 10 级，每级为 1.395MW/min，升降规律与升速率一样。当温差 > 72F 时，每 3min 可增加一级升负荷率，最大升负荷率为 13.95MW/min；温差 > 72F 时，则每 3min 降低一级升负荷率，最小升负荷率为 1.395MW/min。温差在 70F 左右时，升负荷率基本不变。

第 四 章

数字式电液调节系统的数字系统

电子控制器是 DEH 调节系统的核心部分，由数字系统和模拟系统两部分组成。数字系统主要完成对输入信号的处理和检查、设定值的计算处理和控制运算等任务，其输出信号送入模拟系统被转换成模拟信号，再送入阀门伺服回路成为阀位信号，此阀位信号经电液伺服执行机构去控制主汽阀和调节汽阀的开度。本章主要介绍 DEH 调节系统的数字系统。

第一节　设定值处理和控制运算

一、设定值处理

在转速调节时，设定值表示了所要达到的汽轮机转速；在负荷调节时，设定值表示了所要达到的机组负荷值（以负荷信号作为控制系统的反馈信号）或所需的阀位开度（以伺服执行机构输出为负荷反馈信号）。当 DEH 控制系统处于不同工作方式时，设定值的处理是不相同的。图 4-1 为设定值的处理逻辑框图，从图 4-1 中可以看出：

（1）在主汽阀压力控制（TPC）功能投入运行时，若主汽压力低于某一给定值时，只要此时调节汽阀开度大于全量程的 20%，则 DEH 系统就会按规定的速率去降低负荷设定值，使负荷控制系统去关小调节汽阀，直至主汽压力上升到等于给定值或调节汽阀关小至全量程的 20% 开度为止。主汽压力控制是一项保护功能，无论在 DEH 系统投入自动或切除情况下，只要这项功能投入运行，数字系统则总是优先按它的要求来设置给定值。

（2）当出现外部设定值返回（EXTERNAL REFERENCE RUNBACK）要求时，包括发电机主断路器跳闸，DEH 系统将根据预定的速率或外部选定的速率降低设定值，直至负荷达到规定的数值为止。

（3）当 DEH 系统处于手操控制（MANUAL）状态时，自动控制功能被切除，此时数字系统的控制输出跟踪手操系统，使自动系统输出端的阀门要求信号始终与手操系统输出的阀门信号相等，因此控制系统一旦从手操切换到自动时，可实现无扰动切换。

（4）当 DEH 系统处于自动控制（AUTO）方式时，机组的负荷可以由运行人员来设置。运行人员只要在控制盘上设置要求的负荷值以及负荷的变化速率，然后输入"GO"的命令，DEH 系统就会根据运行人员要求的负荷变化速率（升速率不能大于机组允许的负荷变化速率）来改变负荷设定值，直到设定值达到运行人员设置的负荷要求值。

（5）当 DEH 系统处于自启动控制（ATC）方式时，机组可实现自动启动。在启动过程中，不同阶段的 ATC 程序能自动给出机组升速的速率和要达到的转速值，基本的 DEH 程

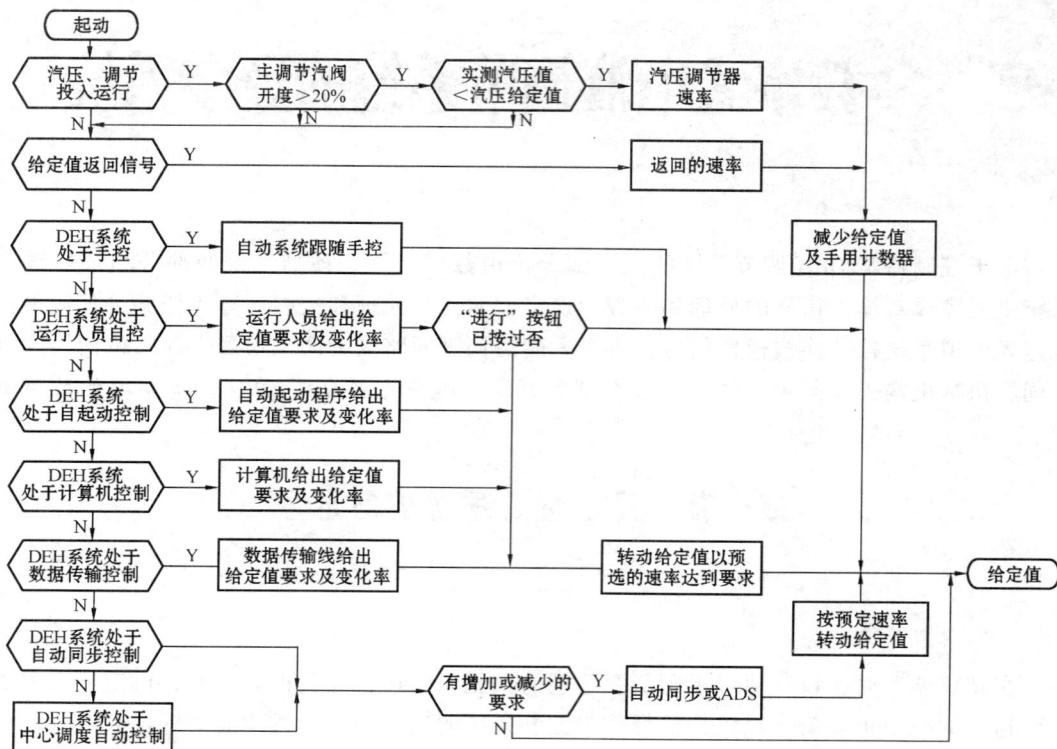

图 4-1　设定值的处理逻辑框图

序则根据 ATC 程序给出的这一要求来改变汽轮机转速的设定值，并通过转换控制程序来实现自动启动的升速过程。

（6）当 DEH 系统处于厂级计算机（PLANT COMPUTER）或数据链控制下时，它将分别根据这些控制源送来的机组负荷要求值和要求的负荷变化率（该速率不能大于机组允许的负荷变化速率）来调整控制系统的设定值。

（7）在机组启动过程中，当转速达到额定值 + 10 ～ − 50r/min 范围内时，可投入自动同步器控制方式。DEH 系统则接受自动同步器送来的转速要求信号，以此来调整控制系统的速度设定值，实现机组与电网频率的自动同步和并网。

（8）当 DEH 系统处于自动调度系统（AUTO DISPATCH SYSTEM）控制方式时，机组的负荷由中心调度来调配，DEH 系统接受调度所送来的负荷要求值和负荷速度变化率，以调整负荷控制系统的设定值。

以上各种工作方式选择程序采用了查询方式确定，根据查询的先后顺序，决定了优先的级别。其中主汽阀压力控制（TPC）和外部设定值返回（ERR）的级别最高，无论系统处于什么工作方式，只要这二项功能投入后，则一旦出现相应条件，系统设定值就会根据它们的要求来进行处理。

二、控制运算

经过给定值计算程序处理后的设定值被送到控制运算回路中，在此回路中对设定值和反馈信号（转速、功率和调节级汽室压力信号）的偏差进行控制运算，根据运算结果向伺服系统输出一个阀门位移的请求信号，其逻辑图如图 4-2 所示。

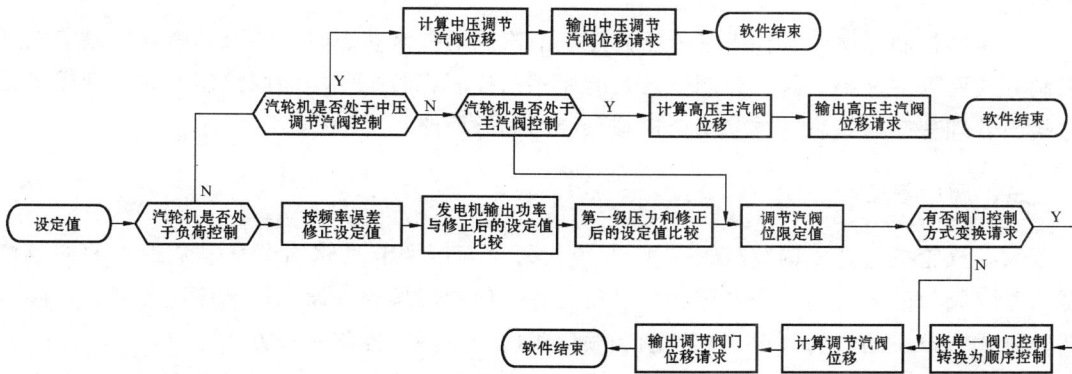

图 4-2　控制运算（阀位请求值计算）逻辑框图

1. DEH 系统处于负荷控制

在正常运行情况下，由 DEH 系统控制机组的负荷，此时高压主汽阀处于全开状态，控制系统输出到伺服回路的是调节汽阀开度的要求信号，由伺服回路按此要求值来调节汽阀的开度。

控制运算回路首先对由图 4-1 得到的设定值进行频率（转速）误差修正（对机组参与一次调频而言，当机组只带基本负荷，不参与一次调频时，转速反馈信号则被切除，此时设定值不需进行频率误差修正）。因电网频率的高低反映了电网负荷的大小，当电网频率高于额定值（50Hz）时，表明电网负荷降低，DEH 系统就应减少机组的输出负荷以使电网频率降低；反之，当电网频率低于额定值时，则应增加机组的输出负荷。按频率误差修正得到的设定值才能作为负荷控制系统的实际设定值，它和负荷反馈信号（功率信号和第一级汽室压力信号）构成机组负荷控制的反馈控制回路。控制回路产生的调节汽阀开度要求信号，经限值检验后，在输出至模拟系统之前，还需要判断调节汽阀的控制方式是采用单一的阀门调节方式（即全周进汽）还是采用顺序阀门调节方式（即部分进汽）。如果是采用顺序阀门调节方式，则控制输出的调节汽阀开度信号还需经过一个阀门管理（VALVE MANAGMAENT）程序转换成各个调节汽阀的开度请求信号，之后再输出至模拟系统的伺服回路，分别调整各个阀门的开度位置。

2. DEH 系统处于转速控制

当 DEH 系统处于转速控制状态时，设定值是要求的转速值，它和转速的反馈信号构成反馈控制回路。DEH 系统首先判断是高压缸启动，还是中压缸启动。若是高压缸启动，当机组转速小于额定转速的 90%（2900r/min）时，由高压主汽阀来执行调速任务，高压调节汽阀全开，因此 DEH 系统控制程序的输出为高压主汽阀开度的要求信号，并将此信号送至模拟系统的伺服回路；当机组转速升至额定转速的 90%（2900r/min）时，DEH 系统将切换到由高压调节汽阀来控制转速，此时高压主汽阀处于全开状态，DEH 系统输出高压调节汽阀开度的要求信号。如果机组是中压缸启动，则控制程序的输出为中压调节汽阀开度的要求信号，当机组转速升至 2600r/min 时，DEH 系统将切换到由高压主汽阀来控制转速，以后与高压缸启动方式相同。

在速度控制程序中，如果是处于高压调节汽阀的控制状态时，还要判断高压调节汽阀控制方式要求的是单一阀门控制，还是顺序阀门控制，若是顺序阀门控制方式，则需要经过阀门管理程序运算后，再输出至模拟系统的伺服回路。

三、阀门管理

大型汽轮机组高压调节汽阀有 4~8 个，每个高压调节汽阀均配有一个独立的伺服控制回路，阀门的开启用一个专用程序进行管理，使阀门按预先设定的顺序进行开启。阀门调节方式有单一的阀门（单阀）控制和顺序阀门（多阀）控制两种方式。

单阀控制方式是指所有的调节汽阀接受同一个阀门控制信号，同时开大或关小，来实现机组的转速或负荷控制。其特点是节流调节、全周进汽。因调节汽阀是沿汽轮机径向对称布置的，因此这种方式将使汽轮机高压缸第一级汽室内温度的分布比较均匀，在负荷变化时汽轮机转子和静子之间的温差最少，使机组能承受较大的负荷变化率。这种控制方式特别适合于机组冷态启动或机组作尖峰负荷时的调频机组采用。但从机组运行经济性上看，由于所有的调节汽阀都处于非全开状态，因而主蒸汽通过调节汽阀时的节流损失较大，降低了机组热效率。单阀控制阀门管理特性曲线如图 4-3（a）所示。

多阀控制方式是随着机组转速或负荷的改变逐个开启或关闭调节汽阀，开启阀门的个数正比于机组所带的负荷量，在任何时候只有一个汽阀处于半开启的调节状态，其他的调节汽阀或处于全开状态或处于全关状态。其特点是喷嘴调节、部分进汽。虽然这种方式汽轮机的热效率较高，但在机组负荷变动时，由于进汽位置的不对称，第一级汽室内的温度分布不均匀，转子和静子之间的温差较大，因此机组所能承受的负荷变化率比较少。多阀

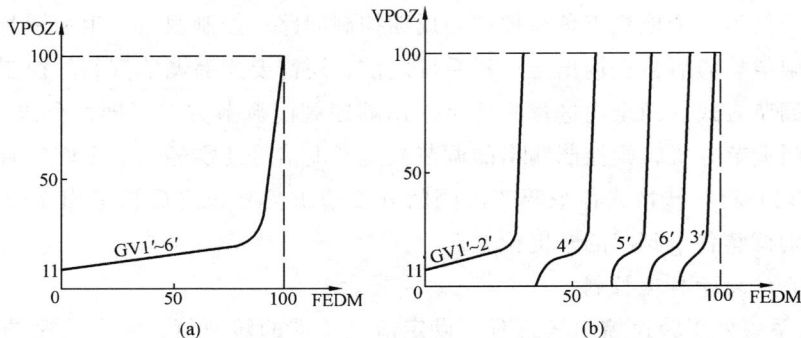

图 4-3 不同阀门调节的管理特性曲线

（a）单阀控制阀门管理特性曲线；（b）多阀控制阀门管理特性曲线

控制阀门管理特性曲线如图 4-3（b）所示。

两种调节汽阀控制方式各有优缺点，机组在不同运行状态时应采用不同的控制方式。一般冷态启动或带基本负荷运行，要求用单阀控制方式；机组带部分负荷运行时，为了提高经济性，采用多阀控制。阀门管理任务由阀门管理软件系统完成，它通过软件接口与基本 DEH 程序相连接，其主要程序有：

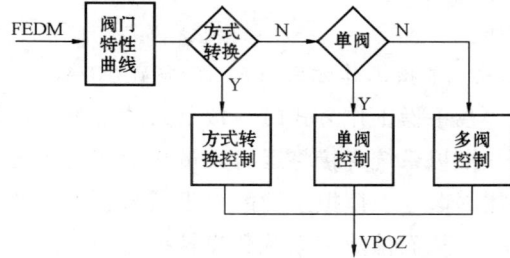

图 4-4 阀门管理逻辑框图

(1) 阀门特性曲线产生程序。

(2) 单阀控制程序。

(3) 多阀控制程序。

(4) 单/多阀转换控制程序。

操作台上设有单阀控制、多阀控制按钮，按动按钮，能在 2~3min 内平稳地完成单阀控制与多阀控制的相互转换。图 4-4 为阀门管理程序逻辑框图。

第二节 高压主汽阀的数字系统

一、高压主汽阀控制的工作方式

机组处于高压主汽阀控制时，DEH 系统有两种工作方式，即自动方式（AUTO）和手操方式（$\overline{AUTO}$或 MANUAL），如图 4-5 所示。

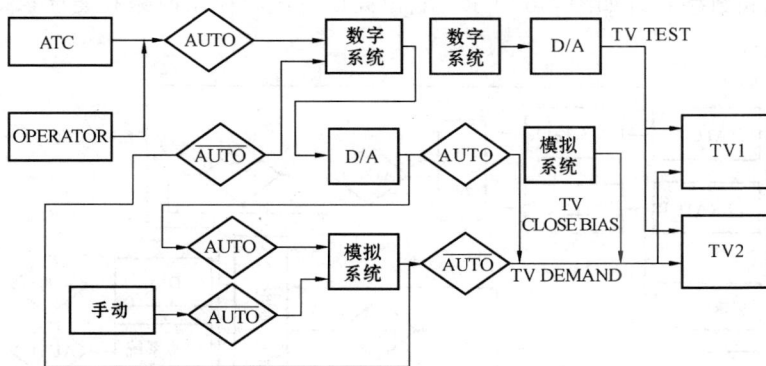

图 4-5 高压主汽阀控制的工作方式

1. 自动工作方式

在自动工作方式时，由计算机来实现控制，运行人员可通过操作台对速度控制系统的设定值进行设置。在此方式下，汽轮机的自启停（ATC）程序可以投入运行，整个启动过程完全由计算机来实现，各个阶段的速度设定值全由 ATC 程序给出。ATC 给出的设定值或运行人员（OPERATOR）给出的设定值送入高压主汽阀控制系统，其控制输出经数模转换后，作为高压主汽阀控制信号（TV CONTROL）送到伺服放大回路。数模转换器的输出同时还作为跟踪信号（TRACKING）送入模拟系统，使模拟系统的输出始终能保持与数模转换器的输出相等，从而使由 AUTO 方式切换到手操工作方式时实现无扰动切换。

2. 手操工作方式（$\overline{\text{AUTO}}$或 MANUAL）

在手操工作方式时，数字系统不参与机组控制，运行人员通过模拟系统对机组进行控制，模拟系统直接将运行人员从操作台上发出的操作命令送至伺服放大器作为高压主汽阀的控制信号。模拟系统的输出信号同时还送至数字系统的输入端作为跟踪信号（TRACK-ING），从而使数字系统数模转换器的输出始终等于模拟系统的输出，以保证系统由手操切换至自动时实现无扰动切换。

送到高压主汽阀伺服回路的信号除 TV 控制信号外，还有高压主汽阀关闭偏置信号（TV CLOSE BLAS）和高压主汽阀测试信号（TV TEST），这三种信号相加后作为高压主汽阀位置信号。TV CLOSE BIAS 信号是由模拟系统产生的，当汽轮机保安系统发生跳闸信号时，无论 TV 控制信号有多大，TV CLOSE BIAS 信号总能保证高压主汽阀紧紧关闭。TV TEST 信号是由数字系统产生的，通过模拟系统的数模转换器送至伺服回路，当要测试高压主汽阀时，用它来关闭所选择的主汽阀。TV TEST 信号和 TV CLOSE BIAS 信号只是在汽轮机非正常操作时才出现，因此在正常运行时，这两个信号等于零，高压主汽阀的阀位请求信号总等于 TV 控制信号。

二、高压主汽阀控制系统

1. 高压主汽阀数字系统的组成

高压主汽阀数字系统如图 4-6 所示。它由高压主汽阀控制回路和速度设定值产生"逻辑"两部分组成。

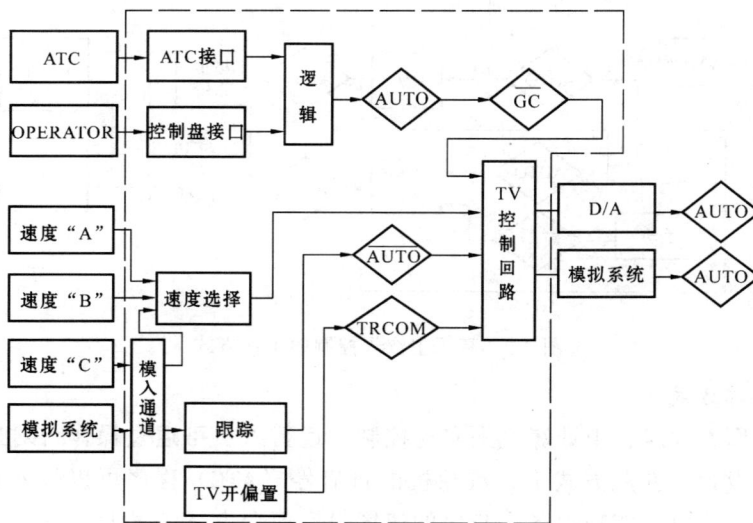

图 4-6　高压主汽阀数字系统

速度设定值产生"逻辑"接受来自设定值计算程序发出的信号，包括：

（1）通过 ATC 接口接受 ATC 程序给出的速度设定值及其变化率。

（2）通过控制盘接口接受的操作人员在操作盘上设定的速度设定值及其变化率。

高压主汽阀控制回路除接受以上两种设定信号外，还接受以下三种输入信号。

（1）汽轮机转速信号（SELECTED SPEED）。DEH 系统装有三个控制用速度通道，其中两个是数字量信号，分别为"通道 A"和"通道 B"，它们直接送入数字系统中的"速度选择"功能块，另一个由汽轮机监示仪表测量的模拟量速度信号，它通过数字系统的模拟量输入装置进入"速度选择"功能块。"速度选择"功能块是一个软件程序，其作用是判断速度信号的正确性，并从这三个速度信号中选择出一个速度信号作为高压主汽阀控制回路的速度反馈信号。

（2）手操输出的跟踪信号（TRACKING）。当 DEH 系统处于手操工作方式时，模拟系统输出的手操控制信号将通过模拟量输入装置送入数字系统，然后由"跟踪"模块得到一个"TV 控制回路"跟踪输入信号，这个信号可以保证数字系统输出等于模拟系统的输出。

（3）高压主汽阀开偏置信号（TV OPEN BIAS）。当汽轮机升速至 90% 额定转速时（2900r/min），DEH 系统将从高压主汽阀控制切换到高压调节汽阀控制，此时应将高压主汽阀完全开启，因此数字系统里有一个高压主汽阀开偏置信号，一旦切换过程结束（TR-COM=1），这一偏置信号就被送入 TV 控制回路，将高压主汽阀打开。

由此可见，高压主汽阀控制的数字系统虽然引入了好几个输入信号，但到底哪一个信号用于 TV 控制回路，还要取决于它的工作状态，当系统处于自动工作方式（AUTO=1），且机组由高压主汽阀控制（$\overline{GC}$=1）时，它将选取速度设定值信号，该设定值可以由 ATC 产生，也可以由操作人员在操作盘上设定，TV 控制回路将它和汽轮机速度反馈信号相比较后产生一个主汽阀控制信号，以实现速度控制；当系统处于手操工作方式（$\overline{AUTO}$=1）时，它将跟踪模拟信号输出；若已完成了高压调节汽阀的切换（TRCOM=1），那么它将接受高压主汽阀开偏置信号，全开高压主汽阀。

2．速度设定值逻辑分析

产生速度设定值的"逻辑"部分实际上是一个软件程序，其框图如图 4-7 所示，它表示了高压主汽阀 TV 控制程序中速度设定值的形成过程。

在 TV 控制中要求的设定值或来自于运行人员的请求，或来自于 ATC 程序中所选定的要求值，这两个信号分别由各自的状态逻辑开关（AUTO=1 或 ATC=1）选用，送入比较器，比较器将要求的设定值（即请求值）和当前的设定值进行比较（相减），若两者相等，说明当前的设定值正是要求的设定值，设定值计数器（积分器）输入为零，计数器不进行计数（积分器输出保持不变）。如果两者不相等，则根据比较器输出信号的极性，使积分器或者向增大方向积分（计数），以增大设定值，或者向减少方向积分（计数），以减小设定值，直至比较器输入端两信号相等为止。积分器（计数器）输出端的设定值变化规律是一条指数曲线（如图 4-8 所示），其跟踪的快慢取决于积分（计数）速度，该速度或者由操作人员在操作台上选择，或者由 ATC 程序选定。

在图 4-7 中的比较器和计数器之间还有一些逻辑开关，当要求的设定值来自于 ATC 程

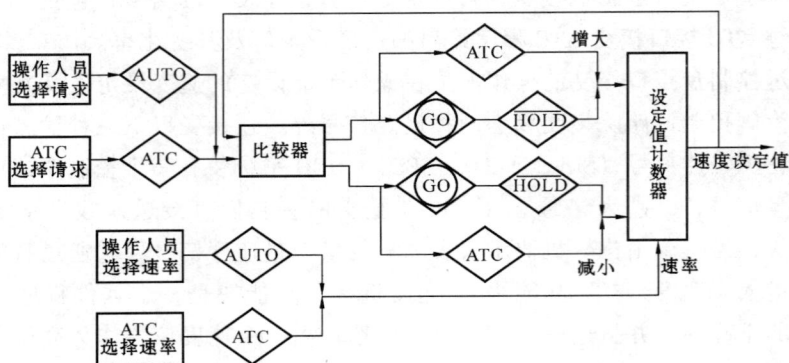

图 4-7　TV 数字系统速度设定值形成框图

图 4-8　设定值的积分跟踪原理

序时，比较器输出的增大（RAISE）或减少（LOWER）立即送至设定值计数器。当要求的设定值来自于控制的操作命令时，比较器输出的增大或减少信号还不能立即送至计数器，因为在输入"新目标值"的同时，有一个保持信号（HOLD）被自动地置位（HOLD = 0），且该键灯亮，表示控制器已接受运行人员输入的目标请求，所以，必须在操作人员按下"进行（GO）"键后，使"进行"信号置位（GO = 1），"保持"信号复位（HOLD = 1）时，计数器才能收到信号，而开始计数。

3. 高压主汽阀控制回路分析

高压主汽阀控制回路是高压主汽阀控制系统的核心部分，它是一个控制程序，其逻辑图如图 4-9 所示。

TV 控制回路实际上是一个速度回路（启动回路），是从汽轮机脱离盘车后开始控制升

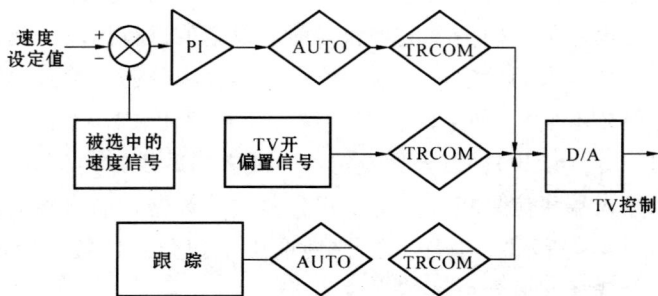

图 4-9　高压主汽阀控制逻辑图

速过程，直到转速达到 2900r/min 后系统切换至高压调节汽阀控制为止。启动过程中要求的升速曲线是由 ATC 程序给出，或由运行人员在操作盘上随时设置，由速度设定值产生"逻辑"得到一个速度设定值信号送入 TV 控制回路，被选的速度信号作为控制反馈信号，控制回路就是根据这两个信号相减所产生的速度误差值来进行比例积分控制作用的计算。

TV 速度控制回路所采用的比例积分控制规律在速度设定值不变的情况下，可实现速度的无静差控制，即能保持汽轮机的转速与设定值的完全相等。但在汽轮机启动过程中，速度设定值是不断变化的，汽轮机转速和设定值之间总是存在一定的偏差，如果该值的变化比较缓慢，特别是数字系统，由于采用断续控制方式，且两次采样控制的间隔时间比转速的动态过程时间长，那么每次采样控制的结果总能保证汽轮机转速等于转速的设定值。

从图 4-9 中可看出，比例积分运算得到的控制输出，受到逻辑开关 AUTO 和 $\overline{\text{TRCOM}}$ 的连锁，只有当机组处于高压主汽阀自动控制状态时（AUTO = 1，$\overline{\text{TRCOM}}$ = 1，即 TV—GV 未切换），控制输出才能通过数—模转换器送至伺服回路，当由高压主汽阀至高压调节汽阀的切换完成时（$\overline{\text{TRCOM}}$ = 0），控制输出被禁止，此时"高压主汽阀开偏置"信号通过数—模转换器送至伺服回路，使高压主汽阀全部打开。当高压主汽阀处于手操控制时，跟踪信号通过逻辑开关 $\overline{\text{AUTO}}$ = 1，$\overline{\text{TRCOM}}$ = 1 送至数—模转换器，使 TV 的控制输出始终跟踪模拟系统手操的输出。

第三节　高压调节汽阀的数字系统

一、高压调节汽阀控制系统的工作方式

当机组处于高压调节汽阀控制时，DEH 系统同样有自动和手动操作两种工作方式，如图 4-10 所示。

1. 自动工作方式（AUTO）

在这种工作方式下，计算机参与控制，数字系统接受如下信号：

(1) 电厂计算机来的输入信号（PLANT COMPUTER）。

(2) 远方控制（自动调度系统或锅炉控制系统）来的输入信号（REMOTE）。

(3) 自动同步来的信号（AUTO SYNC）。

(4) 汽轮机自启停（ATC）程序的运行结果。

(5) 电厂来的返回命令（PLANT RUNBACK）。

(6) 运行人员的操作命令（OPERATOR）。

其中远方控制信号和自动同步信号受励磁机状态的逻辑开关控制，自动同步来的信号只能在励磁机断开的条件下才能输出，此时远方控制信号不起作用。

与高压主汽阀控制一样，这些输入信号送至数字系统，经过运算处理后，通过数—模转换器作为高压调节汽阀的控制信号（GV CONTROL）被送到伺服回路，从而对高压调节汽阀进行自动控制。数模转换器的输出，还作为跟踪信号（TRACKING）送至模拟系统，

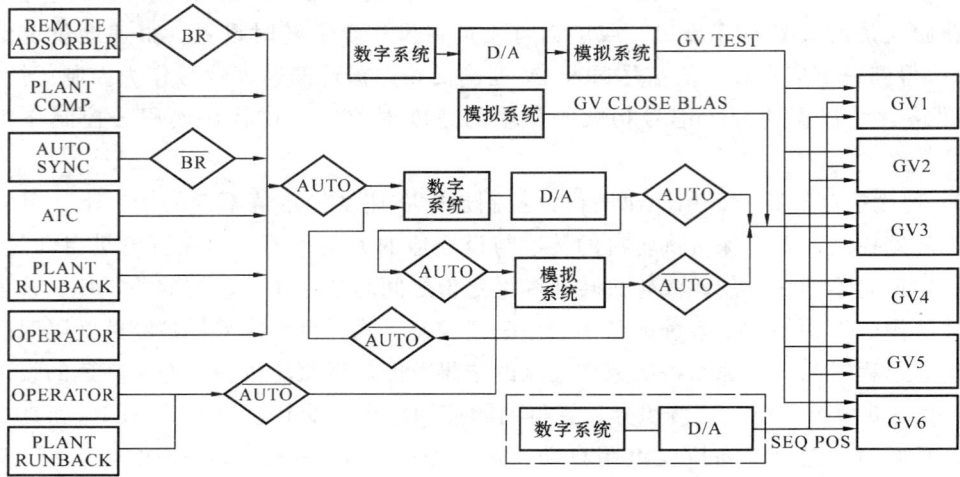

图 4-10　高压调节汽阀控制的工作方式

以实现自动和手操之间的无扰动切换。

2. 手操工作方式（$\overline{\text{AUTO}}$或 MANUAL）

采取手操工作方式时，计算机不参与对调节汽阀的控制，运行人员的操作命令（OP-ERATOR）和厂部的返回使命令（PLANT RUNBACK）通过模拟系统输出至伺服回路作为高压调节汽阀的控制信号。此外，模拟系统的输出还送到数字系统的输入端，完成数字系统对手操的跟踪，以实现无扰动切换。

高压调节汽阀伺服放大器板上的阀位请求信号与高压主汽阀的阀位请求信号相似，也包含有一个高压调节汽阀关闭偏置信号（GV CLOSE BIAS）和高压调节汽阀测试信号（GV TEST）。高压调节汽阀关闭偏置信号由模拟系统给出，当汽轮机停机系统发生跳闸信号时，该信号使高压调节汽阀紧紧关闭。高压调节汽阀测试信号由数字系统产生，通过数—模转换后送到伺服回路，当测试高压调节汽阀时，用此信号来关闭所选择的高压调节汽阀。正常时，GV TEST 和 GV CLOSE BIAS 两者都为零。

和高压主汽阀控制回路不同的是每一个高压调节汽阀的伺服回路中还输入一个独立的顺序阀门控制信号 SEQ1POS、SEQ2POS、…、SEQ6POS，它们是由数字系统的阀门管理程序软件包产生，分别送至每个阀门的数模转换器。如果系统中配有阀门管理功能，那么它就能作为顺序阀门方式下的控制信号。如果切除了阀门管理功能，这个信号就不能出现，系统中可不加以考虑，这些是通过阀门切换逻辑完成的。

二、高压调节汽阀控制系统工作方式的选择逻辑

由于高压调节汽阀的控制过程不仅包括转速控制，而且还要经历机组同步并网和负荷控制等不同的阶段，在负荷控制时还可能要和锅炉控制系统、自动调度系统或电厂计算机发生作用，因此高压调节汽阀的控制工作方式除分自动和手操两种之外，自动方式又可进一步分为以下几种：

1．自动工作方式（AUTO）

又称作操作员自动方式（OA = 1），其逻辑框图如图 4-11 所示。当 DEH 系统投入自动时，系统就处于操作员自动方式，这时数字系统参与工作，运行人员可以利用操作盘的按钮设置要求的速度或负荷设定值，以改变机组的转速或负荷。这种工作方式，向下可退到手操方式，向上可进到自动汽轮机控制（ATC）方式、远方控制（REMOTE）方式、自动同步工作方式（AS）以及电厂计算机控制（PLANT COMPUTER）等方式，只要操作相应的键就能实现。

2．自动汽轮机控制方式（ATC）

自动汽轮机控制方式的逻辑框图如图 4-11 所示。当机组处于速度控制阶段时，励磁机逻辑开关是断开的，即 BR = 0，此时操作人员只要按下"ATC"DEH 系统就可进入自动汽轮机控制方式。这时的速度控制设定值的变化（即升速曲线）是通过 ATC 程序计算给定的。当机组处于负荷控制阶段 BR = 1，DEH 系统可以通过两种途径进入 ATC 工作方式。

（1）若系统是处于 AUTO 工作方式，并且设置的设定值请求与现有的

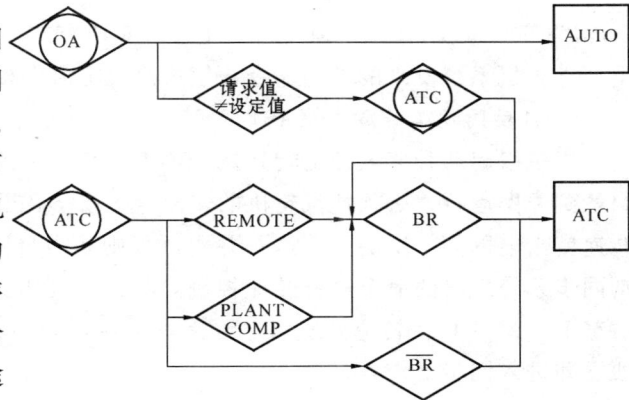

图 4-11　AUTO 和 ATC 方式的选择逻辑

设定值不相等时，则只要按下"ATC"键，系统就可进入"ATC"工作方式，这时的速度设定值请求由操作人员给出。

（2）若系统处于远方控制（REMOTE = 1）或电厂计算机控制（PLANT COMP = 1）时，则只要按下"ATC"键也能使系统进入"ATC"工作方式，这时的速度设定值请求是由 ATC 程序计算提供的。

3．远方控制方式（REMOTE）

远方控制方式是指 DEH 系统通过接受锅炉控制系统或自动调度系统来的控制信号，来调整汽轮机的负荷。这种工作方式通常用来实现机炉电协调控制，负荷的设定值来自锅炉方面或调度系统方面的负荷增减命令，其逻辑框图如图 4-12 所示。

当系统处于负荷控制状态下（BR = 1），采用 AUTO 工作方式（OA = 1）或已从 AUTO 方式进入 ATC 方式（OA = 1，ATC = 1）并且电厂计算机已退出系统（$\overline{\text{PLANT COMP}}$ = 1），这时运行人员只要按下远方控制键"REMOTE"，系统便可立即进入该工作方式。

4．电厂计算机控制方式（PLANT COMP）

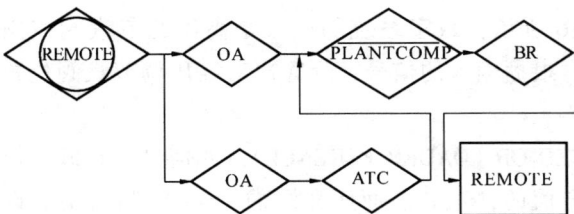

图 4-12　远方控制方式的选择逻辑

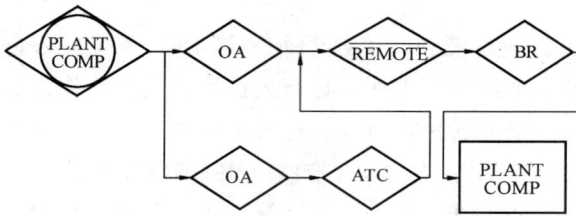

图 4-13 电厂计算机控制方式选择逻辑

电厂计算机控制方式选择逻辑如图 4-13 所示。与远方控制方式的选择逻辑相仿，当系统处于负荷控制状态下（BR = 1），采用 AUTO 工作方式（OA = 1），或已从 AUTO 方式进入到 ATC（OA = 1，ATC = 1）方式，且远方控制已被切除（$\overline{\text{PLANT COMP}}$ = 1），这时运行人员只要按下"PLANT COMP"键，则 DEH 系统就可进入电厂计算机方式。在这种控制方式下，DEH 系统将接受电厂计算机系统发来的控制命令，使负荷设定值作相应的增减，使机组负荷相应地改变。

5. 自动同步工作方式（AS）

当机组起动升速至额定转速的 90% 以上时，控制阀门已切换到调节汽阀，为了使机组达到并网运行，必须使汽轮机的转速等于或略高于电网的频率，一旦并网后，汽轮机的转速就由电网频率所决定，这一并网过程则是由自同步系统控制的，即 DEH 系统根据自动同步系统发出的命令进行转速控制。其选择逻辑如图 4-14 所示。当系统处于速度控制情况下（$\overline{\text{BR}}$ = 1），转速升至额定转速的 90% 以上后，运行人员只要按下"AS"键，系统便立即进入同步工作方式。

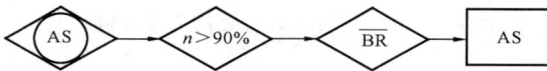

图 4-14　自动同步方式的选择逻辑

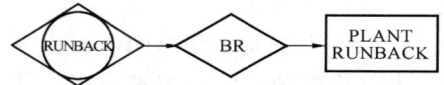

图 4-15　电厂返回控制方式选择逻辑

6. 电厂返回控制方式（PLANT RUNBACK）

在自动工作方式下，DEH 系统还接受电厂返回信号，用来减负荷，其选择逻辑如图 4-15 所示，在系统处于负荷控制情况下，BR = 1，此时，运行人员按下"RUNBACK"键，系统便可立即进入电厂返回减负荷控制方式。

当 DEH 系统被选择进入上述任何一种工作方式后，数字系统中相应的逻辑开关就被置位，高压调节汽阀控制回路的有关部分，如设定值选择等，就会作相应的改变。

三、高压调节汽阀控制系统

1. 高压调节汽阀控制系统的组成

高压调节汽阀数字控制系统如图 4-16 所示，数字系统的核心是高压调节汽阀控制回路（GV 控制回路），它是一个软件程序，根据输入的信号，计算出对高压调节汽阀位置的要求值，其输入信号有：

（1）速度或负荷的设定值输入（SPEED OR LOADER FERENCE）。此信号是在调节汽阀控制处于 AUTO 工作方式时用作控制设定值的，正如前面所介绍的，GV 控制回路的设定值可能来自六个不同的外部源，通过各自的接口送入到一个"逻辑"功能块，该功能块是

48

一个软件程序，可判断控制系统目前需用哪一个信号源，从而根据要求向 GV 控制回路送出一个相应的设定值。

（2）转速信号（SELECTED SPEED）。此信号作为 GV 控制回路的反馈信号，其中通道"A"和通道"B"是数字量信号，另一个是模拟量信号，来自汽轮机监督仪表的速度信

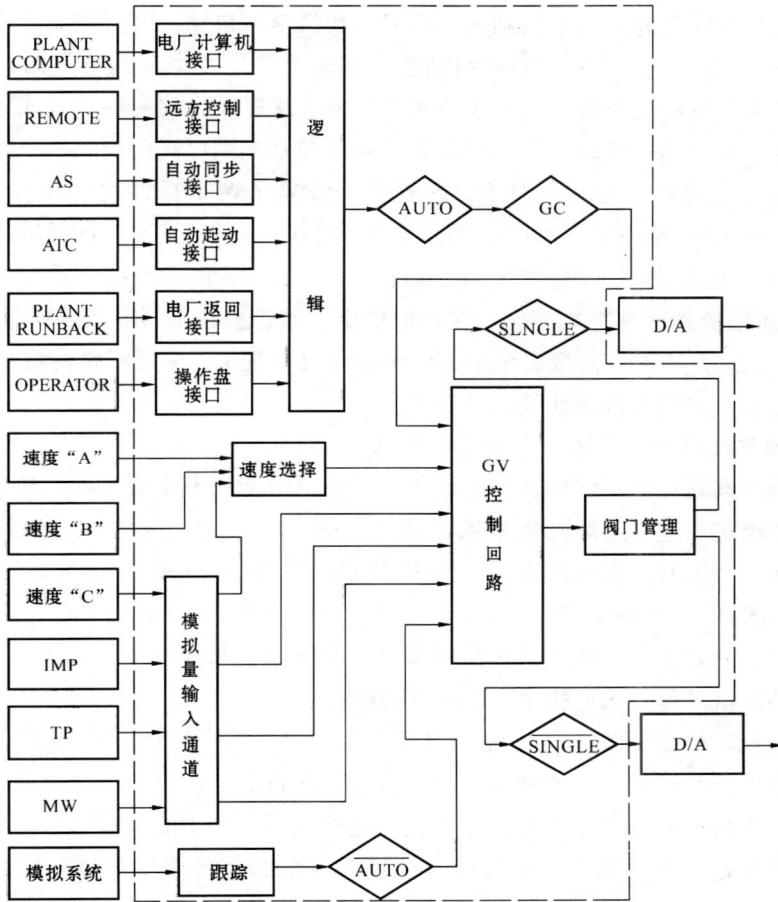

图 4-16 高压调节阀门数字系统

号，通过模拟量输入装置进入数字系统，这三个信号通过"速度选择"逻辑功能后进入 GV 控制回路。"速度选择"功能块对输入的速度信号的正确性进行判断，并选择其中一个作为 GV 控制回路的反馈输入。

（3）第一级汽室（调节级）压力信号（TP₁）。此信号为模拟量信号，通过模拟量输入装置送入 GV 控制回路，它是在高压调节汽阀进行负荷调节时用作汽轮机功率的反馈信号。

（4）发电机功率信号（MW）。此信号也为模拟量信号，通过模拟量输入装置送入 GV 控制回路，负荷调节时，发电机输出功率作为反馈信号。

（5）高压主汽阀压力信号（TP）。此信号是一个模拟量信号，在负荷控制过程中，其

值要求不小于某一给定的数值，当高压主汽阀压力低于某一给定值时，主汽阀压力控制器就要发出一个信号，使负荷设定值降低，通过 GV 控制回路来关小高压调节汽阀，从而使高压主汽阀压力恢复，直至高于给定值。主汽阀压力控制器包含在高压调节汽阀控制的数字系统中，主汽阀压力信号是这一控制的反馈信号。

（6）模拟系统输出的跟踪信号。它是作为手操工作方式时，数字系统对模拟系统的跟踪信号，此信号保证了高压调节汽阀从"手操"切换至"自动"时实现无扰动切换。

在 AUTO 工作方式下，GV 控制回路通过控制运算产生一个蒸汽流量的请求信号，由于汽轮机高压调节汽阀的控制方式有单一阀门控制和顺序阀门控制两种方式，因此控制回路的输出通过一个"阀门管理"程序产生单一阀门控制和顺序阀门控制两个控制信号，之后分别被送至各自的数—模转换器中，在这中间设置了两个反馈的逻辑开关"SINGLE"和"$\overline{\text{SINGLE}}$。当 DEH 采用单一阀门控制方式时，SINGLE = 1，这时"阀门管理"软件输出单一阀门控制信号至高压调节汽阀伺服回路，反之，若指定为顺序阀门控制方式时，$\overline{\text{SINGLE}}$ = 1，阀门管理软件把顺序阀门控制的输出信号送至高压调节汽阀伺服回路。

在 AUTO 工作方式下，模拟系统来的跟踪信号可保证 GV 控制回路的输出与手操模拟系统的输出相等，实现无扰动切换。

2．高压调节汽阀控制系统设定值的选择逻辑

在高压调节汽阀控制系统中，转速或负荷的设定值来自多个信号源，最终由一个逻辑功能块来选择确定，这一逻辑功能框图如图 4-17 所示。设定值是由一个被称为"设定值计数器"的软件产生的，它实际上是一个积分器，受增加（RAISE）、减少（LOWER）和计数速率（RATE）三个信号控制。

送至设定值计数器的增加或减少信号来自两个途径，或者来自于比较器的输出，或者来自于各个外部信号源，这取决于 DEH 工作方式。

（1）AUTO 和 ATC 工作方式。当 DEH 系统处于 AUTO 和 ATC 工作方式时，转速和负荷的设定值请求都是通过比较器和现有设定值进行比较后，产生一个增加或减少的信号去控制设定值计数器，其基本原理和高压主汽阀速度控制系统中的设定值产生逻辑相同，当 DEH 系统处于其他工作方式时，外部信号源进入系统的是要求设定值变化量（增量或减量），故不必通过比较器，可直接送入设定值计数器来控制计数。

在 AUTO 工作方式下，无论是速度控制，还是负荷控制，其设定值和变化速率可由运行人员在操作盘上选择，然后按"进行（GO）"键，就能通过比较器输出增加或减少信号，并送至设定值计数器，使计数器按运行人员选定的速度率计数，直至设定值等于所要求的数值。

在 ATC 工作方式下，并且"AS = 0"，"REMOTE = 0"，"PLANT COMP = 0"时，若进行速度控制（$\overline{\text{BR}}$ = 1），此时转速设定值和变化率均由 ATC 程序产生，不需要运行人员选择。若进行负荷控制（BR = 1），负荷设定值由运行人员在操作盘上选择，之后通过比较器去控制设定值计数器。计数器的速度（即设定值的变化速率）则由 ATC 程序的低信号选择器给出，即首先由 ATC 程序根据汽轮机允许的负荷变化率和发电机允许的负荷变化率选择其中较少的一个，然后再依次与电厂负荷允许的变化率、操作人员设置的负荷变化率相

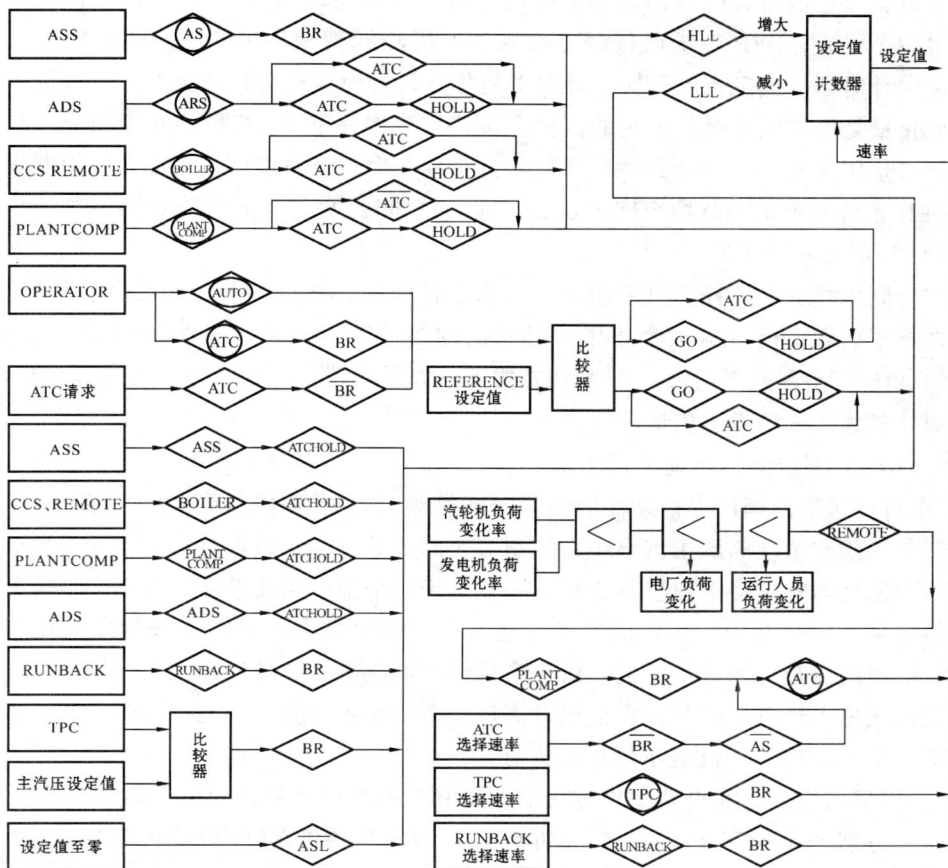

图 4-17 高压调节汽阀控制系统设定值形成逻辑

比较，每次都选择较少的一个，经过这样低值选择后，得到一个负荷变化率送到设定值计数器，控制它的计数率。其中 ATC 程序中机组的允许负荷变化率是根据机组运行时有关参数计算得到的。

（2）外部来的改变设定值的信号。外部来的改变设定值的请求信号可能来自三个方面，即自动同步系统、远方控制（来自协调控制系统 CCS 或自动调度系统）和电厂计算机。

自动同步系统是在机组处于速度控制阶段（$\overline{BR}=1$）才起作用。DEH 系统根据自动同步器发出的触点闭合信号来增大和减少设定值。当触点由断开状态变到闭合状态时，触点扫描功能和逻辑功能就记录下这一状态的改变，控制系统则根据这一状态的改变来增加或减少速度设定值 1r/min。DEH 系统要求触点输入的最小脉冲宽度为 0.1s，最小脉冲周期为 1s，速度设定值变化的最大速率为 1r/min。

远方控制系统和电厂计算机系统可以用三种方式向 DEH 系统输入设定值，即模拟量输入信号、脉冲持续宽度触点输入信号和脉冲序列触点输入信号。脉冲持续宽度触点输入是以可变的脉冲宽度输入来代表远方控制系统要求的负荷设定值变化量，当远方控制系统需要改变负荷设定值时，DEH 系统的负荷设定值"增大/减小触点输入"就闭合，对 DEH 系统发出一个中断，DEH 系统通过触点输入和逻辑功能判别出中断源。触点输入则起动一个软件的计时器，当触点断开时，计时器就停止，计时器的分辨率为 0.1s，因此负荷设定值的变化量是触点闭合时间长短的函数，负荷变化率一般为 3% 额定负荷/min。脉冲序列触点接口是用来对输入脉冲数进行计数，且每秒一次修正设定值，它也是由中断程序控制的，DEH 系统要求最小脉冲密度为 0.25s。脉冲之间的时间间隔大于 0.5s，每个脉冲相当于 0.1% 额定负荷变化量。

远方控制方式和电厂计算机控制方式是相互排斥的，选择了前者，后者就被禁止了，反之，选择了后者，前者就被禁止了。但它们的信号既可能以 ATC 工作方式下送入，也可在非 ATC 工作方式下送入，在 ATC 方式下，如果出现"ATC 保持"状态（ATC HOLD = 1），则外部源送来的设定值请求信号就被禁止。

（3）使 DEH 系统降低负荷的请求信号。

1）来自高压主汽阀压力控制器的信号。在机组运行过程中，要求保持高压主汽阀压力不低于某一给定值。高压主汽阀压力控制器实际上是一个比较器，它将测量得到的高压主汽阀压力信号与规定的限值进行比较，一旦低于这个值，则比较器就发出一个降低负荷设定值的信号，同时由 TPC 选定的速率也送至设定值计数器，计数器按规定的速率减少计数值，机组的负荷也相应地降低，由于高压调节汽阀关小，使高压主汽阀压力提高，直到高压主汽阀压力恢复至高于规定值或者高压调节汽阀关小到最小允许开度为止，这时比较器的输出信号才消失，机组才停止减负荷。

2）返回请求信号。在自动工作方式下，DEH 控制系统还能接受电厂送来的三个触点输入信号，分别产生返回 1～3 三种减负荷方式，每一种对应有一定的负荷变化率和最小负荷值，如表 4-1 所示，一旦触点闭合输入后，机组则减负荷，直到触点断开或负荷达到最小负荷值为止。

表 4-1　返回请求信号的负荷变化率及最小负荷

返回号	负荷变化率（%/min）	最小负荷（%额定功率）
1	200	20
2	100	20
3	50	20

3）汽轮机跳闸信号。一旦出现汽轮机跳闸条件（AST = 1），则送入一个置零信号，使设定值计数器置零，机组将负荷减至零，高压调节汽阀关闭。所有送往设定值计数器去的增加或减少信号都要经过高负荷限值（HLL）或低负荷限值（LLL）的状态检验，这些限值可由运行人员调整，一旦超出高、低负荷限值的范围，计数器就不能接受此信号，从而禁止计数。

3. 高压调节汽阀控制回路

高压调节汽阀控制回路如图 4-18 所示，送入 GV 控制回路的设定值来自于前面介绍的设定值选择逻辑，当高压调节汽阀承担速度调节任务时（$\overline{BR}$ = 1），设定值为速度值，它将和机组的速度反馈信号一起被送入比例积分速度控制器，比例积分速度控制器则产生一控制输出，并送到 GV 伺服回路，控制机组转速；当机组处于负荷控制状态时（$\overline{BR}$ = 0），速度控制器被切除。

当 GV 控制回路执行负荷调节任务时（BR = 1），输入的设定值为负荷设定值，机组的

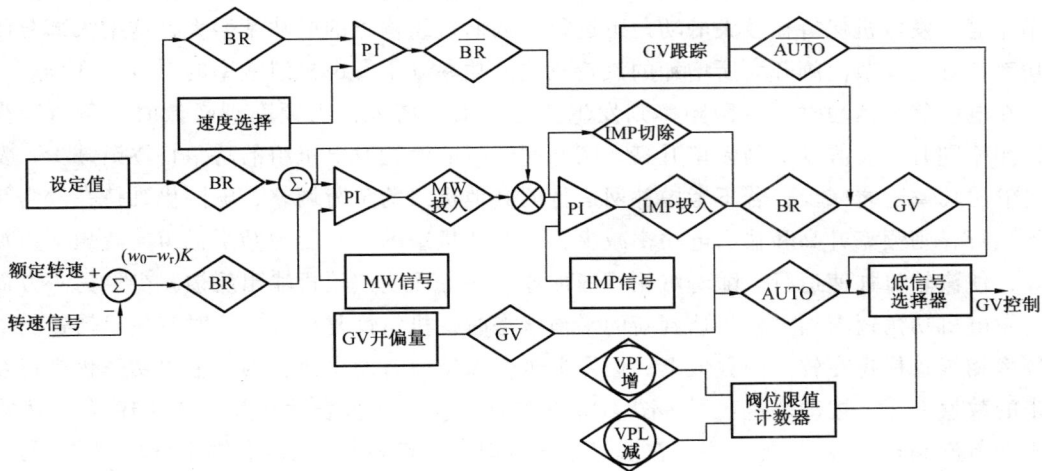

图 4-18　高压调节阀门控制回路

反馈信号为发电机输出功率（MW）信号、第一级汽室压力信号（TP₁）和汽轮机转速信号（n）。此时 GV 控制回路实际上是三个回路的串级调节系统，通过对高压调节汽阀的控制来控制机组的负荷。下面就汽轮发电机组的运行特性来分析这一系统。

（1）汽轮发电机组动态特性分析。

汽轮发电机组的动态特性不仅取决于它的结构参数，而且还与机组的运行方式和负荷特性有关，对于并网运行的某台机组，在分析其动态特性时，可假设：

1）电网的容量相对于机组来说是无穷大，因此电网频率和电压不受机组转速和输出功率变化的影响。即通过调节汽阀改变汽轮机输入功率时，电网频率不会改变，同样，当电网频率改变时引起的机组动态过程也不会对电网频率发生相反影响。

2）机组的自动调整装置能使机组在转速变动或电网负荷扰动时输出端电压保持恒定。

作为被控对象的汽轮发电机组有两个输入量和两个输出量，一个输入量是汽轮机进口主蒸汽流量，它是机组的输入功率，由汽轮机调节汽阀控制，通常称为控制输入。当调节汽阀开度不变时，主蒸汽压力的变化也会引起蒸汽流量的改变，产生对机组的扰动。另一个输入量是电网负荷的变化，它是汽轮发电机组负荷侧的扰动，称为外扰。机组转速和输出电功率是反映机组运行状态的两个输出量，在稳态时，转速等于电网频率，在动态过程中，机组的输入功率与其输出的电功率不平衡时，转速出现偏差；机组的输出电功率代表了机组在单位时间内向电网送出的能量。

当汽轮发电机组的输入量改变时，将引起输出量变化，如当高压调节汽阀开大时，蒸汽流量增加，则汽轮机的输入功率增大，汽轮机的输出转矩也随之加大，机组因原来的平衡状态被破坏而开始加速；若进汽量保持不变，汽轮机输出力矩随转速的增加将自发地减少，因而加速过程逐渐减慢。在加速过程中，由于电网频率恒定，则发电机功角将逐渐增大，机组输出功率随之增加，电磁阻尼力矩也相应增大，电磁阻尼力矩的负反馈将导致加速度下降，并出现负加速度，此过程直到汽轮发电机的输出力矩和电磁阻尼力矩在新的数值下达到平衡为止，这时机组才达到稳定，在新的稳定状态下，机组转速仍保持与电网的频率相等，发电机保持在较大的功角下运行，因而机组输出的电功率增大，这增大部分的电功率正好是调节汽阀开大所增加的汽轮机输入功率（不考虑机组效率的影响）部分。

在电网负荷扰动时，电网频率则发生变化，负荷增大，当频率则降低时；负荷减少时，频率则升高。假设电网频率升高，则并网运行的汽轮发电机组的功角将逐渐减少，发电机输出功率随之减少，若不考虑并网运行的其他机组的负荷调整，电网仍维持在较高频率下运行，则频率升高和输出电功率减少，都会使机组的电磁阻力乃至机组的转矩平衡被破坏，使汽轮机加速运行。随着汽轮机的加速，一方面使汽轮机输出反馈减少，另一方面又使发电机功角逐渐加大，当达到新的平衡状态时，机组恢复稳定，这时汽轮机转速与电网频率相等，保持在较高的数值上，但发电机仍保持原有的功角，因而输出功率仍维持在原来的数值上。上述动态过程可用图 4-19 的阶跃响应曲线来表示。其中图 4-19（a）为汽轮机调节汽阀开度 μ_T 增加（主蒸汽流量增大）时，汽轮机转速 ω_T 和输出电功率 P_E 的响应曲线。图 4-19（b）为电网频率 μ_T 改变时，汽轮机转速 ω_T 和输出电功率 P_E 的响应曲线，从阶跃响应曲线中可看出：

汽轮发电机组在内扰（调节汽阀开度变化）和外扰（电网负荷）作用下，其动态过程是稳定的，达到稳定状态时转速与电网频率相等，输出电功率与汽轮机的输入功率相等，因此它是具有自平衡能力的被控对象。

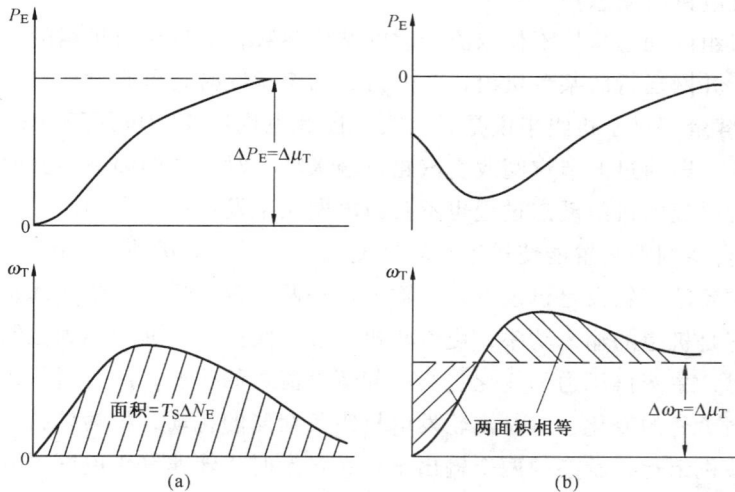

图 4-19 汽轮发电机组的附跃响应特性曲线
(a) 调节汽阀开度 μ_T 阶跃增大；(b) 电网频率 μ_T 阶跃升高

在动态过程中，由于输入—输出能量的不平衡，汽轮机的转速将发生变化，它与电网的频差将引起发电机功角的改变，由于过大的功角改变会引起电机运行的不稳定，因此机组加减负荷的速率和电网负荷扰动量的过大都是不允许的。

电功率信号 P_E 对汽轮机调节汽阀阶跃输入的响应有一定的适时和慢性。在动态过程中，电功率信号并不等于汽轮机的轴功率，它只反映机组向电网输出的功率。因此，在内扰时，它能反映输入功率的变化；而在外扰时，它只能反映输出功率的变化，并不能反映输入功率的变化，这将给汽轮发电机组的功频控制系统带来一定影响。

（2）DEH 负荷控制系统的分析。

在图 4-18 所示的控制系统中，负荷设定值代表要求机组带的负荷，即为当机组在稳定运行状态下，运行人员或中心调度所（ADC）要求机组带的负荷。对于参与一次调频的机组，它还应当随着电网负荷的变化改变它的出力。因此负荷设定值中应有能反映电网负荷要求的信号，这就是频差信号，它反映了电网负荷变化的大小和方向，因此在 DEH 控制系统中，将频差信号（$\omega_0 - \omega_T$）乘以比例系数 K 后，与负荷设定值信号相加，经过这样修正后的设定值信号，既反映了稳定状态下对机组的要求，也反映了电网负荷变化对机组负荷的要求。频差信号所乘的比例系数越大，则机组对电网负荷变化的反映越敏感，承担的一次调频任务也越重。对于带基本负荷的机组，可将频差信号切除或乘以很小的系数，该系数应根据调峰机组所承担的一次调频百分比来确定。

经过转速偏差修正后的功率设定值，被送到负荷控制的串级系统中，控制系统的反馈信号是电功率信号（MW）和汽轮机调节级汽室压力信号（TP_1），（转速信号在速度控制时是反馈信号，在负荷控制时为反映外扰的输入信号），其中 TP_1 信号对汽轮机高压调节汽阀开度 μ_T 的控制作用反应的较快，它近似地代表了汽轮机的蒸汽流量。当设定值改变或内扰（如主蒸汽压力变化引起蒸汽流量改变）变化时，通过 TP_1 的控制回路（内回路）能及时加以控制，使机组的负荷基本上与设定值要求相等。若机组的负荷与要求还有偏差，则可通过电功率信号 MW 的反馈回路（外回路）来进一步加以修正，最终保持电功率信号 MW 与设定值相一致。因此快速反应的 TP_1 回路对机组负荷起到了粗调作用，反应较慢的电功率 MW 回路起到了细调作用，两个控制回路都采用了比例积分（PI）控制方式。细调是通过电功率 MW 回路的 PI 输出与负荷设定值（经频差修正后）相乘后，作为 TP_1 回路的设定值。其中乘法器用来进行动态校正，以解决内、外回路的跟踪。

在功率反馈回路 PI 控制运算中，比例积分输出的平衡位置是 1，当输入功率偏差为正时，输出向大于 1 的方向积分，与经过频差修正的设定值相乘后，送至 TP_1 控制回路，从而使机组的负荷增大；当输入功率偏差为负时，则输出向小于 1 的方向积分，与经过频差修正的设定值相乘后，送至 TP_1 控制回路，使机组的负荷减小。同时在比例积分调节器输出端还设有上、下限值，使它在 1 附近的小范围内变化。由于调节级汽室压力 TP_1 信号和发电机输出功率信号 MW 在稳定状态下都代表了机组的出力，因此由内回路保持汽轮机调节级汽室压力 TP_1 等于负荷给定值后，发电机功率信号与给定值之间的偏差不会很大，将外回路的比例积分控制输出限制在 1 附近就足够了，细调的作用不宜过大，否则将会造成系统的振荡。

如果发电机输出功率信号 MW 被切除，则该控制回路将不起作用，控制系统通过保持调节级汽室压力 TP_1 来间接地保证机组的输出功率。如果汽轮机调节级汽室压力 TP_1 信号被切除，那么 TP_1 控制回路将不起作用，此时控制系统不能及时消除内扰，控制过程品质相对来说就比较差。上述所提到的控制功能都是以软件方式实现的。

在图 4-18 所示的 GV 控制回路中，还设有手操方式时的跟踪输入以及机组在高压主汽阀控制时（$\overline{GV}=1$）使高压调节汽阀全开的偏置信号，GV 控制回路的输出阀位信号，无论是控制输出，还是跟踪输出，都要经过阀位限制比较后，才能输出，比较的结果如果是小于阀门限值，则允许输出，如果大于阀门限值，则按限值大小输出，这是由一低信号选择器来实现的。阀位限值的大小可由运行人员按操作盘上的阀位限值增加键和阀位限值减少键来调整，这两个键能控制阀门限值计数器向增大或减少方向计数，从而给出需要的阀位限值。

4. 速度选择程序

在 DEH 系统中，为了保证速度测量信号的正确可靠，采用了三个速度测量源，通过比较判断选择一个可靠的速度信号作为控制系统的反馈信号，其中两个来自于汽轮机测速感受元件提供的脉冲型式的信号，另一个是来自于汽轮机监视仪表的模拟量信号，它通过模拟量输入装置送入 DEH 的数字系统。速度选择程序模块包括速度检查功能模块，速度可靠性判断逻辑模块和速度选择逻辑模块。

（1）速度检查功能模块。速度检查功能模块如图 4-20 所示，检查是通过比较来实现的，检查结果设置出相应的逻辑状态标志，以进行速度信号的可靠性判断和选择。由图中可看出两个数字速度信号（速度"A"和速度"B"）通过计算机后扫描程序分别从两个控

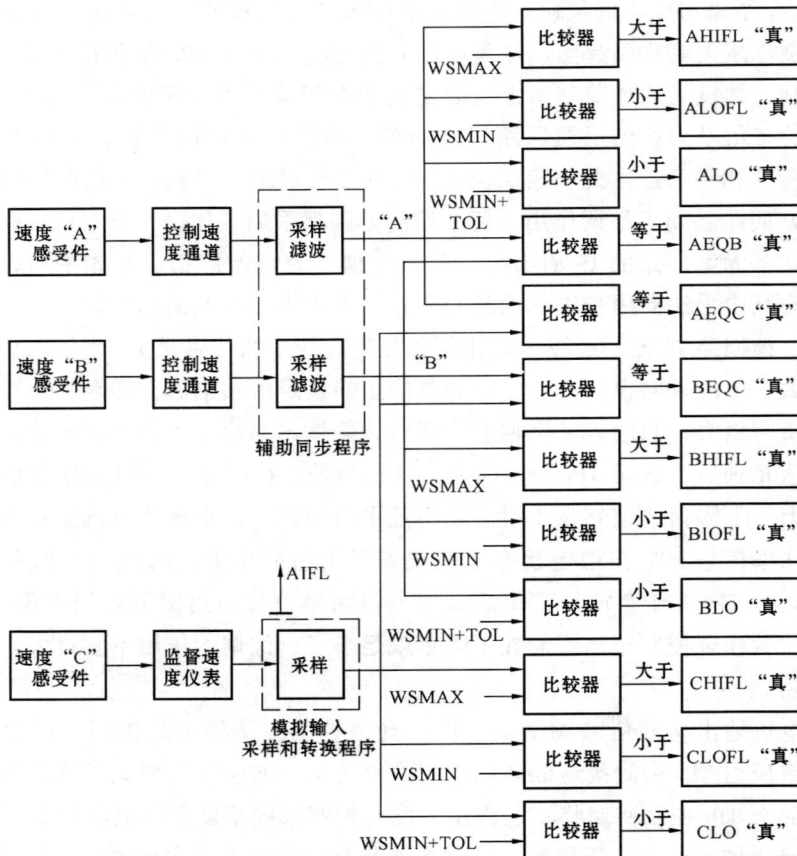

图 4-20　速度检查功能模块

制速度通道，采样输入，并经过滤波（平均法）后送至检查功能块；模拟信号通过模拟量输入扫描和转换后，变成数字信号也被送入检查功能块。检查功能块是一个比较软件程序，在此程序中，每一个速度信号都要进行五次比较，其中两次是和其他两个速度信号进行比较，另外三次是分别与速度高限故障值（WSMAX）、速度低限故障值（WSMIN）及某一低速度值（WSMIN TOL）进行比较，最后根据比较结果的大小建立标志位。

例如对速度"A"进行如下检验：①与速度"B"比较，若相等，则置标志 AEQB = "真"，否则置 AEQB = "假"；②与监督速度"C"比较，若相等，则置标志 AEQC = "真"，否则置 AEQC = "假"；③与高限故障 WSMAX 比较，若大于它，则置速度"A"高限故障标志 AHIFL = "真"，否则置 AHIFL = "假"；④与低限故障 WSMIN 比较，若小于它，则置速度"A"低限故障标志 ALOFL = "真"，否则置 ALOFL = "假"；⑤与大于低限故障值的某一速度限值（WSMIN + TOL）比较，若小于它，则置标志 ALO = "真"，否则置 ALO = "假"。

三个速度信号都经过同样的比较后，共得到十二个逻辑标志，之后送到速度可靠性判断逻辑模块。

（2）速度可靠性判断逻辑模块。图 4-21 为根据检查到的逻辑状态标志进行速度信号的可靠性判断逻辑。任何一速度信号，如果满足下列两个条件，那么认为该速度信号是可靠的：①它至少和其他一个通道的速度信号相等；②它的数值在高限故障值和低限故障值之间。

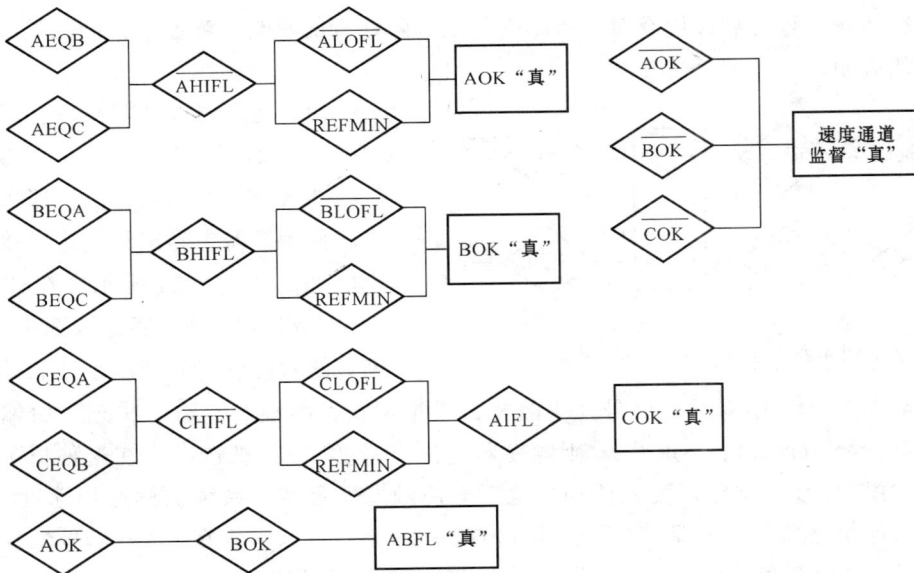

图 4-21　控制速度通道可靠性判断逻辑

例如对速度"A"来说，如果满足 AEQB = "真"或 AEQC = "真"；$\overline{\text{AHIFL}}$ = "真"，且 ALQF = "真"，则速度"A"信号是可靠的，即置相应标志 AQK = "真"；其他两个速度信号也作类似的判断，以确定可靠性。

对监督速度"C"，不仅要满足上述逻辑条件，而且还要检查模拟输入系统是否故障，只有当模拟输入系统无故障时（由模拟输入系统给出相应的逻辑状态标志 AIFL = 1），才能确认速度"C"是可靠的，即 COK = "真"。

两个数字速度通道如果都有故障，即 $\overline{\text{AOK}}$ = 1，$\overline{\text{BOK}}$ = 1，则置逻辑标志 ABFL = "真"；三个速度信号中，只要有一个不可靠，即 $\overline{\text{AOK}}$ = 1 或 $\overline{\text{BOK}}$ = 1 或 $\overline{\text{COK}}$ = 1，则在监控程序中置速度通道监督标志 SPEED CHANNEL MONITOR = "真"。

在速度可靠性判断逻辑模块中，还有一个附加的状态，那就是低设定值状态（REFMIN），因为当机组在启动过程中，转速很低的时候，例如 150r/min 或更低，通过低限故障检查时，即使正确也要被当作故障处理，为了避免这种情况，用 REFMIN 状态来旁通低限故障状态（ALOFL，BLOFL，CLOFL），低设定值状态标志确定如图 4-22 所示。当机

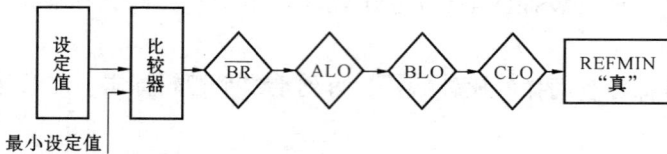

图 4-22   低设定值状态标志产生逻辑

组处于转速控制状态 $\overline{\text{BR}}$ = 1，且设定值小于某个指定的最小设定值（此时比较器输出为"真"）和三个速度信号都少于某一个比较低限故障值稍大的限值，即 ALO = "真"，BLO = "真"，CLO = "真"，这时置逻辑标志 REFMIN = "真"。这样当机组在转速很低的情况下，进行转速信号可靠性检查时，可不受低限故障检查的影响，使速度控制在整个启动过程中都能应用。

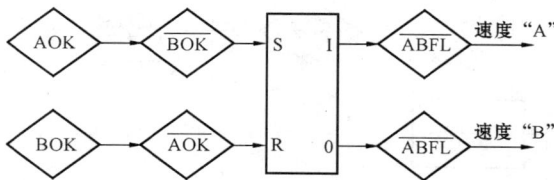

图 4-23   速度"A"、"B"的选择

（3）速度选择逻辑模块。经可靠性判断后，如果速度"A"和"B"都可靠，即 AOK = 1，BOK = 1，那么通过一个软件触发器来确定到底选中哪一个速度信号，如图 4-23 所示，在这种情况下，"A"或"B"都有被选中的可能，因为此时触发器的状态是任意的，如果速度"A"和"B"中有一个信号发生故障，或被切除，则触发器输出状态将由输入端信号来确定，如 AOK = 1，BOK = 0，则触发器复位，速度"A"被选中，在这种情况下，即使速度"B"恢复可靠后再投入使用，也不会使触发器翻转，系统仍然选择速度"A"信号。同样如果原来选中的是"B"信号（AOK = 0，BOK = 1），则在"A"信号恢复并投入使用后，系统也仍然选中"B"信号，"A"和"B"这种相互排斥的逻辑可避免一个间断性的速度通道故障，影响对选中的速度通道的正常工作。

在速度选择逻辑中，一旦有任意两个速度信号不可靠或被切除（"A"和"C"或"B"和"C"或"A"和"B"），则控制速度通道就以为被切除。如果机组处于负荷控制状态，则转速偏差修正回路就被切除。如果机组处于速度控制，则 DEH 系统被切换至手操工作方式。

第四节　中压调节汽阀的数字系统

一、中压调节汽阀控制工作方式

中压调节汽阀控制的工作方式也有自动方式和手操方式两种，如图 4-24 所示。

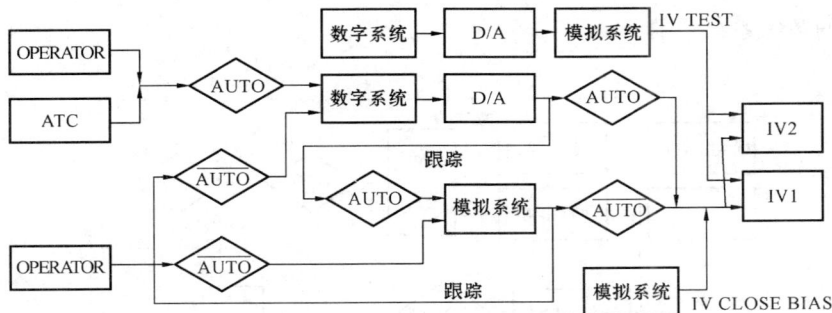

图 4-24　中压调节汽阀控制的工作方式

1. 自动工作方式（AUTO）

在自动方式运行时，中压调节汽阀的数字系统接受下列信号：

（1）运行人员从操作盘送入的转速给定值信号，数字系统根据给定值确定控制输出，去控制中压调节汽阀。

（2）如果 ATC 功能投入工作，则根据 ATC 所确定的设定值信号去控制中压调节汽阀的开度。

数字系统的输出经数模转换后，分两路，一路送到中压调节汽阀伺服回路作为控制中压调节汽阀的开度请求信号，另一路送到中压调节汽阀的模拟系统，作为跟踪信号，使模拟系统的输出跟踪数字系统，这样当自动工作方式切换到手操方式时可实现无扰动切换。

2. 手操工作方式（$\overline{\text{AUTO}}$）

在手操工作方式时，数字系统是不参与控制的，操作人员通过模拟系统，对中压调节汽阀进行控制，另外，模拟系统的输出信号还被送至数字系统，作为对手操方式的跟踪信号，实现手操工作方式向自动工作方式的无扰动切换。

中压调节汽阀的伺服系统，除接受 IV CONTROL 信号外，还接受 IV TEST 和 IV CLOSE BIAS 信号。中压调节汽阀测试信号（IV TEST）用于对中压调节汽阀的测试，中压调节汽阀关偏置信号（IV CLOSE BIAS）由模拟系统产生，当汽轮机停机系统发出跳闸信号时，IV CLOSE BIAS 信号总能确保中压调节汽阀能被紧紧关闭。正常运行时，IV TEST 信号和 IV CLOSE BIAS 信号均为零。

二、中压调节汽阀控制系统

中压调节汽阀是在旁路系统投入运行的情况下，被作为启动过程的控制手段，旁路系统切除时，它总处于全开状态，换句话说，中压缸启动时，在机组启动的开始阶段，用中压调节汽阀来控制机组的转速，当切换到高压主汽阀控制后，它就暂时保持原开度不变，机组并网带负荷后，它随着高压调节汽阀的控制作用而调整，直到机组带30%额定负荷为止，保持全开。

1. 中压调节汽阀控制的数字系统的组成

中压调节汽阀控制的数字系统如图4-25所示，它主要包括中压调节汽阀控制回路、速度设定值逻辑回路和速度选择模块，其中速度设定值逻辑回路和速度选择模块与高压主汽阀控制的数字系统中的相似。

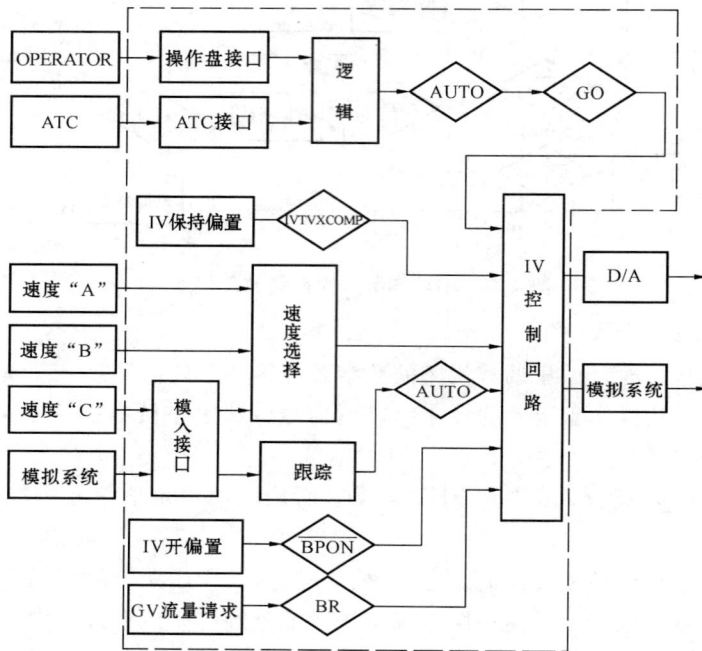

图 4-25 中压调节汽阀数字系统

速度设定值逻辑回路接受的输入信号有：

（1）通过ATC接口接收ATC程序计算得到的速度设定值及其变化率。

（2）通过操作盘接口接收运行人员在操作盘上设置的速度设定值及其变化率。

中压调节汽阀控制回路除接受速度设定值之外，还接受以下输入信号：

（1）汽轮机转速信号（SELECTED SPEED）。与高压主汽阀控制回路的信号相同，此信号也是来自被速度选择模块选中的速度信号。

（2）IV保持偏置信号（IV HOLD BIAS）。用中压调节汽阀启动时，在启动过程中，当由中压调节汽阀转至高压主汽阀控制时，IV保持偏置信号将使中压调节汽阀的开度保持不变。

（3）手操输出的跟踪信号（TRACKING）。与高压主汽阀控制回路相同，来自模拟系统的输出信号，可实现手操向自动方式的无扰切换。

（4）IV 开偏置信号（IV OPEN BIAS）。当机组带到 30％额定负荷时，旁路将切除，此时应将中压调节汽阀完全开启，因此数字系统里设有 IV 开偏置信号。

（5）GV 流量请求信号。当机组并网带负荷后（小于 30％额定负荷），中压调节汽阀和高压调节汽阀一起控制负荷，因此中压调节汽阀还接受高压调节汽阀控制回路来的控制输出信号，作为 GV 流量请求信号，按旁路流量的百分比来控制中压调节汽阀的开度。

2．中压调节汽阀控制回路的分析

中压调节汽阀 IV 控制回路如图 4-26 所示，控制系统的设定值，在机组并网前$\overline{BR}$ = 1 为转速设定值，它可以由运行人员在操作盘上设置，也可以由 ATC 程序提供；在机组并网以后为负荷设定值，由高压调节汽阀控制回路提供。

转速控制时，反馈信号为被选中的"A"或"B"转速信号，进行比例积分输出值需经高限值检查，该限值在中压调节汽阀控制期间较大，在转换到高压主汽阀控制时，转换时刻的中压调节汽阀的开度就作为它的高限值，也就是使中压调节汽阀开度维持不变，除非出现下述情况：

（1）当转速偏差过大，超过某一规定范围时，作为补充的控制手段，可以使中压调节汽阀向关小的方向调整。

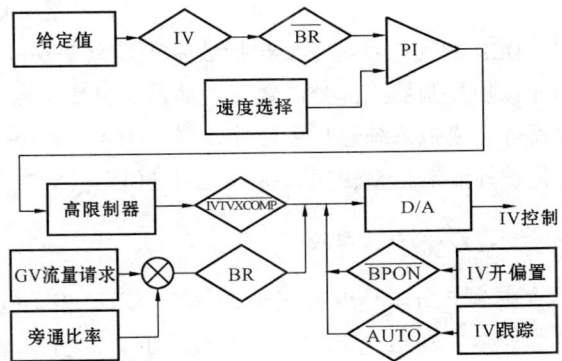

图 4-26　中压调节汽阀控制回路

（2）当再热压力改变时，根据压力变化值，对中压调节汽阀开度进行修正。

（3）在高压主汽阀向高压调节汽阀转换期内，当高压调节汽阀已经关小后，需将中压调节汽阀关小，待出现转速下跌时，再开启到原来的阀位。

机组开始带负荷后，即转入负荷控制阶段，这时送至中压调节汽阀控制系统的是 GV 控制回路的流量请求信号，与旁路流量的百分比相乘，作为中压调节汽阀的控制输出，使中压调节汽阀随同高压调节汽阀调节负荷。当负荷达到约 30％额定负荷时，旁路切除$\overline{BPON}$ = 1，IV 开偏置信号送至中压调节汽阀，使之处于全开状态。当出现电气主开关跳闸（全部甩负荷）或电网出现部分甩负荷时，中压调节汽阀将由超速保护系统（OPC）系统对机组执行保护功能。

第五章

数字式电液调节系统的模拟系统

汽轮机数字式电液调节系统（DEH）的模拟系统主要完成手动控制、超速保护等任务，分为高压主汽阀模拟系统、高压调节汽阀模拟系统和中压调节汽阀模拟系统。

第一节 概 述

DEH 的模拟系统主要包括数字手动（一级手动）系统、模拟手动（二级手动）系统和超速保护控制器三部分。数字手动系统包括手操双向计数器、数字跟踪比较器、时钟信号发生器等；模拟系统包括可逆计数器、D/A 转换器、模拟跟踪比较器、时钟信号发生器等；超速保护控制器包括快速关闭截止阀（CIV）、失负荷预测（LDA）和超速保护控制（OPC）。

一、数字手动系统

数字手动系统方框图如图 5-1 所示，当 DEH 的计算机系统发生故障时，运行人员可通过数字手动系统来实现对机组的手动控制，此时计算机可进行"在线"检修和保护，不影响机组的正常运行。当 DEH 系统处于数字手动时，其操作通过操作盘上的手动增、减按键加入，经由 VCC 卡的单片机，对机组状态进行逻辑推理，控制各阀门的开度。

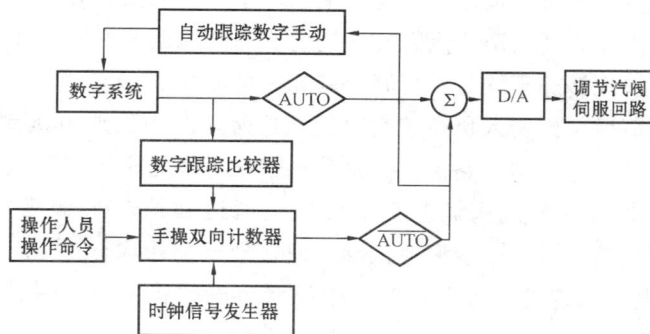

图 5-1　数字手动系统方框图

（1）手操双向计数器。手操双向计数器是数字手动的核心，它是一个数字计数器，用来对数字手动信号进行累计。

（2）数字跟踪的比较器。在自动工作方式时，可以实现数字手动对自动的跟踪。

（3）时钟信号发生器。为手操双向计数器提供不同的计数速率。

二、模拟手动系统

模拟手动系统方框图如图 5-2 所示，当 DEH 系统的数字手动出现故障时，系统可切至模拟手动，运行人员控制阀门的信号直接送至模拟可逆计数器，以给定的速率去增减控制量，不需要控制器去判断机组状态。

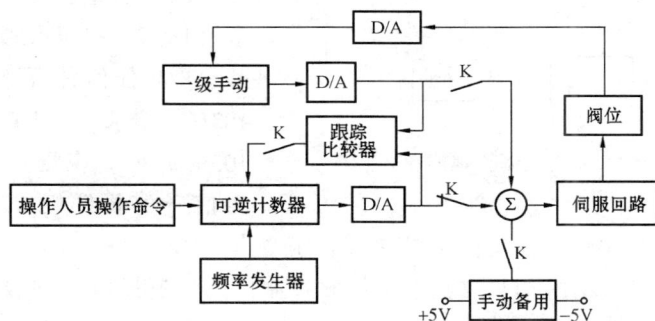

图 5-2 模拟手动系统方框图

（1）可逆计数器。可逆计数器是模拟手动系统的核心，它是一个模拟计数器，直接接收来自操作盘上运行人员的按键命令。

（2）数模转换器（D/A）。模拟手动时，将可逆计数器输出的数字量信号转换成模拟量信号，经模拟手动继电器 M 送至伺服放大回路作为阀门开度请求信号。

（3）频率发生器。为可逆计数器提供一个固定阀门开关的速度信号。

（4）跟踪比较器。数字手动时，实现模拟手动对数字手动的跟踪。

（5）手动备用。当数字手动和模拟手动均发生故障时，运行人员可投入"手动备用"，来做应急处理。它为一只电位器，两端加有 + 5V 和 – 5V 的电压，调整操作盘上"手动备用"电位器，观察显示表上"手操指示"指示值，在合适情况下，按下"手动备用"投入键，则所调整的电压就加载在 VCC 板上，使阀位相应地变化。

三、快速关闭截止阀（CIV）

快速关闭截止阀又称中压调节汽阀的快关作用或快速汽阀动作，它是为机组在部分失负荷时提供稳定的手段。

（1）失负荷预测（LDA）。失负荷预测又称全部甩负荷，它是机组的一种保护措施。当发生异常时，失负荷预测功能动作，可避免汽轮机因甩负荷而引起超速跳闸停机。

（2）超速保护控制（OPC）。当机组转速超过额定转速的 103% 时，超速控制能将高压调节汽阀 GV 和中压调节汽阀 IV 关闭，如果这一转速是由于全部甩负荷引起的，则同时会引起快速汽阀动作，OPC 控制系统原理方框图如图 5-3 所示。

OPC 保护系统有两个回路可以启动：

（1）当中压排汽压力 IEP > 30%，即机组运行在 30% 以上额定负荷，油断路器跳闸出现时，启动触发器，输出 OPC 全关信号，通过 OPC 电磁阀去关闭 GV、IV，延时 5 ~ 10s

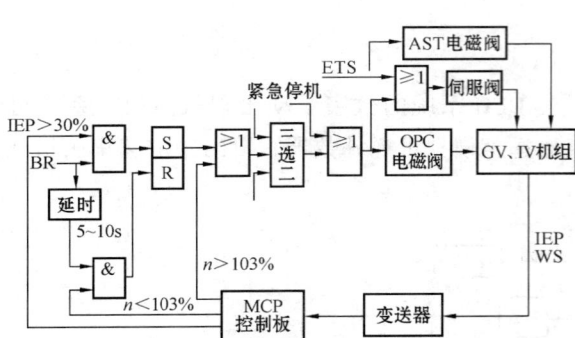

图 5-3　OPC 系统控制原理框图

后，如果转速 $n < 103\% n_0$，则触发器复位。

启动触发器，OPC 电磁阀动作，OPC 油路泄油，高、中压汽阀关闭，而触发器复位后，则 OPC 电磁阀复位，OPC 油重新建立电压，此时才可以开启高、中压汽阀。

（2）任何情况下，只要转速 $n > 103\% n_0$，则关闭 GV 和 IV，当 $n < 103\% n_0$ 时，恢复 GV 和 IV。转速和压力信号由硬件板 MCP 检测和逻辑判断，为提高可靠性，OPC 控制逻辑采用三选二方式。

另外，OPC 信号或 ETS 信号直接送到伺服控制回路，通过电液伺服阀，将阀门关闭，防止机组超速。ETS 发出的停机信号经 AST 电磁阀快速关闭所有阀门，电磁阀关闭时间为 0.15s，能有效地防止机组超速。

第二节　高压主汽阀的模拟系统

一、高压主汽阀的数字手动

1. 数字手动的组成

高压主汽阀数字手动如图 5-4 所示，它是由手操双向计数器、数字跟踪比较器、时钟选择器和一些逻辑状态组成的。

TV 手操双向计数器接收的信号有：

（1）来自操作盘上的高压主汽阀"增大"或"减小"信号。

（2）汽轮机跳闸复位置零信号。

（3）来自时钟选择器的速率信号。

（4）自动方式时，来自数字系统的跟踪信号（手操跟踪自动）。

高压主汽阀关偏置信号，它与汽轮机跳闸信号 AST 连锁，一旦跳闸，高压主汽阀关闭偏置信号被送至伺服放大回路，从而关闭高压主汽阀。

2. 数字手动的工作原理

（1）数字手动工作方式。在数字手动工作方式下，运行人员可以操作盘上的"高压主汽阀增"或"高压主汽阀减"按键，使高压主汽阀手操计数器向增大或减小的方向计数，计数器的计数范围为 0～4095，以 12 位二进制输出，作为高压主汽阀的阀位请求信号送至 TV 伺服放大回路。操作盘上开大或关小（增或减）高压主汽阀的键与机组的状态信息是连锁的，当汽轮机跳闸时，$\overline{ASL} = 1$，高压主汽阀增被禁止，而且立即产生一个使双向计数器置零的信号，使高压主汽阀关闭。当高压主汽阀开度达 90% 时，THI = 1，它表明机

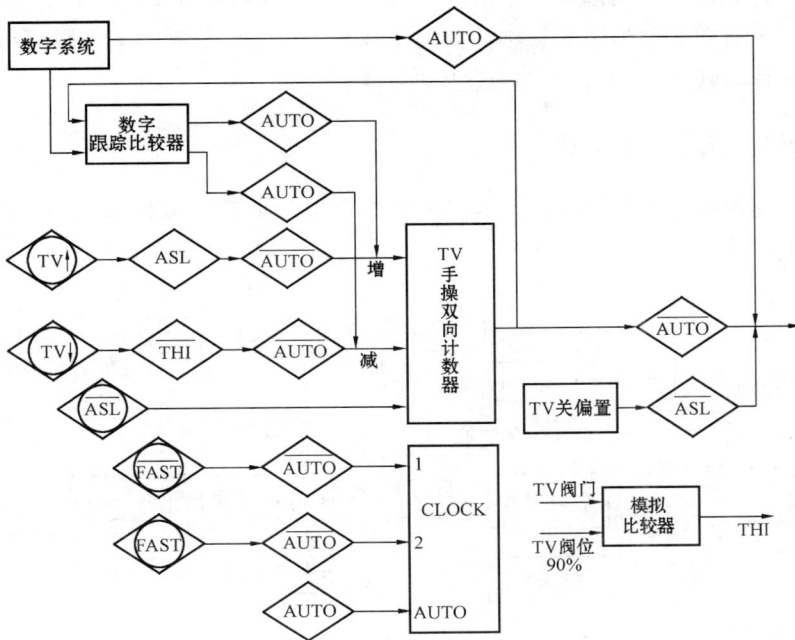

图 5-4　高压主汽阀数字手动

组已切换到由高压调节汽阀控制状态，这时高压主汽阀应全开，而且不允许关，因此"高压主汽阀减"键被 THI 这个逻辑状态所禁止。

　　高压主汽阀增或减的速度取决于计数器的计数速率，它是由时钟选择功能来决定的，可被选中的时钟速率有三种：

　　1）当运行人员未按操作盘上的"FAST"键时，即 $\overline{FAST}$ = 1，选中的是时钟 1，这是最慢的速度，阀门全程为 180s，也就是计数器由 0 计数到 4095 的时间为 180s，它是正常的键控制速率。

　　2）当运行人员按下"FAST"键时，即 FAST = 1，选中的是时钟 2，这是最快的速度，阀门的全行程时间为 45s。

　　3）自动工作方式时，选中的是自动操作时钟，这时时钟是可变的，取决于输入双向计数器的增加或减小信号的大小。

　　双向计数器的输出，除了送到伺服放大回路作为高压主汽阀的阀位请求信号外，还送至数字跟踪比较器，作为自动工作方式时数字手动对自动工作方式的跟踪信号。

　　（2）跟踪工作方式。在自动工作方式时双向计数器由数字跟踪比较器的输出信号控制。数字跟踪比较器接收自动系统输出的信号，与手操双向计数器的输出信号进行比较，如果数字手动输出信号小于自动系统输出信号，则比较器输出端的"增"有效，并将差值输出，使计数器向增大方向计数，使数字手动输出信号增大，直到等于自动系统输出。此时跟踪比较器的两个输入信号相等，使输出的"增"和"减"两信号都失效，计数器停止计数，实现了数字手动对自动的跟踪，反之亦然。

跟踪时由时钟选择功能选中"自动时钟"，这时计数器的计数速率随比较器输入端两信号的差值大小而变，差值越大，则计数速率越快，反之就越慢。这一跟踪功能保证系统从自动方式切换到数字手动时可实现无扰动切换。

二、高压主汽阀的模拟手动

高压主汽阀模拟手动如图 5-5 所示，它是由模拟计数器、数模转换器、跟踪比较器、频率发生器组成的。

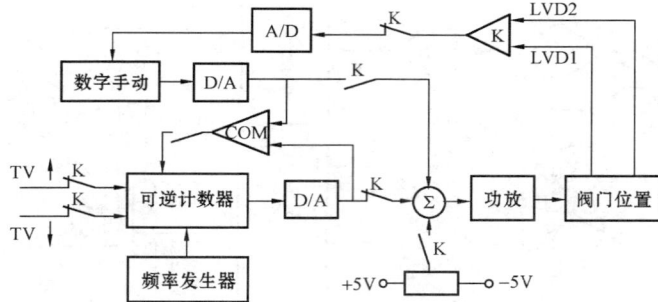

图 5-5　高压主汽阀模拟手动

当 DEH 系统处于模拟手动工作方式时，运行人员操作的高压主汽阀增、减信号，通过模拟手动继电器 M 送至模拟计数器，模拟计数器按频率发生器给出的速率改变输出信号的大小，经数模转换后，送到高压主汽阀伺服放大回路，作为高压主汽阀模拟手动信号，控制高压主汽阀的开度。当 DEH 系统处于数字手动工作方式时，模拟手动处于跟踪方式，来自计算机的数字手动（或自动）信号，经数模转换后分成两路，一路送往高压主汽阀伺服回路，控制高压主汽阀；另一路送到模拟跟踪比较器，使模拟手动跟踪数字手动（或自动）信号。

第三节　高压调节汽阀的模拟系统

一、高压调节汽阀数字手动

1. 数字手动的组成

高压调节汽阀数字手动系统如图 5-6 所示，此系统与高压主汽阀数字手动相似，它由 GV 手操双向计数器、时钟选择器、数字跟踪比较器和相应的逻辑状态组成。

GV 手操双向计数器接收的信号有：

（1）来自操作盘上的 GV 增或 GV 减信号。

（2）来自于主汽压力控制器的高压主汽阀压力限制信号（TPL）。

（3）来自外界触点输入的返回信号（RUNBACK）。

（4）汽轮机跳闸$\overline{ASL}$置零信号或超速保护控制器动作（OPC）置零信号。

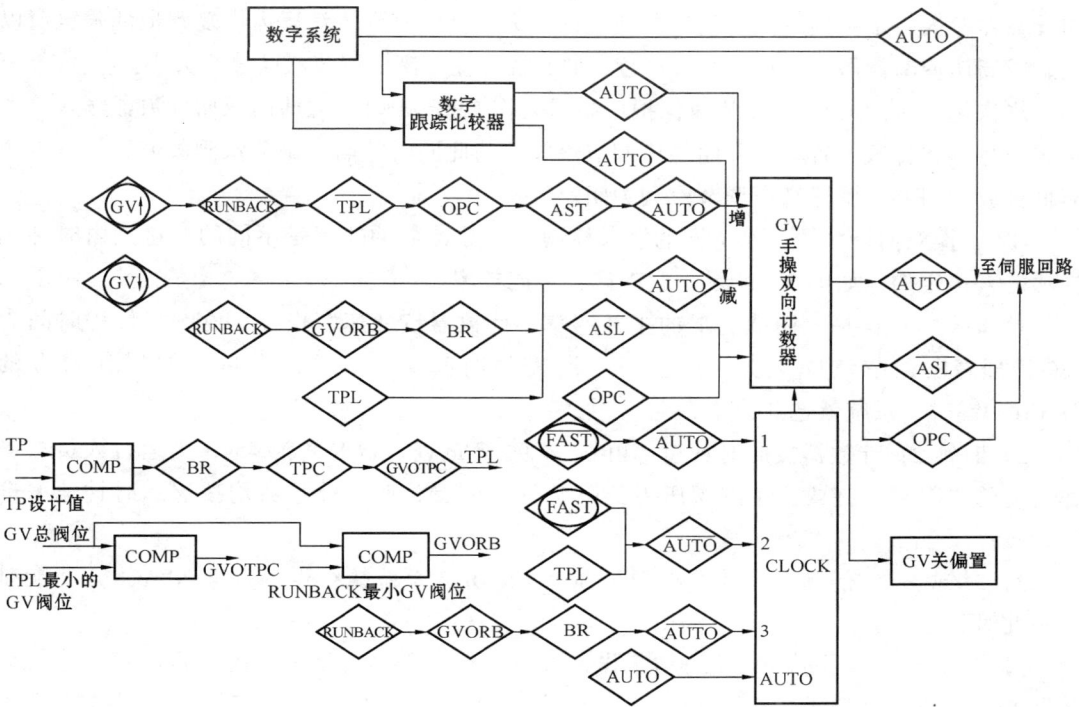

图 5-6　高压调节汽阀的数字手动

（5）来自时钟选择功能的速率信号。

（6）自动方式时，来自数字系统的跟踪信号。

高压调节汽阀 GV 关偏置信号与汽轮机跳闸信号 $\overline{\text{ASL}}$、超速保护信号 OPC 连锁，一旦出现跳闸或超速保护器动作，高压调节汽阀关偏置信号被送至伺服放大回路，确保高压调节汽阀关闭。

2．高压调节汽阀数字手动控制工作原理

（1）数字手动工作方式。当 DEH 系统处于数字手动工作方式时，运行人员一旦按下操作盘上的高压调节汽阀增键，只要相应的连锁条件满足，它就能使计数器向增大方向计数，向伺服放大回路送去一个开高压调节汽阀的信号。与高压调节汽阀增键相连锁的信号有返回信号（RUNBACK）、主汽阀压力限制（TPL）信号、超速保护控制器信号（OPC）和汽轮机跳闸信号（AST），这些信号是串联的，任何一个出现，高压调节汽阀增操作就被禁止。当运行人员按下操作盘上高压调节汽阀减键时，双向计数器就向减小方向计数，向伺服放大回路送出关小高压调节汽阀的信号。

在机组处于负荷控制的情况下（BR＝1），如果高压调节汽阀开度大于 RUNBACK 的最小阀门开度 GVORB＝1，那么外界输入的 RUNBACK 信号能使双向计数器向减小方向计数，从而关小高压调节汽阀，直到 RUNBACK 信号消失或负荷减小至 RUNBACK 所规定的最低值，高压调节汽阀才停止关小。

一旦主汽阀压力限制逻辑状态置位，表示高压主汽阀压力低于最小的限定值，因而双向计数器输入一个关调节阀的信号，使主汽压力升高，直到主汽压力恢复到最低限定值以上，或高压调节汽阀关至最小允许开度，TPL 就复位，高压调节汽阀停止关小。

当汽轮机跳闸 $\overline{ASL}=1$ 或超速保护控制器动作 OPC＝1 时，立即向双向计数器输入一个置零信号，将计数值置零，关闭高压调节汽阀。与此同时，高压调节汽阀关偏置信号也送至伺服放大回路，确保高压调节汽阀关闭。

GV 手操双向计数器，在不同的输入控制下，其计数的速率是不同的，这是由时钟选择功能来选定的，如图 5-6 所示，它有四种不同速率。

1）时钟 1：这是手操情况下的正常速率，计数器按此速率由 0～4095 满量程时间为 180s，即高压调节汽阀全关（或全开）所需的时间 180s，运行人员不按操作台上的"FAST"键时，系统就选此速率；

2）时钟 2：计数器按此时钟速率由 0～4095 满量程计数时间为 45s，当运行人员按操作台上的"FAST"键或当主汽阀压力低限条件 TPL 置位时，计数器均按这一时钟速率进行计数；

3）时钟 3：它的满量程计数时间为 30s，当 DEH 系统执行返回（RUNBACK）功能时选中此时钟；

4）自动时钟：当系统处于自动工作方式时，数字手动对自动系统进行跟踪，这时计数器的速率采用此时钟，它是可变速率的时钟，随数字手动输出与自动系统输出的差值大小而变。

（2）跟踪工作方式。在自动工作方式时，双向计数器只接收跟踪比较器的控制信号，跟踪比较器接收自动系统输出信号和数字手动输出信号，经比较后，根据差值控制双向计数器向增大或减小方向计数，直至数字手动系统输出等于自动系统输出为止，确保由自动切换到手动时无扰动切换。

二、高压调节汽阀的模拟手动

高压调节汽阀模拟手动如图 5-7 所示，它与高压主汽阀模拟手动相类似，也是由模拟计数器，数模转换器，模拟跟踪比较器和频率发生器组成的。

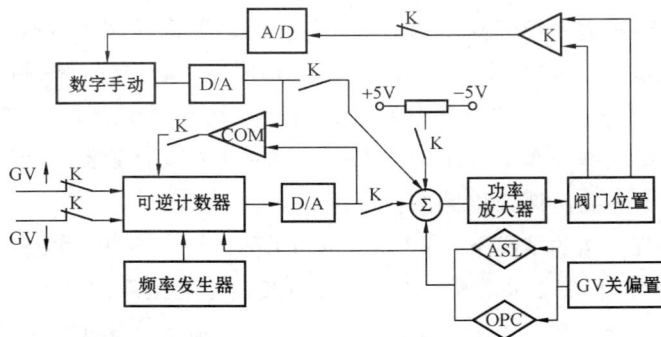

图 5-7　高压调节汽阀模拟手动

当操作盘上手动/自动钥匙开关切至模拟手动时，运行人员操作高压调节汽阀"增"或"减"键，控制信号通过硬接线送至 VCC 卡上模拟计数器的增加或减少端，使模拟计数器以一固定的速率去增加或减少其输出。输出值经 D/A 转换后，通过继电器 M 以模拟量的形式送到高压调节汽阀伺服回路。

另外，在机组跳闸$\overline{ASL}=1$或超速保护控制器要求关高压调节汽阀（OPC = 1）时，高压调节汽阀偏置信号除送到伺服回路以外，还复位模拟计数器。

DEH 系统处于数字手动时，经 D/A 的数字手动控制信号送至跟踪比较器，与模拟计数器的输出进行比较，控制模拟计数器的输出，实现模拟手动对数字手动的跟踪，以便由数字手动无扰动切换到模拟手动。

第四节　中压调节汽阀的模拟系统

一、中压调节汽阀的数字手动

1. 数字手动的组成

中压调节汽阀的数字手动如图 5-8 所示，它是由手操双向计数器、时钟信号发生器、数字跟踪比较器组成的。

IV 手操双向计数器接收的信号有：

（1）来自操作盘上的中压调节汽阀"增大"或"减小"信号。

（2）来自操作盘上的高压调节汽阀"增大"或"减小"信号。

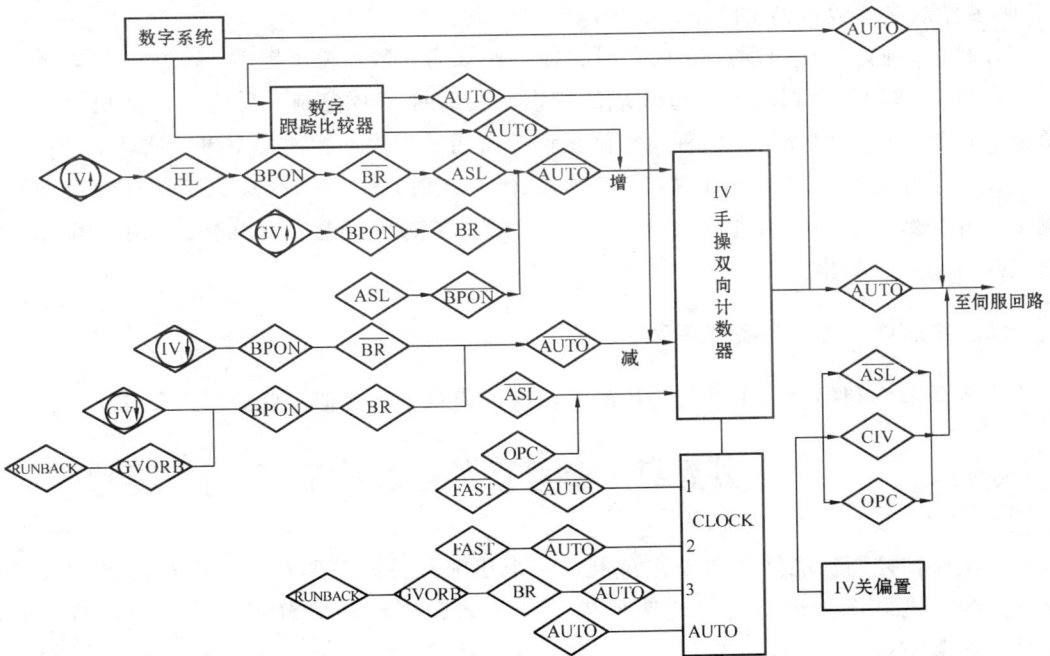

图 5-8　中压调节汽阀的数字手动

（3）冷态启动时，机组挂闸信号（ASL）。

（4）外部负荷返回信号（RUNBACK）。

（5）机组跳闸信号（AST）。

（6）超速控制信号（OPC）。

（7）时钟选择器的速率信号（RATE）。

（8）自动方式时，来自数字系统的跟踪信号。

中压调节汽阀关偏置信号与汽轮机跳闸$\overline{\mathrm{ASL}}$信号或快速关闭截止阀 CIV 或超速保护控制器 OPC 信号连锁，一旦出现$\overline{\mathrm{ASL}}$ = 1 或 CIV = 1 或 OPC = 1 信号，中压调节汽阀关偏置信号送到伺服放大回路，确保中压调节汽阀关闭。

2. 数字手动的工作原理

（1）数字手动的工作方式。当 DEH 系统处于数字手动工作方式时，只要旁路系统投入 BPON = 1，机组未带负荷$\overline{\mathrm{BR}}$ = 1，汽轮机挂闸 ASL = 1，IV 的开度未超过它的高限值 HI = 1，则操作"中压调节汽阀增"按键，可使手操双向计数器输出增加，开大中压调节汽阀。当运行人员按操作盘上"中压调节汽阀减"键时，只要旁路系统投入，机组未带负荷，那么 IV 手操双向计数器就向减小方向计数，关小中压调节汽阀。

如果旁路系统投入，机组带负荷运行，那么在负荷小于 30% 额定负荷值时，手动操作 GV 增加或减小键，也将增大或减小 IV 手操双向计数器的输出，使 IV 参与负荷控制。

在旁路未投入时（冷态启动），机组挂闸后，使中压调节汽阀全开。

外部负荷返回信号置位时，若 GV 的总开度大于其最小设定值开度 20% 时，GVORB = 1，则手操双向计数器输出减小，关中压调节汽阀。

在机组跳闸$\overline{\mathrm{ASL}}$或出现超速 OPC 时，使手操双向计数器输出置零。

IV 手操双向计数器输出值增或减的快慢，受时钟信号控制，反应了改变机组速度或负荷的快慢，时钟信号共有四种，与高压调节阀门数字手动相同，不再复述。

（2）跟踪工作方式。DEH 系统在自动工作方式时，数字的跟踪比较器接收自动系统输出，并与数字手动输出进行比较，产生一个增大或减小信号，去调整数字手动输出，使它跟踪自动系统输出。

二、中压调节汽阀的模拟手动

中压调节汽阀的模拟手动与高压高节汽阀的模拟手动相似，此处不再复述。

第五节 超速保护控制系统

超速保护控制功能体现在操作盘上是一个钥匙开关，它具有"试验"、"投入"、"切除"三挡，机组正常运行时，超速保护功能投入，钥匙开关置于"投入"位置，此时 DEH 系统具有部分甩负荷、中压调节汽阀快关功能（CIV）、负荷下跌预测功能（LDA）和超速控制功能（OPC）。其工作原理方框图如图 5-9 所示。其中汽轮机的功率由中压缸排汽

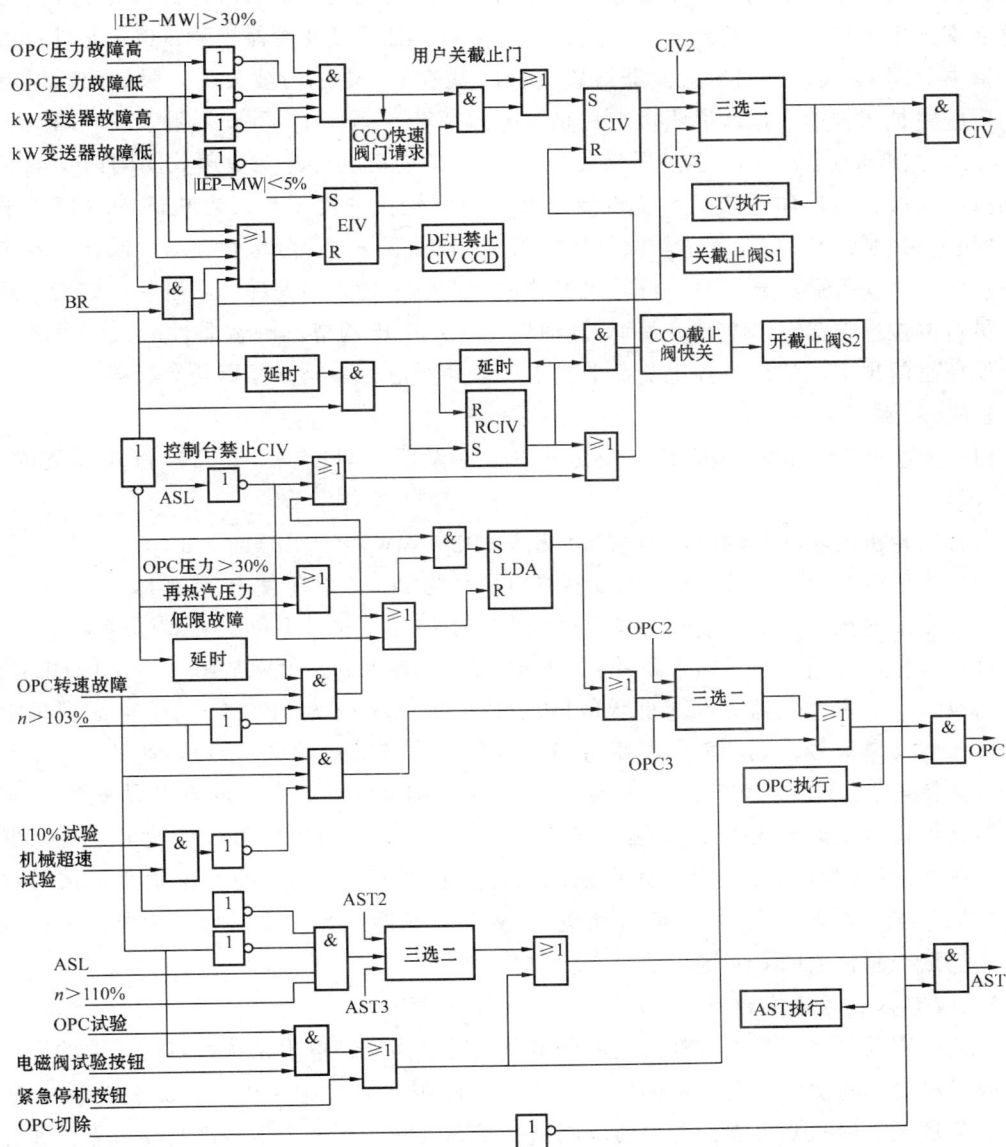

图 5-9 超速保护控制系统原理方框图

口的压力 IEP 代表，发电机功率信号来自于三相功率变送器，代表机组的输出功率（MW）、CIV、LDA 和 OPC 功能均采用"三选二"逻辑，OPC 在线试验功能由操作盘上四个按钮开关（OPC 电磁阀、103%、110%、危急遮断）组成，OPC 钥匙开关和一些逻辑门共同实现系统的超速保护。

一、中压调节汽阀快关作用（CIV）

中压调节汽阀快关作用是为机组在部分失负荷时提供系统稳定性的手段。机组正常运行时，汽轮机功率与发电机功率相等，中压调节汽阀禁止关闭，当汽轮机的功率和发电机的电功率产生差异，并且此差异超过某一预定值时，且不是变送器故障，也不是外部触点输入请求关闭 IV 阀，则 CIV 触发器被置位，IV 阀在 0.15s 之内被关闭。假如此时发电机的励磁电路是闭合的，这就说明机组只是部分甩负荷，因而 IV 阀被关闭一段时间（可在 0.3~1.0s 内调整）后，CIV 触发器被复位，IV 阀又重新被打开。快速关闭阀门功能只能自动执行一次，当动作一次，系统恢复正常，使汽轮机的功率与发电机的功率信号平衡后，"快速关闭阀门"功能才重新被"使能"，在出现下一次部分甩负荷时再动作。若中压调节汽阀一次快关后再开启时，汽轮机的功率与发电机功率的差异仍超过某一数值，则运行人员可以按操作盘上 CIV 键，使 IV 再动作一次。中压调节汽阀暂时性的关闭可减少中压，低压缸的出力以适应外界甩负荷的要求，从而对电力系统的稳定是有利的。

1. EIV 使能逻辑

EIV 使能的条件如图 5-9 所示，决定于 EIV 触发器 S 端置位（S = 1）和 R 端复位（R = 0）即：

（1）汽轮机的功率与发电机的电功率相等 $|IEP - MW| < \Delta\%P$ 时，S = 1。

（2）中压调节汽阀未关，CIV 触发器置位信号为零，不致于使 R 端置 1。

（3）提供的汽轮机功率信号与发电机的电功率信号可靠（不致于使 R 端置 1）。

这一可靠性判断是基于以下条件：OPC 压力变送器无高、低限故障（如：$3\%P_0 < IEP < 120\%P_0$），功率变送器无高、低限故障（如：$3\%P_0 < MW < 120\%P_0$），考虑到机组未并网时无电功率信号，电功率"低限故障"信号应为"励磁闭合"。EIV 使用后，才允许 CIV 的请求信号（$|IEP - MW| > \Delta\%P$）去关闭中压调节汽阀。中压调节汽阀关闭时，CIV 触发器置位信号反馈至 EIV 的 R 端，复位 EIV，封锁 CIV 请求信号，即使 CIV 触发器复位，中压调节汽阀也已经开启，如果系统未达到新平衡时，EIV 的复位状态仍然封锁着 CIV 请求信号。这说明部分甩负荷自动快关 IV 功能只能执行一次，如果需要，也可以由运行人员按控制台上的 CIV 键，使 IV 关下。

2. CIV 请求信号形成逻辑

快关中压调节汽阀是考虑到机组部分甩负荷时，为维护电力系统稳定而采取的一项措施，故以汽轮机的功率与发电机的电功率之差的越限状态 $|IEP - MW| > \Delta\%P$ 作为 IV 关的请求信号。为使 CIV 可靠，首先要求用这一状态判断的每一个信号都必须可靠，如此考虑后的 CIV 请求信号如图 5-9 所示，包括功率变送器和压力变送器无故障，可见不可靠信号阻止了 CIV 的形成。

3. CIV 触发器逻辑

CIV 请求信号能否使中压调节汽阀关闭，还取决于机组的状态，只有在 CIV 触发器的复位信号不出现时，使能触发器置位请求信号才能使 CIV 触发器置位。此复位信号一方面被送至中压调节汽阀的快关电磁阀 S_1，去关闭中压调节汽阀；另一方面又被送至 CIV 的复位逻辑 RCIV 触发器，见图 5-9，在延迟 0.3~1s 之后产生 CIV 复位信号，以便能快速开启中压调节汽阀，实现中压调节汽阀的一次快关动作。

4. CIV 复位与快开信号逻辑

CIV 复位逻辑如图 5-9 所示，它来自于控制台禁止 CIV 信号、汽轮机跳闸信号（AST）和 RCIV 触发器的置位信号。从图中可见，中压调节汽阀快关一段时间后（0.3～1s 可调），励磁闭合时，RCIV 触发器的置位输出将使 CIV 触发器复位，这一复位信号能保持 10s，是通过自身 10s 后的延迟反馈到 RCIV 复位端来实现的。它意味着 10s 内，无论手动强制关中压调节汽阀 IV，还是 EIV"使能"后，再次甩负荷请求关中压调节汽阀 IV 都不允许。

快速重开中压调节汽阀是通过控制中压调节汽阀的两个三通电磁阀 S_1、S_2 来完成，RCIV 的置位输出信号可使 CIV 触发器复位，也即使电磁阀 S_1 释放，同时 RCIV 的复位输出信号与励磁状态的逻辑"与"使电磁阀 S_2 通电，迅速开中压调节汽阀。

二、换负荷预测功能——全部甩负荷

机组在运行过程中，如果出现下列条件中的任一条，就能判断机组是全部甩负荷：

（1）汽轮机功率在额定功率的 30% 以上，且发电机的励磁电路断开。

（2）再热器压力出现低限故障，且发电机励磁电路断开。

此时若不及时关闭高、中压调节汽阀，机组的超速将引起危急保安器的动作。

上述两个条件的任意一个出现时，则 LDA 触发器的置位端 S=1，若 LDA 复位端未置位 R=0，则 DEH 系统将负荷设定值改为等于额定转速的设定值，LDA 置位请求关闭中压调节汽阀和高压调节汽阀，机组将自动地转为速度控制。LDA 的复位信号来自两个方面，一是汽轮机的跳闸信号（AST），另一是 LDA 的 OPC 复位信号。如果励磁电路断开一段时间（1～10s）后，转速信号已小于 103% n_0，且信号可靠，则 LDA 复位，OPC 电磁阀断电，EH 系统重新建立母管油压，重新打开中压调节汽阀，高压调节汽阀将受 DEH 控制。如果机组仍处于速度控制阶段，则通过控制高压调节汽阀，控制机组转速在额定值附近。

失负荷预测功能的这些动作，可避免汽轮机因甩负荷而引起超速跳闸而停机，保持空载运行以便能很快实现同步并网。

三、超速控制功能

由图 5-9 可以看出，处于非 OPC 测试的机组，无论它是处于速度控制阶段，还是负荷控制阶段，一旦转速超过 103% n_0，且信号可靠时，系统将输出关闭高压调节汽阀和中压调节汽阀的请求信号。

此外，图中的"超速测试"状态取自于钥匙开关的"切除"挡，它是为了调整校验机械超速装置而设置的。当 OPC 开关置于此挡时，以上所述的 OPC 将被切除，允许机组做超速试验。为了检验 OPC 超速控制功能是否真正激励 OPC 电磁阀，还设有 OPC 测试功能，在 EH 油压建立以后，机组处于速度控制阶段，将盘上 OPC 开关置于"试验"挡时，中压调节汽阀和高压调节汽阀应迅速关下。

图中的 CIV、LDA 和 OPC 功能采用了"三选二逻辑"，另外，它还设计了 OPC 在线试验功能。

第六节 模拟系统的操作逻辑

一、手动自动选择逻辑

手动自动选择逻辑如图 5-10 所示，手动自动的选择方式是：

（1）当测试开关合上时，DEH 系统处于测试状态，只有在退出测试方式（开关断开）后，运行人员才能通过手动/自动钥匙开关来选择手动或自动工作方式。

（2）当运行人员把钥匙开关置向"手动"或计算机系统送来"请求手动"的触点闭合时，触发器必须转为手操状态。

（3）若运行人员将系统由"手动"切换到"自动"方式后，经 2s，如计算机送来无故障回答信号，则系统才转至"自动"工作方式。

二、高压主汽阀键操作逻辑

高压主汽阀操作，只有在手动方式时才有效，自动方式时是禁止的，因此，由手动/自动选择逻辑产生的"手动"状态信号，作为高压主汽阀键操作的"使能"信号，如图 5-11所示。

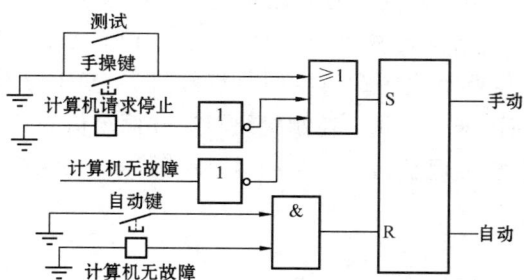

图 5-10 手动自动选择逻辑

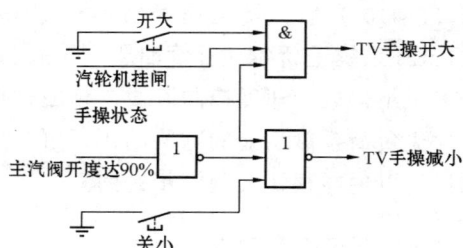

图 5-11 高压主汽阀键操作逻辑

高压主汽阀操作是在启动过程中进行的，当汽轮机由盘车进入冲转前，自动停止锁门（即挂闸）后，高压主汽阀应允许操作，根据转速的要求可手动开大或关小高压主汽阀。当转速升至额定值的 90% 时，转速控制应由高压主汽阀切换到高压调节汽阀，这时，高压调节汽阀关小，主汽阀开至最大。高压主汽阀一旦至 90% 开度以后，表示切换已结束，这一 90% 开度信号就将高压主汽阀关小的键操作禁止了，在以后的升速和加负荷过程中，主汽阀不允许关小，因此该键始终处于禁止状态。

三、高压调节阀门键操作逻辑

高压调节汽阀键操作逻辑如图 5-12 所示，只有当 DEH 系统处于"手动"工作方式时，键操作才被"使能"。其中手操开大高压调节汽阀键受 TPC、OPC、RUNBACK 信号的制约，只有当这三个信号都不出现时，才允许运行人员通过开大键来开大高压调节汽阀，否则该键不起作用。

在手操方式下，高压调节汽阀关小键总是能将汽阀关小的。此外，当出现 TPC、OPC 和 RUNBACK 信号时，将关小高压调节汽阀，其中 TPC 信号出现时，还必须在高压调节汽阀开度大于 TPC 所限定的开度值时，TPC 才能去关小高压调节汽阀，否则，也不允许关小调节汽阀。

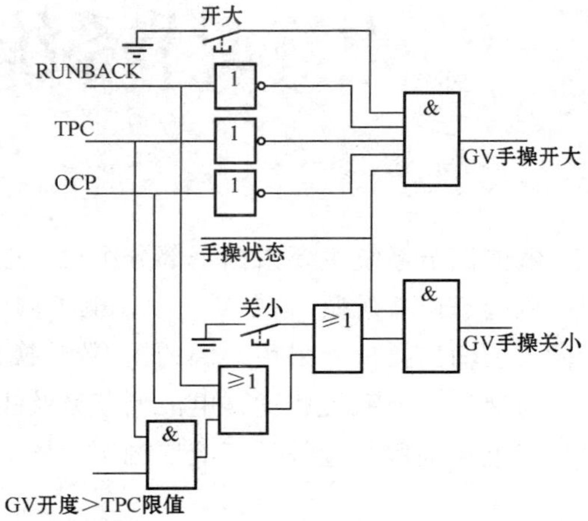

四、GV（IV）调节汽阀手操快速信号生成逻辑

手动方式时，调节汽阀的开关速度有三挡：慢速（全行程时间为 180s）、快速（全行程时间为 45s）和 RUNBACK 速度（全行程时间为 30s），这三挡速度是选择阀门控制卡上

图 5-12　高压调节阀门键操作逻辑

不同时钟所产生的。选择快速时钟的信号逻辑如图 5-13 所示，当操作盘上的"FAST"键被按，或当 TPC 动作时，即主汽压力低于某一定值，且调节阀门开度大于 TPC 所设置的限值时，按 GV（或 IV）增、减键，调节汽阀才会快速开或快速关。

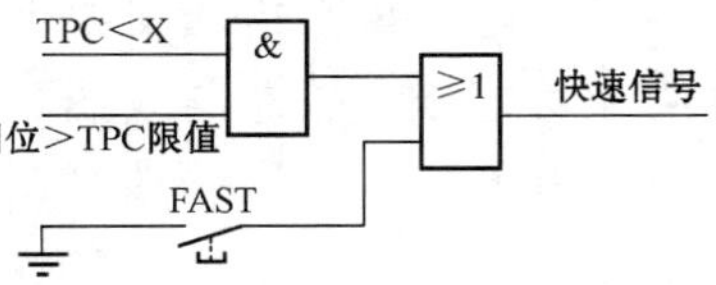

图 5-13　GV（IV）调节汽阀
手操快速信号生成逻辑

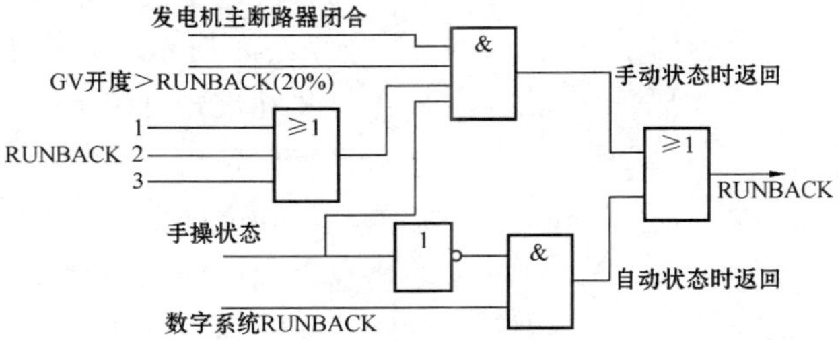

图 5-14　RUNBACK 信号形成逻辑

五、RUNBACK 信号生成逻辑

RUNBACK 信号形成逻辑如图 5-14 所示。DEH 系统在自动方式和手动方式时都具有 RUNBACK 功能，在自动方式时，RUNBACK 由数字系统输出阀位信号来关小调节汽阀，同时送出一个开关量信号至模拟系统作为 RUNBACK 指示灯用。该指示信号与模拟系统 RUNBACK 的指示信号是合一的。

第 六 章

电液调节系统中的主要部件

电液调节系统主要由四个部分组成：电子调节装置、阀位控制装置（电液伺服装置）、配汽机构、调节对象。在 DEH 中，电子调节装置中的各电子调节器采用数字量传送信号，在输入、输出接口处采用必要的模/数转换器和数/模转换器。

与液压调节系统相比，电液调节系统主要是用电子调节装置替代了转速调节机构，其次是用电液伺服装置替代了液压伺服装置。

第一节　电子调节装置

一、转速测量元件

转速测量元件主要由磁阻发信器与频率（转速）变送器组成，它的作用是将转速信号转变为直流电压模拟信号后发送给 DEH。

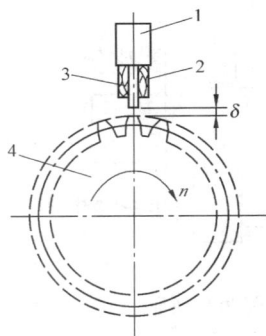

如图 6-1 所示，磁阻发信器由测速齿盘和测速头组成。测速齿盘装在汽轮机轴上，测速头固定在齿盘旁边的支架上，处于齿盘径向位置。测速头内装有永久磁钢、铁芯与线圈，铁芯端部与齿顶之间留有较小的间隙。当齿盘随主轴转动时，铁芯与齿盘之间的间隙交替变化，从一个齿到另一个齿，气隙磁阻交变一次，相应的线圈中的磁通量交变一次，从而在线圈两端感应出交变电势，该电势的频率 f 与齿数 z、汽轮机转速 n（r/min）的关系为

图 6-1　磁阻发信器

1—磁钢；2—线圈；
3—铁芯；4—齿轮

$$f = \frac{nz}{60}$$

该电势经过频率—电压变压器，将电势频率 f 转换成直流电压模拟信号。频率—电压转换的原理框图如图 6-2 所示。来自磁阻发信器的正弦信号，首先经整形电路转换成为方波信号，然后经微分电路变换成为同一频率的尖脉冲，这些尖脉冲然后去触发一个单稳电路，单稳电路将输出一系列的方脉冲序列，这些方脉冲的幅值和脉冲宽度都是固定常数。因此如果输入信号的频率高时，这些方脉冲之间的距离就要缩

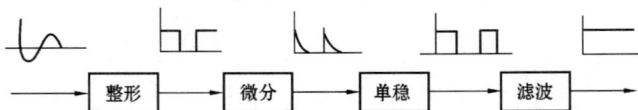

图 6-2　频率—电压转换电路框图

小，滤波后所得的电压就高；相反，如果输入信号的频率低时，这些方脉冲之间的距离就加大，滤波后所得的电压就低。

二、功率测量元件

如图 6-3 所示，将一矩形半导体薄片置于磁场 B 中，当沿薄片的一对边 1、2 通以电流 I_S 时，则另一对边 3、4 就会产生电动势 V_H，此现象为霍尔效应，该半导体薄片被称为霍尔元件。当霍尔元件用于测量发电机功率时，将发电机出线电压经电压互感器转换成电流 I_S。另将发电机电流经电流互感器后，接至励磁绕阻上，产生磁场 B。电动势 V_H 的幅值正比于电流和磁场强度的乘积，也就是正比于发电机电流和电压的乘积，即

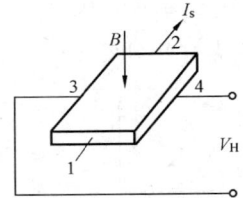

图 6-3　霍尔测功原理图

$$V_H = KI_S U_S$$

因此 V_H 可作为电功率测量信号，此信号较弱，经过放大后再输出。三相功率要用三个霍尔元件来分别测量，其值相加。

三、功率反调校正元件

当外界负荷突变时，例如，当电网故障造成发电机功率突然大幅度减小时，汽轮机转速变化是由转子不平衡力矩所引起的，由于转子存在惯性等原因，造成转速信号瞬时变化很小，即转速变化信号落后于功率变化信号。这时，一次调频回路输出的功率静态偏差请求值很小，而功率校正回路的功率静态偏差信号幅值很大，并且由于此时功率静态偏差请求值大于 0，所以相继通过功率校正器与调节级压力校正器的校正作用后驱使调节汽阀开大，引起汽轮机功率增大。这显然与所希望的功率调节方向相反，即产生了功率反调现象。随着转子进一步加速，转速反馈信号逐渐加强，一次调频回路产生主导作用，使调节汽阀逐渐关小，功率反调现象逐渐消失。所以功率反调现象只发生在调节过程的初期，若负荷扰动过大，功率反调现象严重，则会影响机组的正常运行。

产生功率反调现象的原因除上述提到的转速变化信号落后于功率变化信号外，还有一个原因是在动态过程中，汽轮机功率 P_i 比发电机功率 P_{el} 少了一项反映转子动能改变的转速微分信号。

为了预防反调现象发生，通常设置如下动态校正元件：

（1）转速一次微分器。将转速一次微分器串接在频差校正器后，也就是用转速微分信号补偿 P_{el} 与 P_i 的不平衡量，同时强化一次调频回路的调节作用。但微分信号会使系统的高频干扰信号放大，影响系统的正常工作。

（2）带惯性延迟的测功器。为了削弱测功信号的功率反调作用，将功率信号延迟一段时间，为此在测功器上增加一个功率信号延迟环节。

（3）功率负微分器。将功率负微分器并接在测功器的两端，在电功率突变的初期，功率负微分信号与功率信号同时突然改变，两信号变化方向相反，相加后的净输出值大大减小。通常在功率负微分器的输入端加上一个死区，这样功率的微小波动以及干扰信号就被

这个死区过滤掉，从而提高了电液调节系统的稳定性。在生产实践中，往往综合应用上述一些措施，并同时可采用其他一些措施，例如调整有些设备先后连接的次序，采用不同的时间常数、放大倍数等，均能够较好地预防或削弱功率反调作用。

四、频差校正器

频差是指电网实际频率与额定频率之差，变换成转速后，是汽轮机实际转速与额定转速（3000r/min）之差 Δn。频差校正器采用比例调节规律（P）。

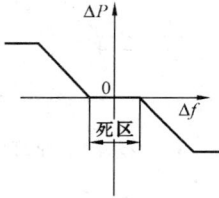

图 6-4　频差校正器
的静态特性

通常，频差校正器采用可调的死区—线性—限幅校正方式，如图 6-4 所示。死区大小、特性线斜率、限幅值均可调整。

设置死区有两个用途：其一是当设置的死区较小时，可以过滤掉转速小扰动信号，使机组功率稳定；其二是当设置的死区较大时，使机组不参与电网一次调频，只带基本负荷。

当转速偏差信号越过较小的死区而参与一次调频时，校正量与转速偏差量之间呈线性关系。

当转速偏差量超过一定范围时，中间再热机组的负荷适应能力因受锅炉动态特性的限制而采取限幅措施。

图 6-5 是 DEH-Ⅲ型调节系统的频差校正器原理图。在一次调频回路投入情况下，外界负荷变化引起电网频率以及汽轮机实际转速 n 变化时，例如转速由 n_0 上升，经比较器输出的转速偏差信号（$\Delta n = n - n_0$）> 0，此信号经过死区、函数发生器、乘法器、限幅器处理后输出一次调频校正量 $\Delta x_1 > 0$，此校正量经比较器 2 后生成功率静态偏差请求值信号 $\Delta REF1$。若此时功率给定值无扰动，则 $\Delta REF1 > 0$。

当调整速度变动率时，就能改变频差校正器的输出特性，即改变调节系统静态特性线的斜率，δ 的可调范围是 2% ~ 10%。

当机组额定功率 P_0 为 300MW，额定转速 n_0 为 3000r/min 时，可调系数为：$k = 0.1/\delta$。

在实际的系统中，通过改变可调系数 k 来改变 δ 的值。在数字式电液调节系统中，改变可调系数 k 是很方便的。

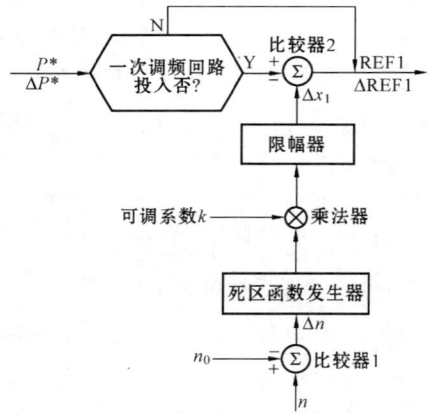

图 6-5　频差校正器原理

五、功率校正器

在 DEH-Ⅲ型调节系统中功率校正器采用了比例—积分调节规律（PI）。

如图 6-6 所示，在功率校正回路投入的情况下，来自一次调频回路的 $\Delta REF1$ 信号一方面进入乘法器，另一方面进入比较器，与送入负端的电功率反馈信号 ΔMW 进行比较后生成 ΔMR，ΔMR 与额定功率 P_0 相除后变成功率相对偏差量，再经 PI 校正及上下限幅处理后成为功率校正系数 ΔR_p。该系数在乘法器中与 ΔREF1 相乘后，生成功率校正请求值信号 ΔREF2。

六、调节级压力校正器

在 DEH-Ⅲ 型调节系统中，调节级压力校正器采用了比例—积分调节规律（PI）。

如图 6-7 所示，功率校正回路输出的 ΔREF2 在参数变换器中进行功率—调节级压力参数信号变换，生成 ΔIPS，然后才送往调节级压力校正回路。

在调节级压力校正回路投入的情况下，ΔIPS 与送往比较器负端的调节级压力反馈信号 ΔIMP 进行比较，产生调节级压力偏差信号 ΔIMR，经 PI 校正以及上下限幅处理后生成 ΔV_{SP}。

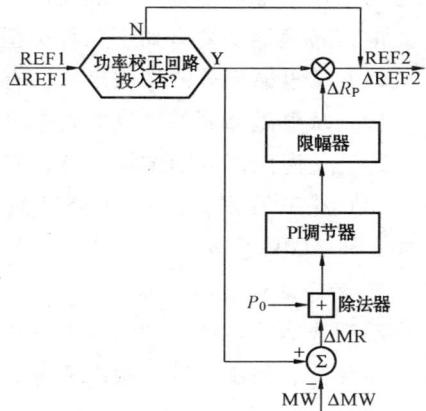

图 6-6　功率校正器原理

用 ΔV_{SP} 除以调节级压力额定值后变成相对值，然后将其值送往阀位限制器。

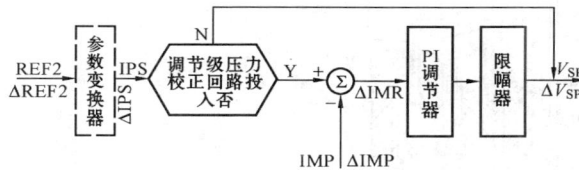

图 6-7　调节级压力校正器原理

第二节　阀位控制装置

在电液调节系统中，阀位控制装置也被称作电液伺服装置，主要由阀位控制器、电液转换器、油动机及阀位反馈测量元件等组成。

一、电液转换器

电液转换器是将电调装置发来的电信号控制指令转换为液压信号的转换、放大部件，是电液调节系统中的一个关键部件。在电液调节系统中，电气调节装置将转速、功率、阀位等信号进行各种运算后输出电流或电压信号，无论是静态的线速度、精确度、灵敏度，还是动态响应等指标，都达到较高的水平，所以电液转换器就应尽快地、不失真地完成这一任务。为此，要求电液转换器也具有较高的精度、线速度、灵敏度和动态响应。其次，为了达到这些要求，电液转换器在结构上要采取相应的措施，比一般的液压元件有更高的要求。如在动圈式的电液转换器中，电流输入信号所产生的电磁力是很小的，只有 0.98N 左右，不足以作为直接输出信号，而需要采用多级放大的结构。同时为了提高灵敏度，电液转换器的液压放大部分—跟随滑阀，在结构上采取了自定中心的措施。此外还必须把电信号与液压信号两部分加以隔离。

电液转换器主要有如下几种类型：

（1）从电磁部分的结构来分，有动圈式和动铁式。

（2）从电磁部分的励磁方式来分，有永磁式和外激式。

（3）从液压部分的结构来分，有断流式和继流式，或者滑阀式和蝶阀式。

（4）从工质来分，有汽轮机油和抗燃油的，低压式（1.2MPa和2MPa）和高压式（8MPa和14MPa）等。

1．动圈式电液转换器

动圈式电液转换器的结构如图6-8所示。这种电液转换器主要由磁钢、控制线圈、十字平衡弹簧、控制套环、跟踪活塞、节流套筒等零部件组成。

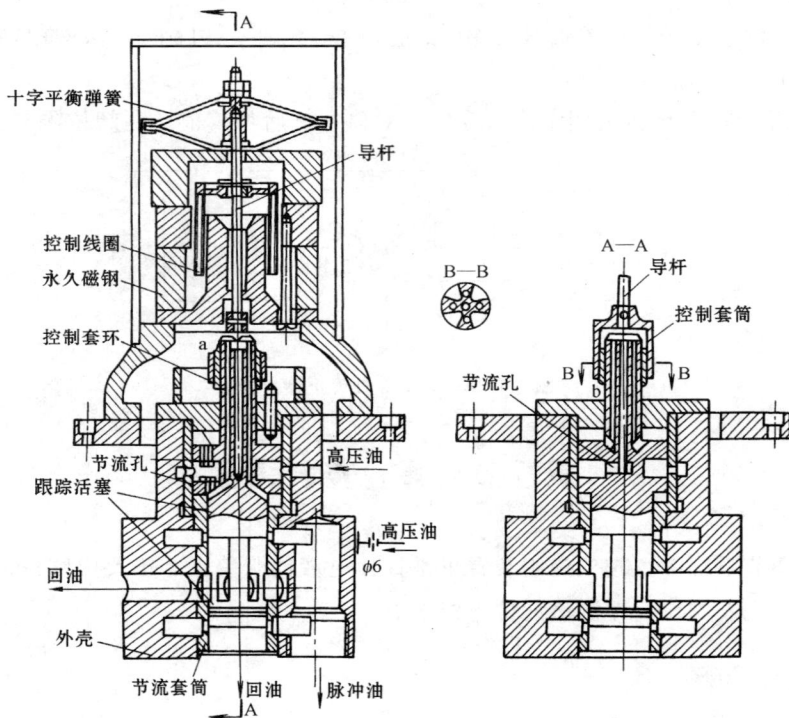

图6-8　动圈式电液转换器结构

当电气调节装置输出的电流被送入控制线圈时，安装在磁钢及磁轭间隙内的控制线圈在磁场及电流作用下产生了移动力，如果电流增加，则线圈移位向下，由于控制套环（与导杆连接在一起）改变了跟踪活塞的控制喷油口a和b，使套环上边缘的喷油口a开度增大，下边缘喷油口b的开度减小，这样，高压油经过跟踪活塞的节流孔后，再经过这两个喷油口a及b排出的油量发生了变化，使活塞下部的排油量增加，上部的排油量减少，从而改变了作用在跟踪活塞上、下面积上的油压力，使跟踪活塞下移。只有当喷油口a及b恢复到原来稳态的开度，活塞上下油压的作用力达到平衡时，活塞才维持不动。活塞的位移也即线圈的位移，使上部十字弹簧产生变形，所增加的弹簧力与线圈所受的电磁力相平衡，控制线圈处于一个新的平衡位置。已经下移的跟踪活塞改变了其下凸肩所控制的脉冲油排油节流窗口。当排油节流窗口减小时，输出的脉冲油就会增加。为了保证输出的脉冲油压与输入的电流信号成线性正比，节流窗口做成二次曲线型。

在控制线圈上绕有两层线圈。一层为直流线圈，输入直流电流作为控制信号用；另一层为交流线圈，输入50Hz、6.3V的交流电流，使套环产生脉动，防止套环卡涩。为了使控制套环与跟踪活塞之间有良好的同心度，以保持四周间隙均匀，有足够的润滑，在跟踪活塞的中心开有油孔，高压油经节流孔流入中心油孔，自活塞上端四个喇叭形的径向小孔流出。如图6-8中剖面图B-B所示，压力油经四个径向小孔流至套环与活塞之间，四周压力均匀，使活塞自动对中，如果哪一侧间隙减小，相应喇叭口中的油压就会升高，相对180°的喇叭口中油压就会降低。在此压差作用下，将套环做径向移动，维持四周间隙均匀。由于这四个径向喷油小孔的直径只有0.3mm，所以高压油进入电液转换器之前，除需经过一般的刮片式滤油器外，还要经过磁性滤油器，以防止任何杂质进入，堵塞小孔，也防止铁屑被强磁钢吸附、磨损线圈、产生短路或卡死。

这种动圈式电液转换器，其时间常数约为0.05s以下。

另一种动圈式电液转换器的原理如图6-9所示。这种动圈式电液转换器的每一个稳定工况，在控制线圈中几乎没有电流通过，所以液压部分的小滑阀及跟踪滑阀的位移经位移反馈回功率放大器输入端，并与输入电压信号U_{in}平衡，从而得到电压信号与位移输出信号的线性放大。位移反馈回路具有零位和幅值调整，可调整控制线圈的零位和幅值。电流硬反馈回路R2可以调整功率放大器的传输系数，以获得适当的静态刚度。电压软反馈回路R3C3可以调整控制线圈的运动阻尼，使随动系统得到较好的稳定性和快速性。

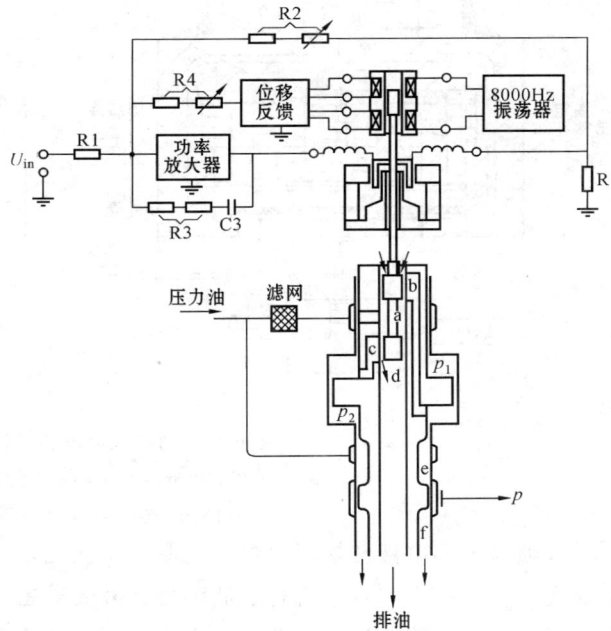

图6-9 动圈式电液转换器原理

这种型式的电液转换器主要动作过程如下：由电调来的电压控制信号输入功率放大器，转变为电流控制信号，使置于磁钢气隙中的控制线圈产生电磁力，随之发生运动。运动产生的位移信号，通过反馈线圈和位移反馈电路转换成与位移成正比的电压信号，反馈回放大器输入端，使控制电流恢复平衡值（此平衡值很小），以使控制线圈平衡在与输入电压信号对应的位置上。这样便得到了与输入电压成正比的位移输出。

当控制线圈位移直接带动小滑阀时，假定位移向上，则控制油口 a 及 d 开大，b 与 c 关小，使 p_2 增大，p_1 减小，于是随动的跟踪滑阀也跟着向上移，直到恢复原来平衡位置，开度 a = b，c = d，$p_2 = p_1$ 为止。跟踪滑阀的上移使差动控制油口 e 减小，f 增大，随之输出油压 p 降低。由于采用差动方式，所以扩大了输出油压的线性范围，从而实现了电气信号转换成油压信号的功能。

2．动铁式电液转换器

图 6-10（a）是带双喷嘴式前置级放大器的电液转换器结构示意图，图 6-10（b）是带射流管式前置级放大器的电液转换器的结构示意图。这种电液转换器一般具有线性度好、工作稳定、动态性能优良等优点。

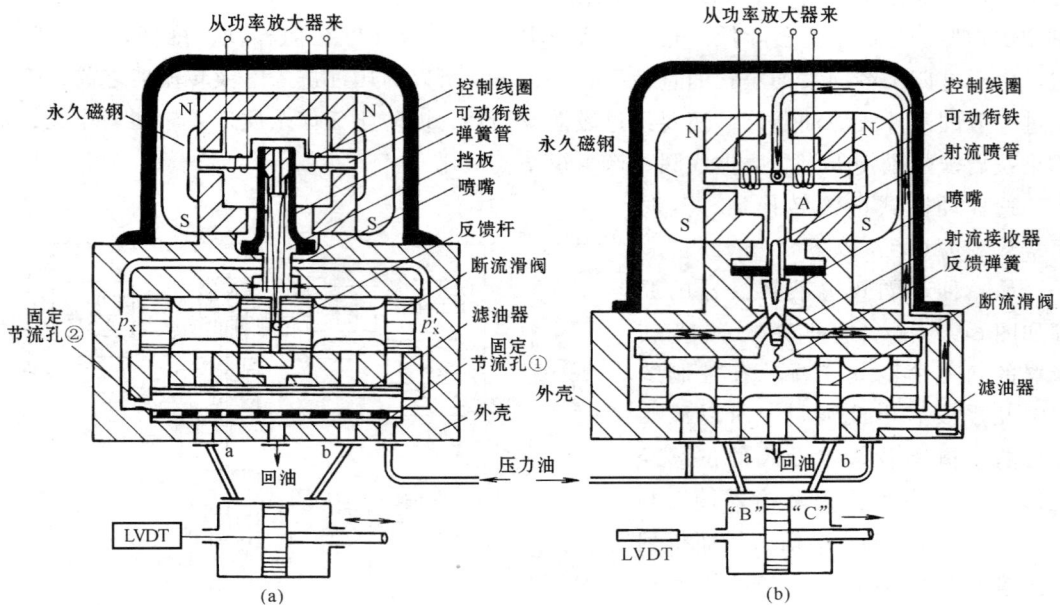

图 6-10　动铁式电液转换器结构示意

（a）双喷嘴式电液转换器；（b）射流管式电液转换器；

LVDT—线性电压—位移传感器

双喷嘴式的电液转换器由控制线圈、永久磁钢、可动衔铁、弹簧管、挡板、喷嘴、断流滑阀、反馈杆、固定节流孔、滤油器、外壳等主要零部件构成。高压油进入转换器后分成两股油路。一路经过滤油器到左右端的固定节流孔及断流滑阀两端的油室，然后从喷嘴与挡板间的控制间隙中流出。在稳态工况下，两侧的喷嘴挡板间隙是相等的，因此排油面积也相等，作用在断流滑阀两端的油压也相等，使断流滑阀保持在中间位置，遮断了进出执行机构油动机的油口。另一路高压油就作为移动油动机活塞的动力油，由断流滑阀控制。

当阀位偏差（电流）信号输入控制线圈，在永久磁钢磁场的作用下，产生了偏转扭矩，使可动衔铁带动弹簧管及挡板偏转，改变了喷嘴与挡板之间的间隙。间隙减小的一侧油压升高，间隙增大的一侧油压降低。在此压差的作用下，断流滑阀移动，打开了油动机通往高压油及回油的两个控制窗口，使油动机活塞移动，控制调节阀的开度。

当可动衔铁、弹簧管及挡板偏转时，弹簧管发生弹性变形，反馈杆发生挠曲。待断流滑阀在两端油压差作用下产生位移时，就使反馈杆产生反作用力矩，它与弹簧管、可动衔铁吸动力等的反力矩一起，与输入电流产生的主动力矩相比较，直到总力矩的代数和等于零，即断流滑阀达到一个新的平衡位置，这一位置与输入的电流量 ΔI 成正比。当输入信号极性相反时，滑阀位移方向也随之相反。

采用弹簧管可以防止喷嘴排油进入电磁线圈部分，这就消除了油液污染电磁部分的可能性。

有的电液转换器在喷嘴挡板前置级液压放大器的回油路上，加装了节流孔，使喷嘴扩散的喷油具有背压，油流不会产生涡流及气蚀现象，从而提高了挡板运动的稳定性。

射流管式电液转换器由控制线圈、永久磁钢、可动衔铁、射流喷管、射流接收器、断流滑阀、反馈弹簧、滤油器及外壳等主要零部件组成。高压油进入转换器后，也分成两路。一路经滤油器送入射流喷管，油从射流管高速喷出。在射流喷管正对面安置了一个射流接收器，上面有两个扩压通道。如果射流喷管处于中间位置，则左右两个扩压通道中形成相同压力，断流滑阀两端油压相同，也处于中间位置，遮断了进出执行机构（油动机）的油口。另一路高压油仍作为动力油，由断流滑阀控制。

当电调装置来的电流信号送入控制线圈时，在永久磁钢磁场的作用下，控制线圈发生了扭转，使可动衔铁带动射流喷管偏离中间位置，而射流喷管喷出的油流在接收器两个扩压通道中形成不同的油压。在这两个油压差值的作用下，断流滑阀发生移动，打开油动机进油和回油两个控制窗口，油动机活塞移动，从而控制了调节阀的开度。

在断流滑阀偏离它的中间位置时，它通过反馈弹簧力使偏转了的射流管达到一个新的平衡位置，从而使整个调节过程很快的稳定下来。

这两种电液转换器对加工精确度、装配工艺要求都很高，断流滑阀与套筒之间的间隙很小，对油的清洁度要求较高。

图 6-11 所示的电液转换器也属于动铁式类型的电液转换器。该电液转换器的工作原理如下：

由电调装置的转速调节器发出的阀位信号，使线圈 5 中的直流电流发生变化，上顶杆 6 在电

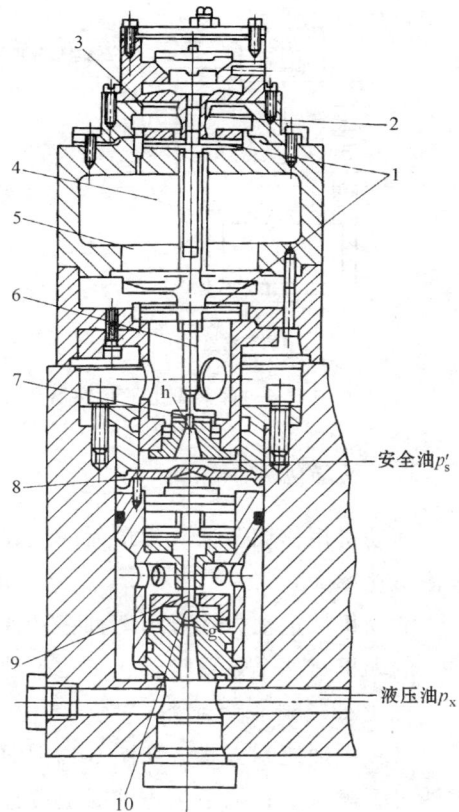

图 6-11　电液转换器结构示意
（北仑港电厂 2 号机组）

1，3，8—隔膜；2—弹簧；4—磁钢；5—线圈；
6—上顶杆；7—陶瓷球阀；9—下顶杆；10—球阀

磁力的作用下作上、下移动，其下端的陶瓷球阀 7 也随着作上、下移动，从而改变排油口 h 的开度，使安全油的脉动油压 p'_s 降低或升高；脉动油压 p'_s 的变化通过下部隔膜（$\phi 40\text{mm} \times 0.5\text{mm}$）又使下顶杆相应地做上、下移动，改变下球阀的排油口 g 的开度，使液压油的脉动油压 p'_x 降低或升高，最终使油动机滑阀、油动机活塞也相应地做上、下移动，关小或开大调节汽阀的开度。当上顶杆移动时，其上端的弹簧则在上顶杆产生一个与其动作方向相反的作用力，作为上顶杆移动过程的动反馈。当控制的调节汽阀开度达到阀位指令点时，通过油动机位移反馈信号，经电调装置的转速调节器，使电液转换器磁钢线圈上的直流电流为零，则上顶杆在弹簧力的作用下，恢复原位，油口 h、g 的开度也回到原来状态，脉动油压 p'_s、p'_x 得以恢复，调节阀便稳定在一个新的位置。

3．蝶阀型电液转换器

图 6-12 为一国产蝶阀型电液转换器。当阀位偏差信号电流输入到力矩电动机后，引起蝶阀位移，使蝶阀漏油面积改变，从而从腔室 H 中输出的调节油压改变。与前者相比，不仅结构简单而且性能大有改善，不易被油中杂质堵塞，可靠性大大提高。

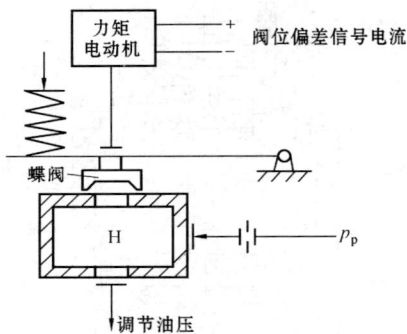

图 6-12　碟阀型电液转换器

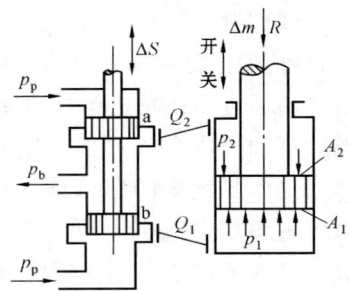

图 6-13　双侧进油式油动机的进油控制方式

二、油动机

油动机用作调节信号的最后一级放大，油动机活塞位移用来控制调节汽阀的开度，要求输出功率大。

油动机按进油方式分为两种：一种是双侧进油式；另一种是单侧进油式。

油动机有两个重要指标：一是提升力；二是时间常数。

1．双侧进油式油动机

（1）进油控制方式。如图 6-13 所示，双侧进油式油动机在调节过程中，当活塞上侧进油时下侧排油；当下侧进油时上侧排油。在稳定状态下，两侧既不进油，也不排油。因此，必须配置断流式滑阀来控制油动机的进油、排油，用以推动油动机活塞。

当系统采用断流式电液转换器时，只要液压部分输出功率足够大，则电液转换器滑阀与双侧进油式油动机之间可采用直接连接方式。

（2）油动机的提升力。油动机的提升力主要取决于活塞两侧的压差与活塞的面积。在排油压力一定时，提高主油泵出口压力，减小流动压力损失与增加油动机活塞面积都可以增大油动机的提升力。

油动机所具有的提升能力应当比开启调节汽阀所需要的力大得多，以确保调节汽阀能顺利开启。

（3）油动机时间常数。油动机在动作时，开启与关闭调节汽阀的速度，取决于油动机活塞的移动速度，也就是取决于油动机活塞两侧的进、排油速度。

油动机时间常数的大小对汽轮机甩全负荷时调节性能的影响最为重要，因为这时要求迅速将调节汽阀暂时关闭，以防止汽轮机超速过大，因此，油动机时间常数主要针对关闭调节汽阀而言。

大功率汽轮机的油动机时间常数 T_m 通常为 $0.1 \sim 0.25s$。为了减小油动机时间常数 T_m，可以增大滑阀油口宽度、滑阀最大位移、油压等，在保证油动机提升力足够大的前提下还可以减小油动机活塞面积。

尽管双侧进油式油动机活塞走完全程所需扫过的容积不大，但由于油动机时间常数很小，因此流量很大。

双侧进油式油动机无论向哪个方向移动都依靠两侧油压差，因此，当压力油管破裂而失压时，活塞将无法动作，致使调节汽阀无法关闭。为了解决这个问题，一般是在调节汽阀杆上装设压缩弹簧，在压力油失去的情况下依靠弹簧力作用也能使调节汽阀关闭。当然在压力油正常的情况下，它能协助油动机活塞加速调节阀的关闭。但是，在油动机活塞驱使调节汽阀开启的过程中却起反作用，它使油动机提升力的富裕程度相对减小一些。

2．单侧进油式油动机

（1）进油控制方式。如图 6-14（a）所示，单侧进油式油动机在活塞的同一侧实现进、排油。在调节过程中，当需要开大调节汽阀时，油动机进油通道打开，活塞一侧进油，克服另一侧弹簧力作用，使活塞产生位移。当需要关小调节汽阀时，油动机活塞有油的一侧与排油接通，使活塞在另一侧弹簧力作用下移动。

以上描述的是断流式滑阀控制的单侧进油式油动机的进油控制方式。断流式滑阀—单侧进油式油动机主要用做调节系统的最后一级放大（功率放大）。当系统采用断流式电液转换器时，如果液压部分的输出功率足够大，则电液转换器滑阀与单侧进油式油动机可采

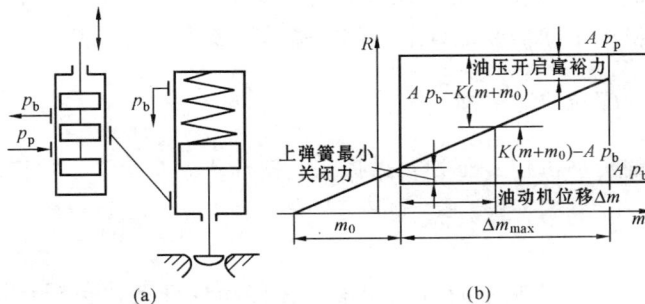

图 6-14 断流式滑阀—单侧进油式油动机

（a）进油控制方式；（b）提升力与油动机位移的关系

用直接连接方式，电液转换器的输出油压较高，调节油直接进入油动机，推动活塞运动。如果电液转换器液压部分输出功率较小，则只能采用间接连接方式，即在电液转换器滑阀与油动机之间必须加设断流式滑阀，这时，电液转换器输出的调节油压信号转换成断流式滑阀的位移，进而间接控制单侧进油式油动机的进、排油。

（2）油动机提升力。单侧进油式油动机开启调节汽阀时的提升力是作用在油动机活塞上的油压作用力与弹簧作用力之差。如图 6-14（b）所示，随着油动机活塞的上移，弹簧不断被压缩，其变形力不断增大，故提升力不断减小。显然，油动机活塞在全开位置处的提升力最小。

为了使调节汽阀能可靠地提升，则要求油动机的最小提升力必须大于开启调节汽阀所需的力，并留有一定的富裕量。

在同样的油动机尺寸及油压条件下，单侧进油式油动机的提升力比双侧进油式油动机的提升力小，这是它的一个缺点。但是，单侧进油式油动机是靠弹簧力关闭的，不需要用压力油，这不仅保证在压力油失去的情况下仍能可靠地关闭调节汽阀，而且可大大减少机组甩负荷时的用油量，这是其最大优点。大功率汽轮机通常设计成一只油动机驱动一只调节汽阀，这样，每只油动机所需要的提升力可减小。由于其耗油量少，所以主油泵的设计容量可明显减小。目前，人们越来越重视在大功率汽轮机上应用单侧进油式油动机。

在油动机关到最小位置时，仍需要有一定的弹簧作用力，即弹簧的预压缩量要足够大，以保证在调节汽阀关闭后阀芯能紧压在阀座上。

（3）油动机时间常数。单侧进油式油动机关闭调节汽阀的速度取决于弹簧力将油压出的速度。由于弹簧力与活塞位置有关，所以其速度是一个变量。

在相同几何尺寸以及油压条件下，双侧进油式油动机时间常数小于单侧进油式油动机时间常数。但是，双侧进油式油动机时间常数受主油泵容量的限制而难以进一步减小，而单侧进油式油动机只要弹簧设计合理，滑阀的排油口足够大，就能将时间常数减小到需要的数值。使用单侧进油式油动机对提高调节系统稳定性、可靠性以及甩负荷性能都有益处。

第三节　配汽机构

改变调节汽阀阀位（开度）可以调整汽轮机的进汽量。油动机可以直接驱动调节汽阀，也可通过传动机构来间接驱动调节汽阀。调节汽阀及其传动机构被统称为配汽机构。

一、驱动调节汽阀的传动机构

驱动调节汽阀的传动机构有三种：提板式、杠杆式、凸轮式。现代大功率汽轮机只采用后两种。

1. 杠杆式传动机构

如图 6-15 所示，一个或几个调节汽阀吊装在传动杠杆上，阀杆与杠杆之间用圆柱销连接，圆柱销穿装在腰子槽内，随着杠杆一起转动的圆柱销，可在腰子槽内做相对运动。当油动机驱动着杠杆绕其支点做逆时针转动时，通过圆柱销带动调节汽阀，调节汽阀的开启次序取决于调节汽阀关闭状态下圆柱销到腰子槽顶部的距离与圆柱销到杠杆支点的距离的比值，比值小的调节汽阀先开。通过调节螺母可以调整圆柱销到腰子槽顶部的距离，从而可以调整调节汽阀开启的时机。

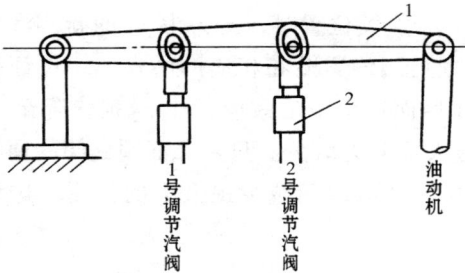

图 6-15　杠杆式配汽传动机构
1—杠杆；2—调整螺母

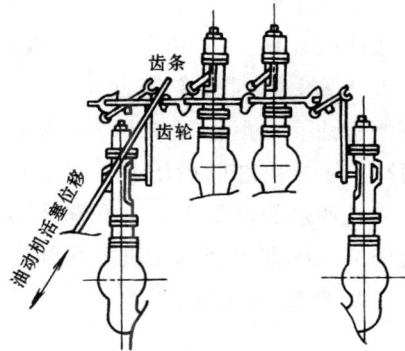

图 6-16　凸轮式配汽传动机构

2．凸轮式传动机构

如图 6-16 所示，油动机通过齿轮、齿条、凸轮及杠杆驱动调节汽阀。调节汽阀的开启顺序由凸轮型线和安装角来决定。为了保证配汽机构的特性接近线性关系，凸轮型线往往按转角与升程之间的线性关系进行设计。

二、调节汽阀

1．结构形式

按阀芯的数量可将调节汽阀分成单阀芯式和双阀芯式两种。单阀芯式如图 6-17 所示，其结构简单，但所需要的提升力大，一般只在中、小型汽轮机上使用。

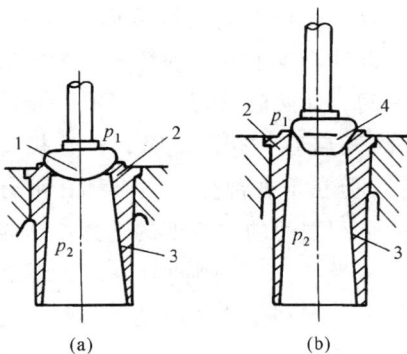

图 6-17　单阀芯式汽阀
(a) 球形单座阀；(b) 铱形单座阀
1—球形阀芯；2—阀座；3—扩压管；4—锥形阀芯

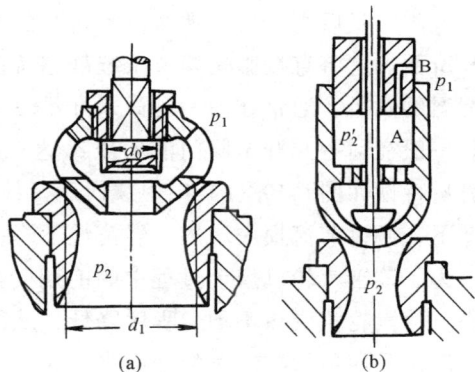

图 6-18　双阀芯式汽阀
(a) 普通双阀芯式汽阀；
(b) 蒸汽弹簧式双阀芯式汽阀

现代大型汽轮机调节汽阀均采用双阀芯式，所谓双阀芯，是指调节汽阀具有一个主阀芯和一个预启阀芯，如图 6-18 所示。

如图 6-18（a）所示，在开启带普通预启阀的调节汽阀时，首先提升预启阀，让蒸汽经预启阀进入汽轮机，阀后压力 p_2 随之上升，主阀芯前后压差随之减小。由于预启阀的蒸汽作用面积小，因而所需的提升力就小。当预启阀上行至极限位置后带动主阀芯一起提升，由于主阀芯开始提升时前后压差已经减小，所以主阀芯所需的最大提升力就减小。

如图 6-18（b）所示，当蒸汽弹簧预启阀处于全关位置时，压力为 p_1 的新蒸汽自 B 孔漏入 A 室，这时 A 室压力 $p_2' = p_1$，主汽阀、预启阀均紧贴在相应的阀座上，保证有较好的严密性。当预启阀开启时，由于 B 孔节流作用而产生阻尼效应，使 p_2' 很快降至 p_2，从而减少了主阀芯前后压差，使主阀芯所需的最大提升力减少。只要保证预启阀的通流面积能使其通过的流量大于 B 孔漏入 A 室的蒸汽量，就能起到减少提升力的作用。这种型式的调节汽阀在大型汽轮机上得到广泛采用。

2. 升程——流量特性

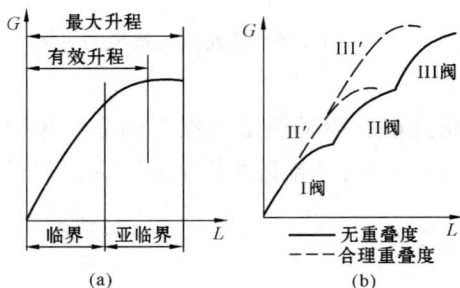

图 6-19 调节汽阀升程——流量特性
（a）一只调节汽阀开启；（b）三只调节汽阀开启

单只调节汽阀的升程——流量特性如图 6-19（a）所示。当升程 $L = 0$ 时，流量 $G = 0$。当升程很小时，调节汽阀后压力很低，阀门前后的压比很小，汽流通过汽阀时存在临界状态，若汽阀前压力不变，则流量与升程近似成正比。随着汽阀的开大，阀后压力逐渐升高，阀门前后压比逐渐增大，而阀门前后压差逐渐减小，所以随着升程 L 的增加，流量 G 的增大趋于缓慢。升程 L 超过调节汽阀有效升程后，阀门前后压比很大，压差很小，因而通流能力受到限制，流量的增加很小。通常认为阀门前后压比达 $0.95 \sim 0.98$ 时就算开足。

汽轮机采用喷嘴调节时，调节汽阀是依次启闭的。如果后一个调节汽阀是在前另一个调节汽阀开足后再开启，那么汽轮机总的升程——流量特性曲线将是波浪形的，如图6-19（b）所示。这将直接影响调节系统静态特性的形状，以致出现不允许的情况。为了避免这种情况的发生，通常在前一阀尚未开足时就开启后一阀，即两阀升程之间具有一定的重叠度。一般在前一阀开至阀门前后压比达 $0.85 \sim 0.90$ 时开启后一阀。此时，汽轮机总的升程流量特性如图 6-19（b）中虚线所示，线性度较好。但在重叠部分，两阀都在部分开启状态下，所以节流损失增加，经济性下降，因而，两个阀之间的重叠度的选择应适当。

为了改善汽轮机启动过程中的前期受热状态，通常将 1、2 号阀同时开启，增加通流面积，使汽轮机受热不均匀程度降低，从而减小热应力，有利于快速启动。当然，由于两阀开度比采用单阀控制时的开度小，因而节流损失要大些。

3. 升程——提升力特性

单座球形阀的升程——提升力特性如图6-20（a）所示。当阀门开度 $L = 0$ 时，由于阀门前后压差最大，所以所需的提升力最大。随着阀门升程的增加，阀后压力逐渐增大，阀门前后压差逐渐减小，所以提升力逐渐减小。

阀门所需的提升力大小与阀门的相对升程（升程与阀门公称直径之比）、阀门前后压比有关。

若用一只油动机来提升数只调节汽阀，则当这些调节汽阀依次开启时，其联合提升力曲线如图6-20（b）所示。第一阀刚开启时提升力很大，随着升程的增加，第一阀的提升力逐渐减少。开第二阀时，第二阀后已有一定的压力，但此时第二阀的压差仍很大，压比很小，而且相对升程为零，因此有较大的提升力，使总的提升力曲线出现第二峰值，其后各阀的情况相似。由于各阀直径不尽相同，各阀提升力也就不一定相同。

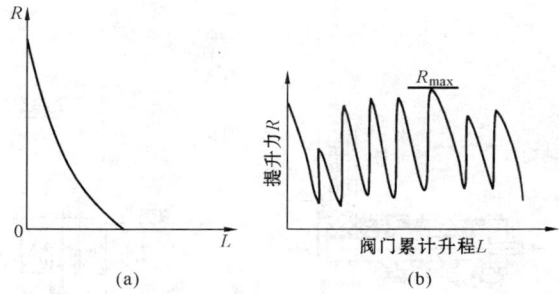

图 6-20　调节汽阀升程——提升力特性
(a) 单座阀升程——提升力特性；(b) 多阀依次开启时
总的升程——提升力特性

第四节　跟　踪　滑　阀

目前一些国产 200MW 汽轮机采用了电调与液调并存的控制方式，并且可以分别单独运行。为了减少运行人员操作上的困难，以及在故障状态下互相切换时不使机组负荷波动，在调节系统中加入了一个跟踪滑阀，如图6-21所示。

一、跟踪信号的测取

中间滑阀上部为模拟进油口 m，下部为工作进油口 P，中间为控制三个油动机的排油口。模拟油口的开度与宽度与下部的工作进油口完全相同，即该油口模拟了一次脉动油的进油情况。切换阀、跟踪滑阀和电液转换器滑阀与活塞在一个壳体中，由活塞所控制的排油口 E 来控制中间滑阀。当调节系统在液调下运行时，由调速器3号滑阀所控制的排油口 m 来控制中间滑阀。

图6-22为电调与液调接口部分油路图。压力油经过中间滑阀下工作节流口 P（面积为 f_P）节流后流经切换阀，再到电液转换器活塞排油口 E（面积为 f_E）排出（切阀在下限位置），工作脉冲油压为 p_P。另一路压力油经过模拟节流口 m（面积为 f_m）节流后，也流经切换阀再到调速器3号滑阀排油口（面积为 f_M）排出。模拟脉冲油压为 p_m。

中间滑阀下的工作脉冲油压在稳态时为 $p_0/2$，根据流量公式有

$$Q_P = \mu f_P \sqrt{\frac{2}{\rho}\left(p_0 - \frac{1}{2}p_0\right)}$$

$$Q_E = \mu f_E \sqrt{\frac{2}{\rho}\left(\frac{1}{2}p_0 - 0\right)}$$

若忽略各处的漏油量，就有 $Q_P = Q_E$，于是可得：$f_E = f_P$。

因中间滑阀的模拟进油口 m 与工作进油口 P 在宽度、个数及初始开口尺寸等完全一

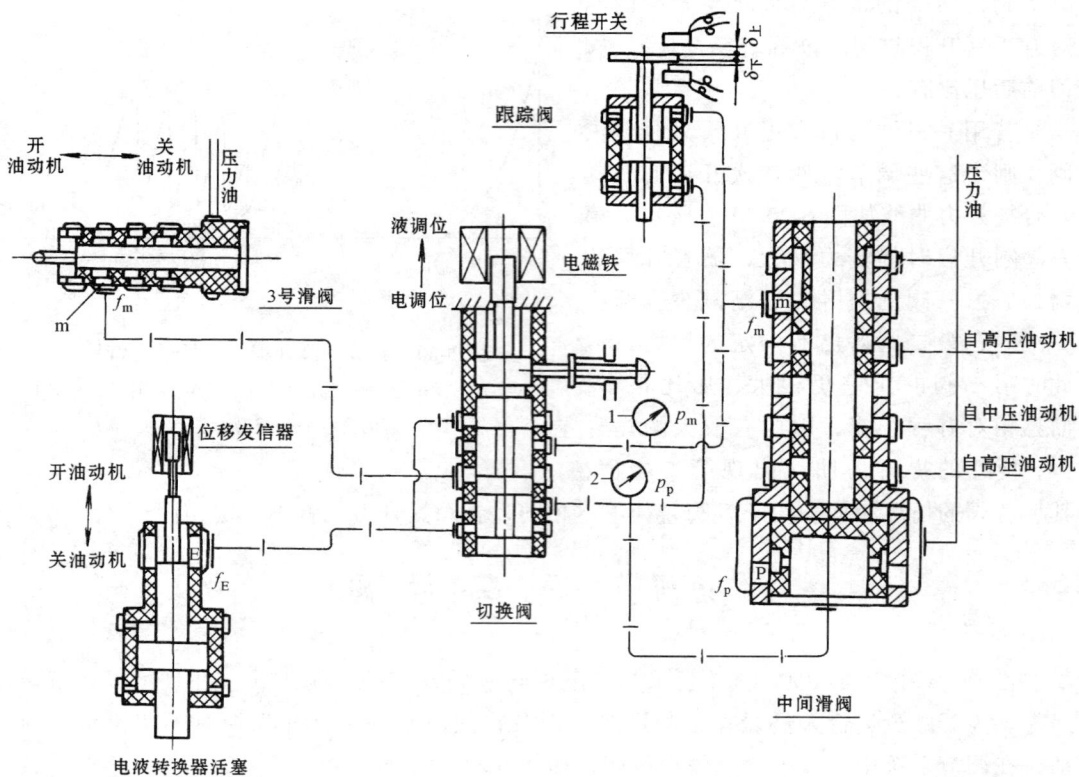

图 6-21　电调与液调油路接口部分简图

1—指示中间滑阀上模拟脉冲油压；2—指示中间滑阀下工作脉冲油压

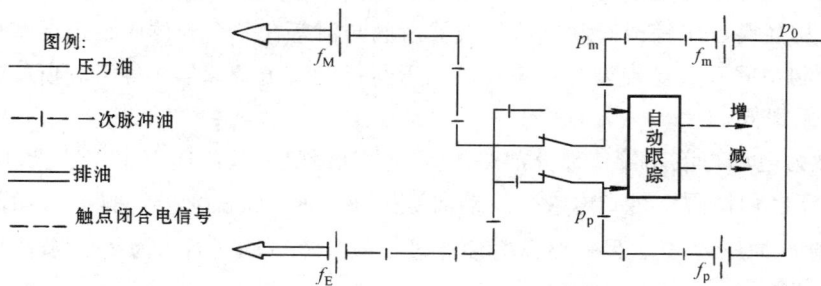

图 6-22　电调与液调接口部分油路图

f_P—中间滑阀工作油口；f_m—中间滑阀模拟油口；f_M—调整器滑阀控制油口；

f_E—电液转换器控制油口；p_P—工作油压；p_m—模拟油压

样，于是有：$f_m = f_P$。

在液调未投入运行时，f_P 不受 f_m 的控制，一般情况下，$f_M \neq f_m$，忽略漏油量的影响后，有 $Q_m = Q_M$，再根据流量公式，可得

90

$$Q_m = \mu f_m \sqrt{\frac{2}{\rho}(p_0 - p_{mx})} = Q_M = \mu f_M \sqrt{\frac{2}{\rho}(p_{mx} - 0)}$$

化简后得

$$p_{mx} = \frac{f_m^2}{f_m^2 + f_M^2} p_0 = \frac{p_0}{1 + \left(\dfrac{f_M}{f_m}\right)^2}$$

将油压 p_{mx} 与工作脉冲油压比较后，就可以得到跟踪控制信号。如果 $p_{mx} < p_P = p_0/2$，说明 $f_M > f_m$，则跟踪滑向上移动，上触点闭合，中间继电器动作，使同步器向增负荷方向，使 f_M 减小，p_{mx} 上升。当 $p_{mx} = p_m = p_P$ 时，切换阀回到中间位置，上触点断开，同步器停止移动，这时 $f_M = f_m$，于是可得：$f_M = f_m = f_P = f_E$。

二、跟踪控制

通过在中间滑阀上增加模拟脉冲油口的办法，将滑阀的位移转为模拟脉冲油压的变化，这就大大方便了跟踪信号的测取和提高了抗干扰的能力。可以用跟踪滑阀比较出油压差值，使电调装置发出触点闭合信号；也可以先发出与压力成正比的模拟量信号，然后在电调装置内再做比较后给出跟踪控制信号。跟踪控制信号在电调运行时，通过中间继电器增或减控制同步器电动机，使调速器 3 号滑阀的排油口 f_M 始终与电液转换器的排油口 f_E 相等；在液调运行时，跟踪控制信号控制电调装置中的 PI 积分器的初始电压使 $f_E = f_M$，当两个排油面积相等后，切换时负荷就不会波动。

第七章

EH 油 系 统

EH油系统的作用是提供高压抗燃油，并由它来驱动伺服执行机构。

EH油系统（如图7-1所示）由安装在座架上的不锈钢油箱、有关的管道、蓄能器、控制件、叶片泵、电动机、滤油器以及热交换器等组成。这些部件组成重复的两套供油系统，当一套投入运行时，另一套即可作为备用，如果需要即可自动投入。当汽轮机正常运行时，一台油泵足以满足系统所需的用油量。

系统工作时，由交流电动机驱动高压叶片泵，油箱中的抗燃油通过油泵入口的滤网被吸入油泵。油泵输出的抗燃油经过EH控制单元中滤油器、卸荷阀、逆止阀和过压保护阀，进入高压集管和蓄能器，建立起系统需要的油压。当油压达到14.484MPa时，卸荷阀动作，切断油泵出口与高压油集管的联系，将油泵的出口油直接送回油箱。此时，油泵在卸荷（无负荷）状态下工作，EH系统的油压由蓄能器维持。在运行中，伺服机构和系统中其他部件的间隙漏油使EH系统内的油压逐渐降低，当高压集管的油压降至12.42MPa时，卸荷阀复位，高压油泵的出油重又供向EH系统。高压油泵就这样在承载和卸荷的交变工况下运行，使能量的消耗量和油温的升高量减少，因而可以增加油泵的工作效率和延长油泵的寿命。回油箱的抗燃油由方向控制阀导流，经过一组滤油器和冷油器流回油箱。抗燃油的回油管是压力回油管，回油管中的压力靠低压蓄能器维持。系统正常运行时，油压由卸荷阀控制维持在12.420~14.484MPa范围内。当油泵在卸荷状态下工作时，位于卸荷阀和高压集管之间的逆止阀可防止抗燃油从EH油系统通过卸荷阀反流进入油箱。运行和备用的两套装置有一个共同的过压保护阀（溢流阀），用以防止EH油系统油压过高，当压力达到15.86~16.21MPa时，过压阀动作，将油泵出口油直接送回油箱。

在高压集管上装有压力开关，用于自动启动备用油泵和对油压偏离正常值进行报警。另外，在冷油器出水管道上装有温度控制器，通过调节冷却水量来控制油箱的温度。油箱内部还装有温度测点和油位计，在油温过高和非正常油位时报警。

第一节 抗 燃 油

为了提高控制系统的动态响应品质，带有电液调节系统的机组普遍采用了抗燃油作为动力油（三菱生产的350MW机组没有采用抗燃油系统）。抗燃油是一种三芳基磷酸脂的合成油，它具有良好的润滑性能、抗燃性能和流体稳定性，自燃点为560℃以上。

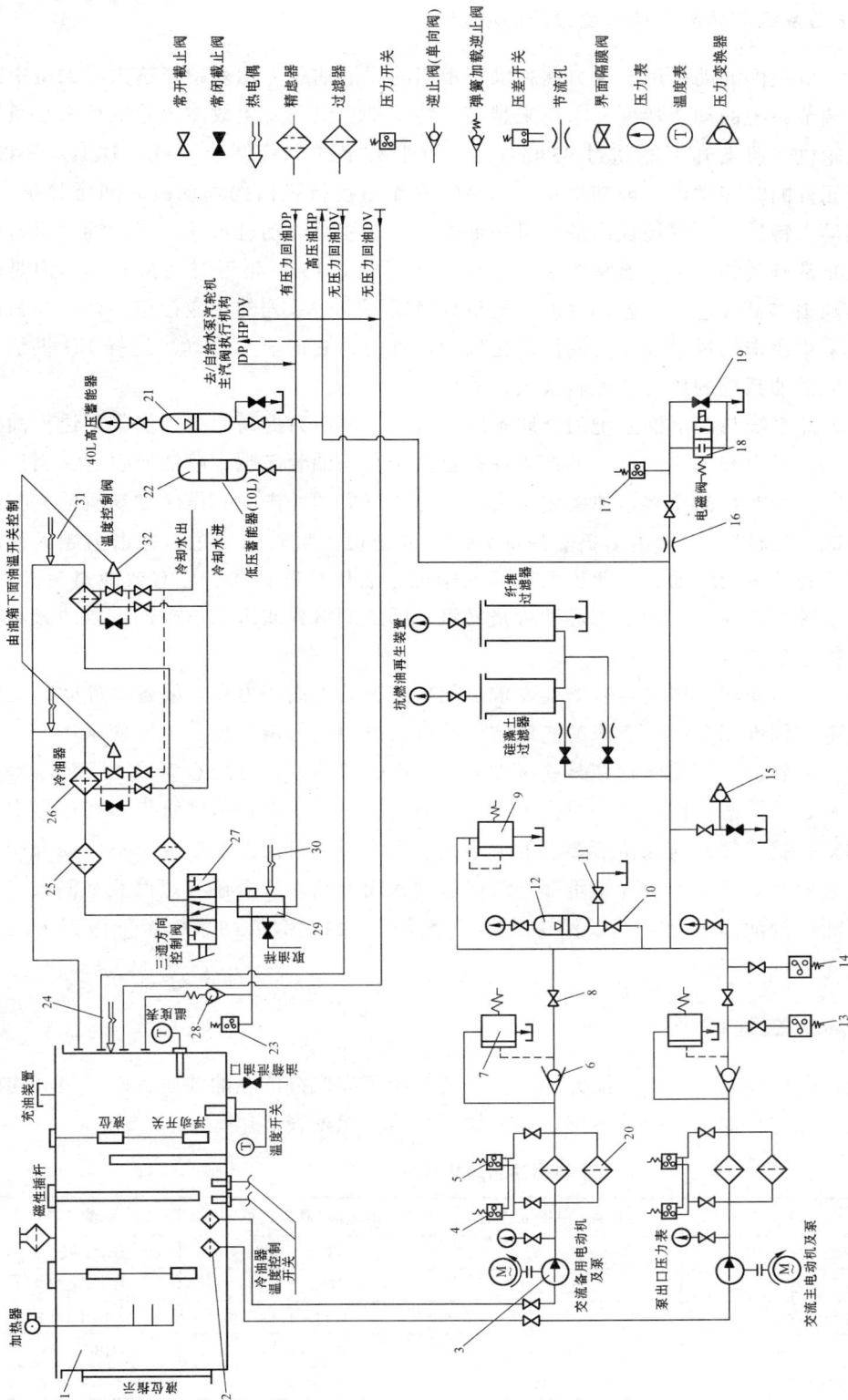

图 7-1 EH 供油系统工作原理图

1—油箱；2—滤网；3—EH 油泵；4—压力开关；5—压差开关；6—逆止阀；7—卸荷阀；8—截止阀；9—溢流阀；10、11—截止阀；12—蓄能器 13、14—压力开关；15—压力开关；16—节流孔；17—压力开关；18—电磁阀；19—手动常闭阀；20—滤网；21、22—蓄能器；23—压力开关；24—热电偶；25—滤网；26—冷油器；27—换向阀；28—逆止阀；29—三通阀；30、31—热电偶；32—温控开关

常开截止阀 常闭截止阀 热电偶 精滤器 过滤器 压力开关 逆止阀（单向阀） 弹簧加载逆止阀 压差开关 节流孔 界面隔膜阀 压力表 温度表 压力变送器

一、EH 油系统与润滑供油系统分离的原因

（1）大型机组供油动机用的动力油和供轴承用的润滑油压力相差越来越大。大型中间再热机组对调节系统的动态特性要求越来越高。特别是当电网发生故障汽轮机甩去全负荷时，要求汽轮机转速飞升不能超过 3330r/min。对于数字式电液调节系统（DEH）来说，控制器电子元件的时间常数一般都很小，如果唯一作为执行机构的油动机时间常数很大，也会影响其动态特性。所以用提高油动机中油的压力来缩小油动机尺寸，减少油动机时间常数是一个非常有效的办法，通常要求油动机关闭时间 0.15s，延迟时间为 0.1s。但是随着压力提高到 13.7MPa 左右，各部件的结构设计就需要有一系列的相应措施，而汽轮机的润滑油系统采用原来的透平油作为润滑仍是极为适宜的，它的压力不高。这样 EH 供油系统的压力与润滑油系统的压力之差就很大，故应独立供油。

（2）动力油系统与润滑油系统的介质不同。当动力油压力提高后。如仍采用透平油作为动力油，则极易引起火灾。火灾的产生往往是由于高压油管破裂，喷油所引起。当汽轮机甩全负荷时，油动机活塞将迅速关闭到底座，形成巨大的冲击力，虽然油动机活塞与底坐之间会形成"油枕"，但冲击力仍然是很大的。油动机关闭时间越短，冲击力越大，以致造成高压油管的破裂喷油，为此，采用磷酸脂抗燃油代替透平油，可有效地避免火灾。由于润滑油系统相当庞大，加上抗燃油价格昂贵，因此润滑介质采用透平油比较适宜，相应地节省了抗燃油费用。

（3）动力用油和润滑用油对清洁度要求不同。由于动力油压力高，故各部件间的间隙更小，而且电液伺服阀等部件要求的高压抗燃油应具有很高的清洁度，为此应采用密闭的动力油系统。另外，抗燃油还存在某些毒性，不宜吸入口腔，而且还有对油漆等的溶解性和对非金属材料的不适应性，也需要密闭循环。只要在安装时严格清洗管道，在运行中及时检查及调整，就能较好地保持所要求的清洁度。而润滑油对清洁度的要求不像动力用油那样严格，它的系统又大。流经轴承等处难以做到密闭流动，甚至还有蒸汽及水漏入，需在运行中不断进行油净化处理，以保持长期安全运行。因此润滑油系统难于做到密闭循环。

二、抗燃油的性能

为了保证电液控制系统的性能完好，在任何时候都应保持抗燃油油质良好，使其物理和化学性能都应符合规定。推荐的抗燃油的物理化学性能见表 7-1。

表 7-1 抗燃油物理化学性质

项　　目	ZR-881 中压抗燃油	ZR-881-G 高压抗燃油	试验方法
外　观	透　明	透　明	DL/T 429.1
颜　色	淡　黄	淡　黄	DL/T 429.2
密度(20℃,g/cm³)	1.13～1.17	1.13～1.17	GB/T 1884
运动黏度(40℃,mm²/s)	28.8～35.2	37.9～44.3	GB/T 265
闪点(℃)	≥235	≥240	GB/T 3536

项　　　　目	ZR-881 中压抗燃油	ZR-881-G 高压抗燃油	试验方法
自燃点（℃）	≥530	≥530	
颗粒污染度 SAE749D	≤6	≤4	SD 313
水分 [%（m/m）]	≤0.1	≤0.1	GB/T 7600
酸值（mgKOH/g）	≤0.08	≤0.08	GB/T 264
氯含量 [%（m/m）]	≤0.005	≤0.005	DL/T 433
泡沫特性（24℃,mL）	≤90	≤25	GB/T 12579
电阻率（20℃,Ω·cm）	—	$\geq 5.0 \times 10^9$	DL/T 421

第二节　EH抗燃油系统中的主要设备

一、油箱

油箱是 EH 油系统中的最重要设备之一。国产引进型 300MW 机组的 EH 油箱，容量为 757L，能保证系统全部设备运行所需的总油量。由于抗燃油有一定的腐蚀性，油箱用不锈钢板制成。油箱顶部装有浸入式加热器、控制单元组件、各种监视仪表和维修人孔等，油箱底部有一个手动泄放阀，油箱上还装有加油组件以及供油质监督取样的取样阀。整个结构布置紧凑、工作可靠、检修方便。

四个装有磁棒的空心不锈钢杆全部浸泡在油中作为磁性过滤器，以吸附油中可能带有的导磁性杂质。它们必须定期清洗，每个不锈钢杆及磁芯可以单独拆出进行清洗，因此清洗工作可轮换进行。

油箱除有就地的指示式油位计外，还设有两个浮子式油位继电器，在油位改变时，它们推动限位开关动作。其中一个用于低油位报警和低油位遮断停机，另一个则用于高油位报警和高油位遮断停机（如图 7-2 所示）。

EH 油箱的油位，标志着油箱储油的多少，当油位低于 430mm 时，油箱内加热器将露出液面，此时投加热器会使加热器烧坏，故在此液位时不能投加热器。当液位低于 200mm 时，油泵吸入滤网将露出液面，泵将空气吸入而产生气蚀，使系统压力不稳定或建立不起压力，造成 EH 油压低跳闸，故在此油位时，系统不能工作。

油箱油温由指针式温度计和温度控制继电器控制。由于当油的黏度较大时，将不利于泵的吸入与启动，故要求 EH 油系统不能在低于 21.1℃ 的情况下长期运行，而且不得在低于 10℃ 的情况下运行，为此在油箱内装有 3 个电加热器，在油

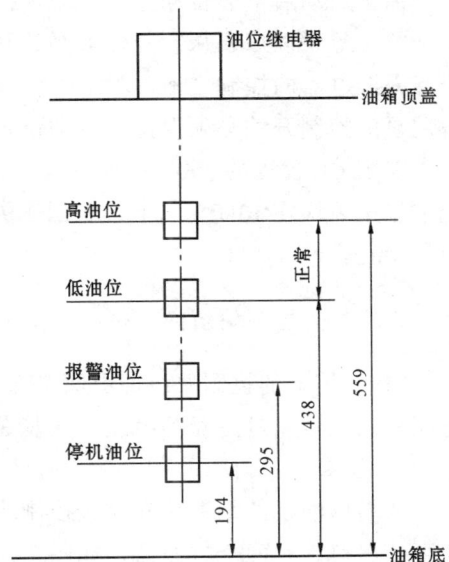

图 7-2　EH 油箱油位

温低于 21.1℃时对油进行预热。而在油温升高到 57℃～60℃时，温控继电器动作，发出报警信号或通过冷油器循环冷却水出口的温度调节阀调节冷油器的冷却水量，保持系统在正常油温范围运行。

二、高压油泵

国产引进型 300MW 机组 EH 油系统的压力抗燃油由交流电动机驱动的高压叶片泵提供。系统中装有两台相同的油泵，其出口流量为 68L/min，设计排油压力为 15MPa。两台泵并联装在油箱的下方，以保证在正吸入压头下工作。两台油泵的进口共用一个安装在油箱内的吸油滤网，滤网由 140μm 的金属丝网构成，能很方便地由油箱顶部的人孔拆出进行维修，而不影响其他相邻部件的正常工作。

每台油泵输油到高压油集管的油路系统完全相同，并且相互独立。正常运行时，一台油泵的出油就能满足整个 EH 油系统的运行需要，故两台油泵互为备用。特殊情况下两台泵也可以同时运行。

如图 7-1 所示，两个压力开关 4，分别监视两个油泵的出口压力。另一个压力开关 17 可感受到油系统的压力过低信号，开关调整到当压力低至 10.2～10.9MPa 时，触点闭合，并启动备用泵。

电磁阀 18 装在油泵压力开关 17 邻近油路上，这样就可以对压力开关 17 进行调整及对备用油泵启动开关进行遥控试验。电磁阀在正常运行时是不通油的，只有电磁阀动作后可通油，使高压工作油路的油泄回油箱，这时油路失压。随着压力的降低，备用油泵压力开关就使油泵启动。此电磁阀以及压力开关与高压油母管之间用节流孔 16 隔开，因此试验时，母管压力不会受影响，油泵启动开关的动作可以通过手动常闭阀 19 来进行试验，此常闭阀是装在油箱顶部靠近控制块的地方。

油泵启动后不会自动停运，必须操作相应控制开关手动停泵。该控制开关也是一个三位开关。停泵以后，从断开位置释放开关时，开关靠着弹簧力回到自动位置，此时泵被置于压力继电器的控制之下。为了保证系统的连续运行和提高系统的可靠性，正常运行时，备用泵的控制开关必须保持在自动位置。

美国 GE 公司的 350MW 机组采用了柱塞泵作为高压油泵。一般，进口机组的 EH 油系统工作压力均在 10MPa 以上，我国东方汽轮机厂生产的 300MW 机组的 EH 油系统工作压力为 4MPa。

三、油箱控制块组件

EH 油箱上的控制块组件由两个卸荷阀、两个逆止阀、一个溢流阀（过压保护阀）、截止阀和四个金属过滤器等组成，安装在 EH 油箱顶盖上（如图 7-3 所示）。

1. 滤芯

从高压油泵的来油首先经过控制块中具有 10μm 金属丝网的滤芯式过滤器。对应每台油泵的出口，有两个过滤器，如图 7-1 所示。这 4 个过滤器分开安装，可以取出清洗并再次使用。为了判断滤网是否为污物堵塞，在两台油泵出口过滤器上都装有压差开关，用于

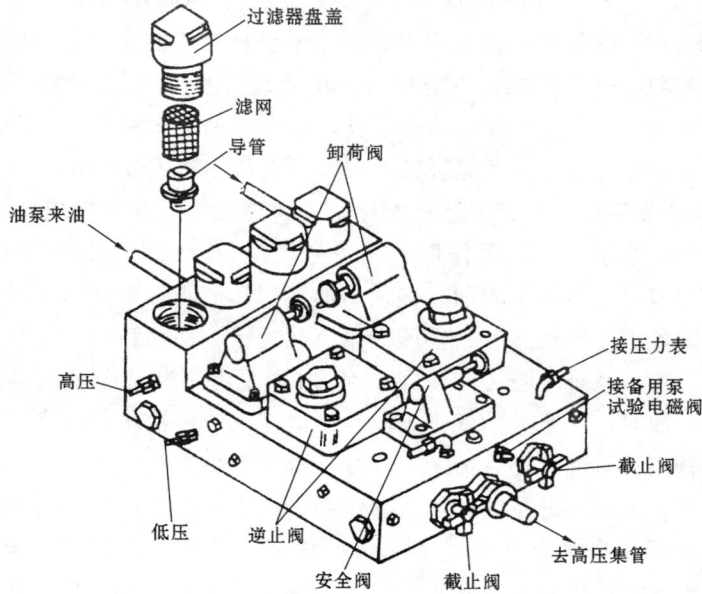

图 7-3 油箱控制块组件

感受过滤器进出口侧的压差。当过滤器进出口两侧压差达 0.6898MPa 时，压差开关引起音响警报，过滤器被堵，需要进行清洗或调换滤网。

2．卸荷阀

高压油泵的来油经过滤网后流入卸荷阀（也称压力控制阀），如图 7-4 所示。卸荷阀用于控制系统中的压力，它的动作压力由调整旋钮 12 调整锥形弹簧 9 的预紧力来整定。

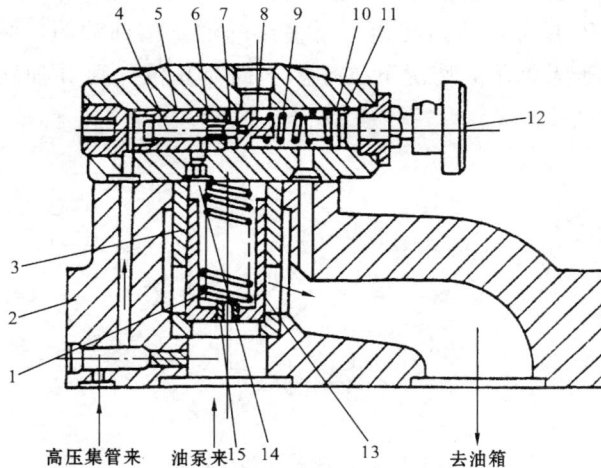

图 7-4　卸荷阀

1—滑阀弹簧；2—阀体；3—套筒；4—控制柱塞；5—控制滑块；
6—控制座；7—钢球；8—球座；9—锥形弹簧；10—密封活塞；
11—O 形密封圈；12—调整旋钮；13—控制滑阀；14、15—节流孔系统高压油集管的油压引入卸荷阀并作用在控制柱塞 4 的左端。当集管压力低于 14.484MPa 且控制滑阀 13 处于关闭位置时，弹簧 9 将柱塞 4 推在左侧，钢球 7 堵住控制座 6 的通油口。控制滑阀 13 内腔的油不能排出，在弹簧 1 的作用下，控制滑阀 13 被顶在下方堵死套筒 3 的泄油窗口，此时卸荷阀处于关闭状态，油泵来油全部进入高压油集管。当集管中油压达 14.484MPa 时，柱塞克服锥形弹簧力右移，将钢球 7 和球座 8 右推，控制滑阀 13 内腔压力通过节流孔 14，经锥形弹簧泄油孔排至油箱，此时控制滑阀 13 内腔压力降低，作用在其下部的油泵出口油压作用力克服弹簧 1 和滑阀内腔油压作用力后使滑阀上移，打开套筒泄油窗口，将油泵来油直接送回油箱，卸荷阀处于排油状态。由于油箱内油压很低，故卸荷阀处于排油状态时，高压油泵负载最轻，功耗最小，发热效应减小，有益于延长泵的使用寿命。系统中若无卸荷阀，则 EH 油泵将不断地向系统供油，而系统在某一段时间内不需供油时，多余的油就得不断地经溢流阀流回油箱，这样不仅增加了功率损失，而且使油温升高，对油泵的寿命及工作效率都将产生影响。

在排油状态下，球座 8 的左侧有压力油作用，产生一个附加的向右的油压力，这个力使锥形弹簧 9 在集管压力略有降低时不能推动球座。只有在集管压力降低到 12.415MPa 时，弹簧 9 才克服集管油压通过柱塞 4 作用在钢球上的力和球座两侧差压作用，将钢球 7 推向左侧堵住控制座 6 上油口。此时，通过节流孔 15、14 的油不能流出，使控制滑阀 13 内腔压力逐渐恢复到油泵出口压力，将滑阀推向关闭排油窗口的位置，油泵来油重又进入高压油集管，卸荷阀复位。卸荷阀的排油和复位压力之差值由卸荷阀控制部件的结构尺寸决定。可见，在正常运行中，卸荷阀一直在循环地进行工作，而系统高压油集管压力则在 12.41~14.484MPa 之间变动。

如图 7-5 所示，卸荷阀与外界有三个油箱连通。A 油路用虚线表示，是控制卸荷阀动作的油路，它与高压母管的油压相通。B 油路是卸荷油路，它与泵到单向阀之间的油路相通，当卸荷阀动作，则 B 与 C 油路相通，泵输出的油直接回油箱，泵与单向阀间的油路油压下降，这时泵处于无负荷的情况下工作。当卸荷复位，则 B 油路与 C 油路断开，油泵将再次向高压母管供油。

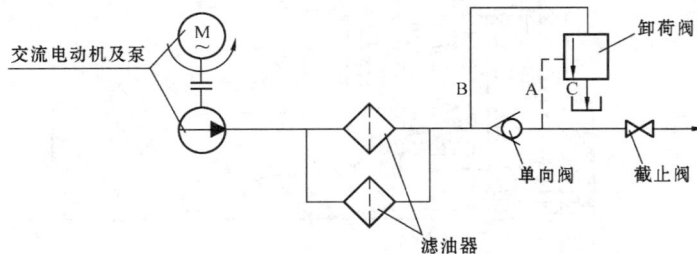

图 7-5　供油系统卸荷回路

3. 逆止阀

当卸荷阀处于排油状态时，集管与油箱通过卸荷阀连通。因此为了阻止在卸荷阀排油状态下，集管内高压油通过卸荷阀倒流回油箱，在控制组件上，油泵出口管与集管之间设有逆止阀（如图 7-6 所示）。当卸荷阀处于排油状态时，油泵出口与油箱连通，油压很低，因而逆止阀的弹簧将阀关闭，阻止高压油集管压力油倒流回油箱。而当卸荷阀复位以后，油泵出口压力建立，顶起逆止阀，将油输入高压油集管。

4. 溢流阀

高压油集管的设计压力很高，因此超压是十分危险的。尽管有卸荷阀控制，但为了提高可靠性，在控制组件上还设置了一个溢流阀（或称过压保护阀、安全阀），如图 7-7 所示。溢流阀和逆止阀后的集管连通，以防止集管超压，可保护系统安全。300MW 机组溢流阀的动作压

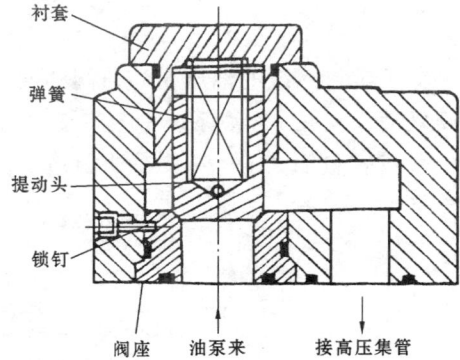

图 7-6　逆止阀

力为 15.864～16.209MPa。溢流阀的结构与卸荷阀类似，动作原理基本相同，从对集管的保护作用来说，它实际上可看成是卸荷阀的备用阀。当高压油集管的油压升至 15.864～16.209MPa 时，由节流孔 13、14 流至锥阀左侧的压力油的作用力克服弹簧 7 的压力，使锥阀右移，将滑阀 12 内腔的油泄入油箱，从而使滑阀上移，集管中的压力油经套筒 3 的排油窗口排入油箱。溢流阀的动作压力可用手轮调整弹簧 7 的预紧力来整定。

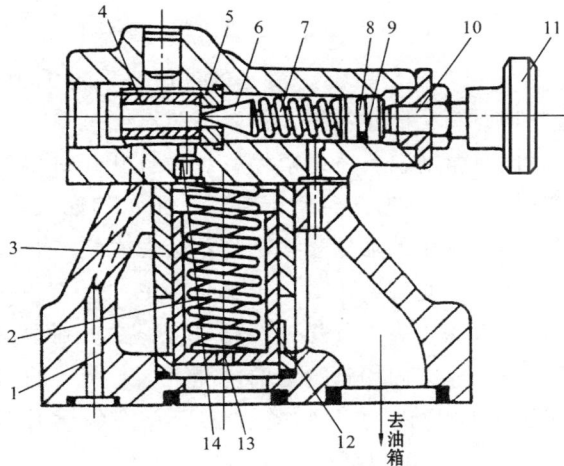

图 7-7　溢流阀

1—阀座；2—弹簧；3—套筒；4—锥座垫；5—锥座；6—锥阀；7—弹簧；8—密封活塞；9—O 形密封圈；10—调整螺钉；11—手轮；12—滑阀；13、14—节流孔

5. 截止阀

在控制组件上还装有两个截止阀，手动关闭这两个阀门，就使得控制组件与高压集管隔绝，以便对卸荷阀、过滤器、逆止阀以及泵进行维修。关闭其中一个阀门，只切断双重系统中的一路，不会影响机组的正常运行。

四、蓄能器

为了维持系统的油压在卸荷阀的两个动作油压之间的相对稳定，以防止卸荷阀或溢流阀反复动作，在 EH 油系统中装有 5 只活塞式蓄能器，也称高压蓄能器（如图 7-8 所示）。其中一只容量为 25L，安装在油箱边上，另外 4 只容量为 40L，分别安装在调节汽阀附近的支架上。

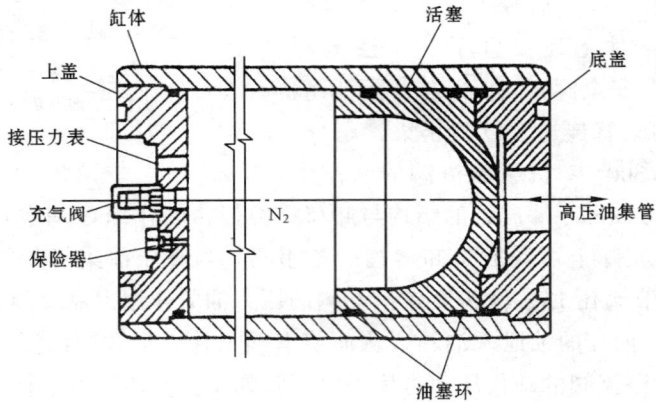

图 7-8　活塞式蓄能器

活塞式蓄能器实际上是一个有自由浮动活塞的油缸。活塞的上部是气室，下都是油室，油室与高压油集管相通，为了防止泄漏，活塞上装有密封圈。蓄能器的气室充以干燥的氮气，充气时，用隔离阀将蓄能器与系统隔绝，然后打开其回油阀排油，使油室油压为 0，此时从蓄能器顶部气阀充气，活塞落到下限位置，正常的充气压力是 8.966MPa。机组运行时，蓄能器中的气压与系统中的油压相平衡，不会发生气体泄漏。但停机时，系统中无油压，会有一定的漏气发生。当气室压力小于 7.932MPa 时，需要再次充气。

气体是可压缩的介质，故油压高于气压时，活塞上移，压缩气体，油室中油量增多。在调节机构动作而油泵又没有连续向集管输油的情况下，蓄能器的储油借助气体膨胀被活塞压入高压油集管，以保证调节机构动作需油量及所需的动作油压。当集管油压达 14.484MPa 时，卸荷阀动作，使高压油泵处于卸荷状态工作，无压力油送入集管，这时活塞式蓄能器的气室压力也是 14.484MPa，用以维持系统的油压和补充系统的用油量。

从上述分析可知，蓄能器可将系统中的能量储存起来，在需要时又重新放出。其主要作用如下：

（1）当泵处于卸荷状态时，逆止阀和蓄能器可起保压作用，此时蓄能器可以向系统补油，用来补偿泄露，维持系统油压（泄露的主要原因之一是伺服阀泄露）。这样保压的时间相对来说就延长了。

（2）可以承担辅助动力源和紧急动力源。当调节系统执行机构动作需要供油时，不论泵正在向系统供油，还是处于卸荷状态，蓄能器上的氮气都通过膨胀来推动活塞把油排出，以使执行机构顺利完成工作。

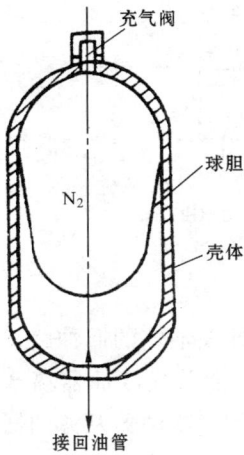

充气阀

N₂

球胆

壳体

接回油管

图 7-9　低压蓄能器

（3）当调节系统的执行机构突然停止时，管内的油流将发生急剧的变化，而产生油压冲击，这时蓄能器能吸收和缓冲液压冲击。

（4）蓄能器还可以用来维持溢流阀及卸荷阀的压力，以防止它们发生振动。

另外，在通向油箱的压力回油管路上还装有四个低压蓄能器，低压蓄能器结构是球胆式的（如图 7-9 所示），由合成橡胶制成的球胆装在不锈钢壳体内，通过壳体上的充气阀可以向球胆内充入干燥的氮气，充气压力为 0.2096MPa。壳体下端接压力回油管，球胆将气室与油室分开，起隔离油气的作用。由于合成橡胶球胆可以随氮气的压缩或膨胀任意变形，因此使低压蓄能器在回油管路上起调压室的缓冲作用，减小了回油管中的压力波动。当球胆中氮气压力降到 0.1655MPa 时，必须再充气。

五、冷油器和滤油器

国产引进型 300MW 机组 EH 油系统在回油管道上装有两套滤油器——冷油器装置，所有的 EH 回油在送回油箱以前均流过滤油器和冷油器。正常运行时，只需一套装置便可以满足系统的需要，另一套作为备用装置。两个冷油器装在油箱边上，冷却水在管内通过，油在冷油器外壳内环绕管束流动。

为了保证油温在正常范围内，在冷油器循环冷却水出口处装有温度控制阀，它与浸在油箱中的温度控制器温包相连，对流过冷油器的水流量进行控制。冷却水进口管路中装有配备清洗塞的滤网。冷油器装在油箱边上，冷却水在管内流过，EH 回油在冷油器外壳内环绕管束流动。冷却水量除通过温度控制阀控制外，也可由手动控制，水量应调到保证系统的回油温度在 43.3 ~ 54.4℃之间。油箱表盘上的盘式温度计随时指示油箱中的油温。当油温高到 57.2 ~ 60℃时，由一个温度敏感开关发出报警信号。

滤油器的过滤元件为具有互换性的 10μm 渗透性滤芯。为了便于调换滤芯，在每个滤油器外壳上装有 1 个可拆卸的盖板。

正常情况下，回油通过 1 个滤油器——冷油器组合装置流回油箱。油的流向由 1 个手动的三通方向控制阀决定（如图 7-10 所示），用这个三通阀可以隔绝 2 个滤油——冷油器装置中的任一个，以进行清洗和维修。当三通阀阀芯处于中间位置时，两套装置同时投入运行。三通阀之前有 1 个压力开关，在感受油压达 0.2069MPa 时，触点闭合，发出警报，表示正在运行的滤油器或冷油器已经变脏。这个报警信号表明回油管路压力已经达到了最大极限，若继续运行，就会使污物穿过滤油器的可能性增加，这时应将三通阀置于另一套装置运行的位置，对已污脏的滤油器滤芯进行检查、清洗。一般，冷油器出问题的可能性很小，这是因为流进冷油器的油是高度净化的。清洗、调换滤芯工作完毕后，应将三通阀重置于此滤油器——冷油器位置，检查油压，如此反复，直至报警信号消失。

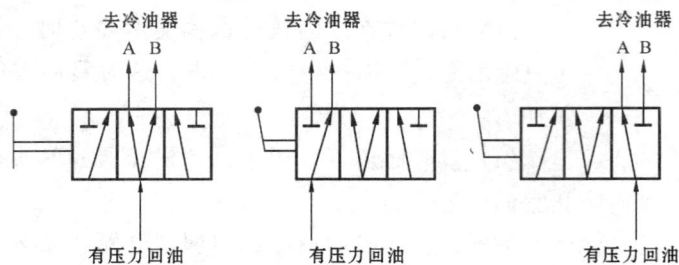

图 7-10 换向阀的工作原理

为了保证在各种条件下运行可靠，在三通控制阀前设置了另一通向油箱的回油路，正常情况下，这条回油管路由一个逆止阀关死（如图 7-1 所示）。当滤油器或冷油器堵塞造成回油压力过高时，油压作用力将顶开逆止阀，使回油经过旁路，绕过冷油器及滤油器回油箱。

六、EH 油再生装置

EH 油再生装置是一种用来储存吸附剂使抗燃油再生的装置（如图 7-11 所示）。油再生的目的是，使油保持中性，并去除油中的水分等。该装置实际上是一个精密滤油器组件，它主要由硅藻土滤油器与波纹纤维滤油器串联而成，通过带节流孔的管道与高压油集

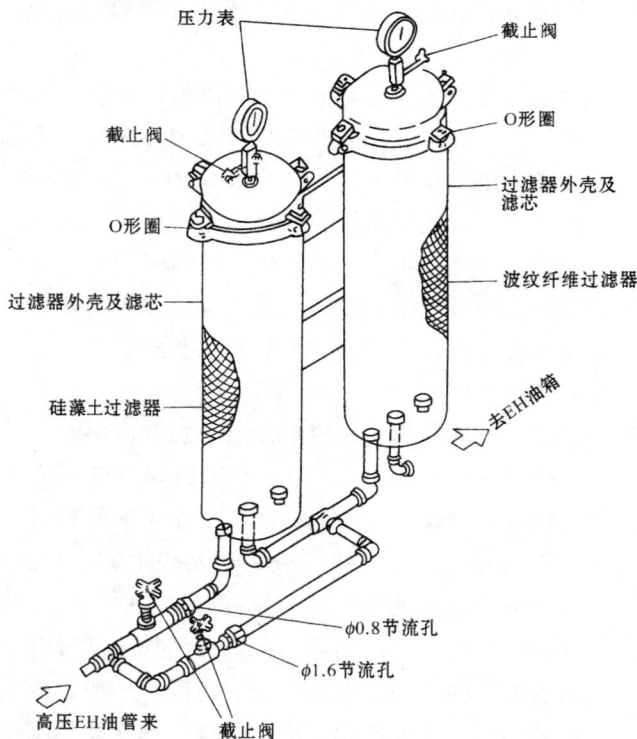

图 7-11 再生装置组件

管相通。对国产引进型 300MW 机组，此节流孔管路使每分钟大约有 3.78L 的油流过油再生装置，然后进入油箱。

操作硅藻土过滤器前的截止阀可以使高压油流进硅藻土过滤器，再流入波纹纤维过滤器，最后送回油箱。硅藻土过滤器主要用来除去油中含有的酸，而波纹纤维过滤器是用来防止泥沙等杂质进入油中。另外，打开波纹纤维过滤器前的进油截止阀可以让抗燃油只经过波纹纤维过滤器而将硅藻土过滤器旁路。

硅藻土滤油器与波纹纤维滤油器的滤芯均为可调换的。当滤油器的油温在 43 ~ 45℃之间，而压力达 0.2069MPa 时，滤芯需要更换，关闭通往再生装置管路上的阀门时，可以进行滤芯的调换。每个滤油器上装有一个压力表，当指示出不正常的压力值时，表明滤油器需要检修。

七、EH 油系统的改造

经过几年的运行实践，感到目前使用的变压供油系统（12.6 ~ 14.6MPa）有一定的缺陷，为此对一些国产引进型 300MW 机组原来的 EH 供油系统进行了改造，具体改造内容如下：

1. 油箱

油箱设计成能容纳 900L 液压油的容器（该油箱的容量设计能满足 1 台汽轮机和 2 台容量为 50% 的给水泵汽轮机的正常用油）。考虑抗燃油内少量水分对碳钢有腐蚀作用，设计中全部采用不锈钢材料。

油箱板上有液位开关（油位报警和遮断）、磁性滤油器、空气滤清器（兼作加油口）、控制块组件等液压气件。另外，油箱底部外侧安装有一个加热器，在油温低于 20℃ 时，加热器通电，加热 EH 油。

2. EH 油泵

为了保证系统工作的稳定性，将原来的叶片泵改为高压变量柱塞泵，取消了卸荷阀，将泵的出口压力设置在 11.0 ~ 15.0MPa。油泵启动后，以全流量约 85L/min 向系统供油，同时也给蓄能器充油，当油压到达系统的整定压力 14MPa 时，高压油推动恒压泵上的控制阀，控制阀操作泵的变量机构，使泵的输出流量减少。当泵的输出流量和系统用油流量相等时，泵的变量机构维持在某一位置，当系统需要增加或减少用油量时，泵会自动改变输出流量，维护系统油压在 14MPa。当系统瞬间用油量很大时，蓄能器将参与供油。

3. 再生装置

硅藻土过滤器和精密过滤器串联，安装在独立循环滤油的管路上，打开再生装置前的截止阀，即可使再生装置投入运行，关闭该截止阀，则停止使用再生装置。

4. 自循环滤油系统

在机组运行时，系统的滤油效率较低，因此，经过一段时间的机组运行以后，EH 油质就会变差，而要达到油质的要求，则必须停机重新进行油循环。为了不影响机组的正常运行，保证油系统的清洁度，使系统长期、可靠运行，在供油装置中增设了独立的自循环滤油系统。油泵从油箱内吸入 EH 油，经过两个过滤精确度为 1μm 的过滤器回油箱，油泵可以由 ER 端子箱上的控制按钮直接启动或停止，泵的流量为 20L/min、电功率为 1kW。

5．自循环冷却系统

供油系统除正常的系统回油冷却外，还增设了一个独立的自循环冷却系统，以确保在非正常工作（如环境温度过高）下工作时，油箱的油温能控制在正常的工作温度范围之内。冷却泵由温度开关控制，也可以由人工控制启动或停止。冷却泵的流量为 50L/min，电机功率为 2kW。

其他部件与原系统相同。改造后的 EH 液压控制系统如图 7-12 所示（见插页）。

第八章

电液伺服执行机构

在 DEH 调节系统中，数字部分的输出，经过数/模转换后，进入电液伺服执行机构，该机构由伺服放大器、电液伺服阀、油动机及其位移反馈（LVDT）组成，是 DEH 调节系统的末级放大与执行机构。

图 8-1 为 DEH 调节系统的液压系统图。图 8-1 的右下方为保护和遮断系统，用于机组保护；右上方为遮断试验系统，用于系统的试验；左上方为中压主汽阀（2 个）和调节汽阀（2 个）控制系统；左下方为高压主汽阀（2 个）和调节汽阀（6 个）控制系统。各油动机及其相应的汽阀称为 DEH 系统的执行机构，整个调节系统有 12 个执行机构，由于其调节对象和任务的不同，其结构形式和调节规律也不相同，但从整体看，它们具有以下相同的特点：

(1) 所有的控制系统都有一套独立的汽阀、油动机、电液伺服阀（开关型汽阀例外）、隔绝阀、逆止阀、快速卸载阀和滤油器等，各自独立执行任务。

(2) 所有的油动机都是单侧油动机，其开启依靠高压动力油，关闭靠油动机上的弹簧压缩力，这是一种安全型机构，例如在系统漏"油"时，油动机向关闭方向动作。

(3) 执行机构是一种组合阀门机构，在油动机的油缸上有一个控制块的接口，在该块上装有隔绝阀、快速卸载阀和逆止阀，并加上相应的附加组件构成一个整体，成为具有控制和快关功能的组合阀门机构。此外，由于油压很高，油动机及控制机构均做得很小。

第一节 高压主汽阀的执行机构

高压主汽阀（TV）是一种控制型的阀门机构，运行时可以根据需要将主汽阀控制在任意的中间位置上，其调节规律由阀门的升程特性决定。

如图 8-2 所示，高压主汽阀执行机构主要由油缸，位移差动变送器（LVDT）、快速卸荷阀、截止阀、滤油器、单向阀（逆止阀）及电液伺服阀、解调器和伺服放大器等组成。其中解调器和伺服放大器安装在 DEH 控制柜中，该执行机构安装在蒸汽阀的弹簧室旁，油动机（油缸）活塞杆经连杆与主汽阀相连。

一、工作原理

图 8-2 为高压主汽阀的执行机构控制原理图。高压抗燃油经截止阀（件 6）和 $10\mu m$ 滤油器（件 5）到电液伺服阀，由伺服阀控制油动机（油缸）。在每一个控制型的伺服执行机构前，即在 DEH 控制器中均有一块伺服回路控制卡（VCC 卡），本系统中共装有 10 块

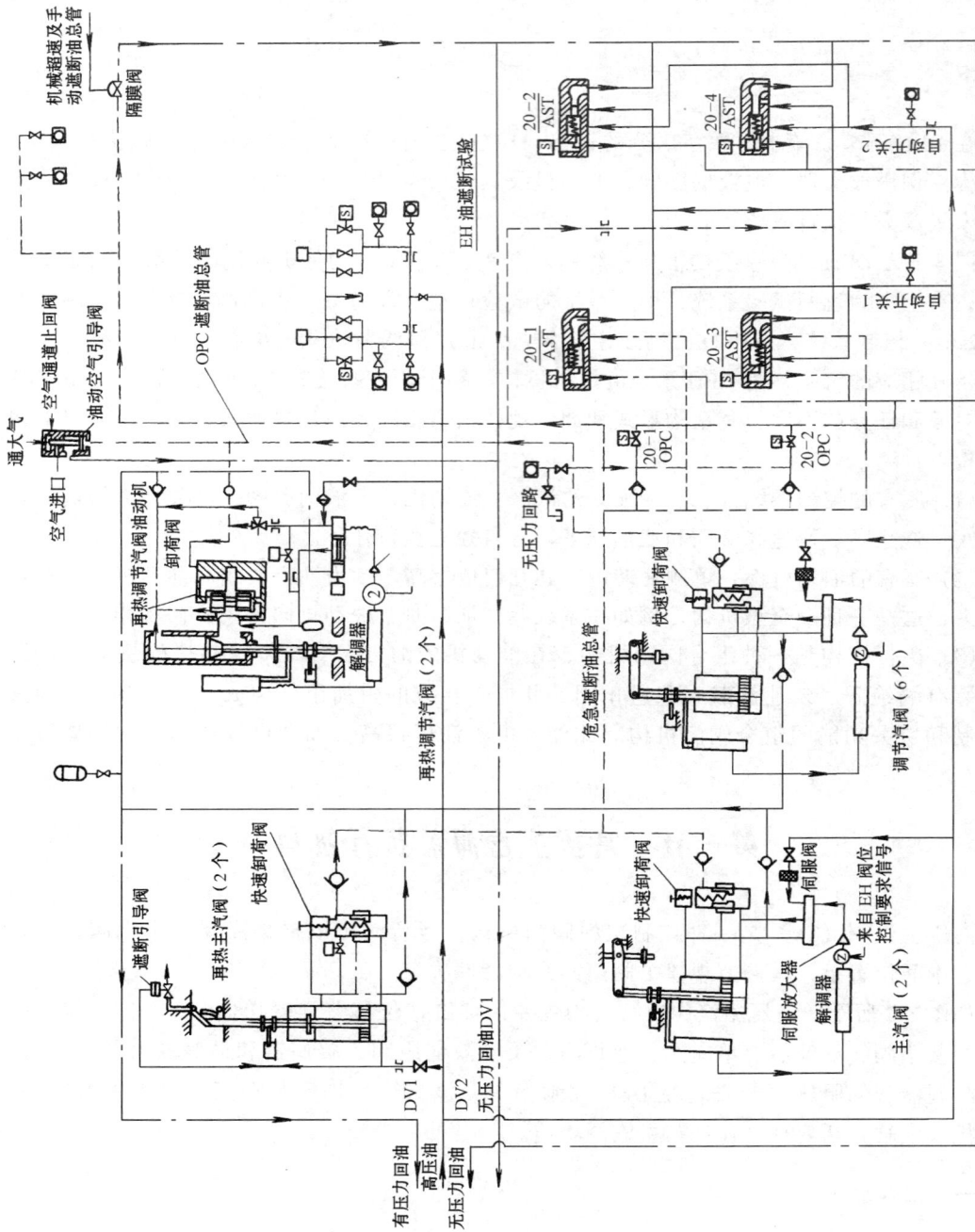

图 8-1 DEH 调节系统的液压系统图

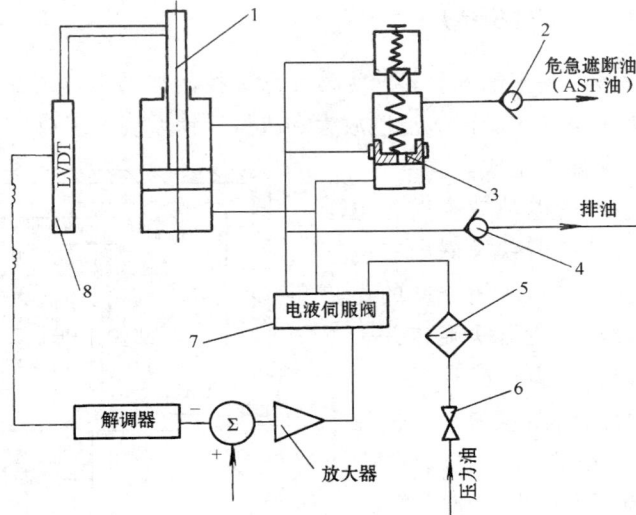

图 8-2 高压主汽阀执行机构工作原理图

1—油动机；2、4—逆止阀；3—快速卸荷阀；5—滤油器；
6—截止阀；7—电液伺服阀；8—线性位移差动变送器

VCC 卡，即 GV VCC 卡 6 块，TV VCC 卡 2 块，IV VCC 卡 2 块。在 DEH 控制器中经计算机运算处理后的阀位指令信号在综合比较器中和线性差动变送器（LVDT）来的并经解调器处理后的负反馈信号相比较即相减，其差值信号经放大器放大后控制电液伺服阀，在电液伺服阀中将电气信号转换成位移信号，使伺服阀的主滑阀移动，并将液压信号放大后控制油通道，当伺服阀使高压油进入油动机活塞下腔时，油动机活塞向上移动，经杠杆或连杆使主汽阀开启；或者当伺服阀使压力油自活塞下腔泄出时，借助弹簧力使活塞下移关主汽阀。只要阀位指令信号与活塞位移反馈信号（LVDT 的反馈）的差值不为零，伺服阀就控制油动机的活塞移动。只有差值为零时，经放大器使伺服阀的主滑阀回到中间位置，不再有高压油通向油动机下腔或使压力油从油动机下腔泄出，此时油动机活塞才停止移动，其活塞及阀门停留在 DEH 控制器所要求的位置上，从而控制了阀门的开度及汽轮机的进汽量。

当油动机活塞移动时，用于反馈的线性差动位移变送器（LVDT），将油动机活塞的机械位移转换成电信号。该信号经解调器与计算机输入的信号比较，伺服放大器的输入偏差为零时，电液伺服阀的活塞回到中间位置，从而切断油动机的进油通道，油动机停止运动，系统在新的工作位置上达到平衡。

在主汽阀油动机旁，装有一个快速卸载阀，用于汽轮机故障需要停机时，通过安全油系统使遮断油总管失压，快速泄去油动机下腔的高压油，依靠弹簧力的作用，使主汽阀迅速关闭，以实现对机组的保护。在快速卸载阀动作的同时，工作油还可排入油动机的上腔室，从而避免回油旁路的过载，这是一种巧妙的设计。

二、电液伺服阀（电液转换器）

电液伺服阀的任务，是把电气量转换为液压量去控制油动机。图8-3是该阀的工作原理图，它是由一个力矩电动机、两级液压放大和机械反馈系统等组成。力矩电动机是由一个两侧绕有线圈的永久磁铁组成。

当伺服放大器输出的电流改变时，电液伺服阀内力矩电动机的衔铁线圈中有电流通过，产生一磁场，在其两侧磁铁的作用下，产生一旋转力矩，使衔铁旋转并带动与之相连的挡板转动。当挡板移近某一只喷嘴时，该喷嘴的泄油面积减小，使流量减小，喷嘴前的油压升高；与此同时，另一只喷嘴与挡板的距离增大，流量增加，喷嘴前的油压降低。由于挡板两侧喷嘴前的油压与下部滑阀的端部油室是相通的，当两只喷嘴前的油压不相等时，则滑阀两端的油压也不相等，差压导致滑阀移动，使滑阀凸肩所控制的油口开大或关小，并

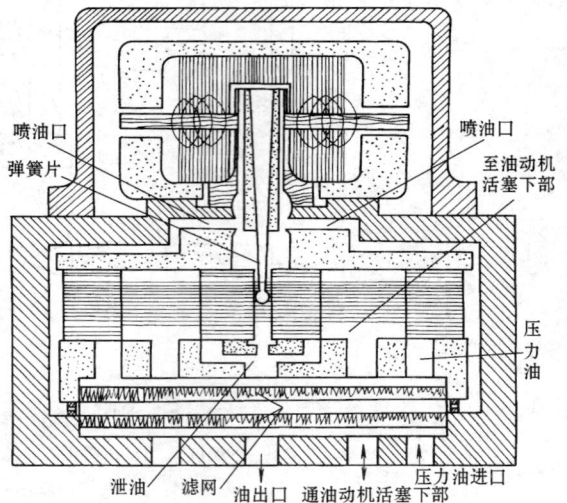

图8-3 电液伺服阀的工作原理图

控制通往油动机活塞下腔的高压油，使油动机活塞上升时为开大汽阀，下降时为关小汽阀。

在DEH控制器发出的阀位指令电信号使油动机移动的同时，装在油动机活塞杆上的线性位移传感器（LVDT）将阀位反馈信号送回到比较器中，抵消DEH控制器输入的指令信号，使可动衔铁回到原来位置，伺服阀的主滑阀回到中间位置，切断了油动机的进油或泄油，使油动机稳定在新的位置。

在滑阀两端压差作用下，若无反馈系统，容易将滑阀从中间位置推到一端极限位置。如上所述，当使油动机活塞进油，开大进汽阀门时，若无反馈系统，则滑阀就被推到右极限位置，在此位置下，压力油流进油动机过多，油动机活塞上升过多，阀门开大过多，汽轮机进汽量过大。与此同时，线性位移变送器输出的负反馈信号过大，不但抵消了DEH控制器送来的阀位调节信号，而且还使综合器输出的差值信号与原来方向相反，使衔铁反方向转动（即逆时针转动）。其结果使滑阀右移，如无反馈限制，则滑阀又被推到左极限位置，使油动机下移，阀门关小，汽轮机进汽量小，从而造成机组摆动。为避免调节过程中产生摆动现象，在滑阀上装有反馈杆（即弹簧片），该杆的下部伸入到滑阀中部凹槽中。当滑阀移动时，使反馈杆产生一反力矩，这样当电流线圈对可动衔铁产生的电磁力矩同弹簧管及反馈杆的反力矩平衡时，滑阀便稳定在某一位置，从而阻止了两侧喷嘴的喷油量差值进一步变大，也就控制了滑阀两端面的压差，使系统处于稳定。由于反馈杆是在动作过程中起作用，故称动反馈，反馈杆又称反馈弹簧片。

当阀门开启到需要的稳定位置时，电液伺服滑阀回到中间位置。该位置并不是凸肩把

压力油全部封死，而是有少量的压力油供给油动机活塞下腔，用以补偿油动机及伺服阀的漏油，有效地减少了油动机及进汽阀的晃动。

当电液伺服阀在突然发生断电和失去电信号时，在运行中可借机构力量最后使滑阀偏移左侧，使进汽阀关闭停机。

三、线性位移差动变送器（LVDT）

LVDT 的作用是把油动机活塞的位移（同时也代表调节汽阀的开度）转换成电压信号，反馈到伺服放大器前，与计算机送来的信号相比较，其差值经伺服放大器功率放大并转换成电流值后，驱动电液伺服阀、油动机直至主汽阀。当主汽阀的开度满足了计算机输入信号的要求时，伺服放大器的输入偏差为零，于是主汽阀处于新的稳定位置。

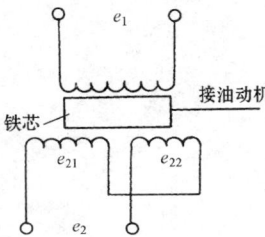

图 8-4　LVDT 工作
原理简图

LVDT 由一芯杆与外壳所组成，如图 8-4 所示，在外壳中有 3 个绕组，一个是一次侧绕组，供给交流电源；在中心点的两侧各绕有一个二次侧绕组，这两个绕组反向连接，因此，二次侧绕组的净输出，是该两绕组所感应的电动势之差值。当绕组内的铁芯处于中间位置时，两个二次侧绕组所感应的电动势相等，变送器输出的信号为零。当铁芯与绕组有相对位移，例如铁芯向上移动时，则上半部绕组所感应的电动势较下半部绕组所感应的电动势大，其输出的电压代表上半部的极性。二次侧绕组感应的电动势经整形滤波后，转变为铁芯与绕组间相对位移的电信号输出。在实际装置中，外壳是固定不动的，铁芯通过杠杆与油动机活塞连杆相连，这样，输出的信号便可模拟油动机的位移，于是，也就代表了主汽阀的当前开度。

在进行 LVDT 设计时，应使其输出信号具有"凸轮特性"，也就是当油动机活塞移动到某一定的位置后，再将调节信号增大时，油动机的位移和主汽阀的开度增加较小，使汽轮机进汽量增加也较小，正如凸轮旋转到靠近圆弧段一样，只需在差动变送器端单位长度中增加绕组数就可以实现。增加反馈信号意味着局部转速不等率的加大，信号变化时进汽量增加很小，但是，这样设计成的线性差动变送器所产生的位移信号就不再是线性的，不再正比于油动机的位移。因此，当油动机进入凸轮效应的影响范围后，其反馈信号增加相对减小，使得计算机来的调节信号与反馈信号比较时不再为零，也即伺服放大器一直有一信号输入，使油动机继续位移，该动态过程一直到极限位置为止。凸轮位置的开始影响点是可调的，也即油动机的极限位置是可调的。

四、快速卸荷阀

快速卸荷阀装在油动机液压块上，它主要作用是当机组发生故障必须紧急停机时，相应的使危急跳闸等装置动作，使危急遮断油路（AST 油路）的油压泄掉，油动机活塞下的压力油经快速卸荷阀释放，这时不论伺服放大器输出信号大小，油动机可在弹簧作用下迅速关闭，相应的进汽阀也快速关闭。

快速卸荷阀是一种由导阀控制的溢流阀，图 8-5 为快速卸荷阀的工作原理图，它的上部装有一杯状滑阀，滑阀下部的腔室与油动机活塞下部的高压油路相通，并受到高压油的作用，在滑阀底部的中间有一个小孔，使少量的压力油通到滑阀上部的油室，该室有两条油路，一路经过逆止阀与危急遮断油路相通，正常运行时，由于遮断油总管上的油压等于高压油的油压，它顶着逆止阀并使之关闭，滑阀上的压力油不能由此油路泄去；另一油路是经针形阀控制的缩孔，控制通到油动机活塞上腔的油通道，调节针形阀的开度，可以调整滑阀上的油压，以供调试整定之用。

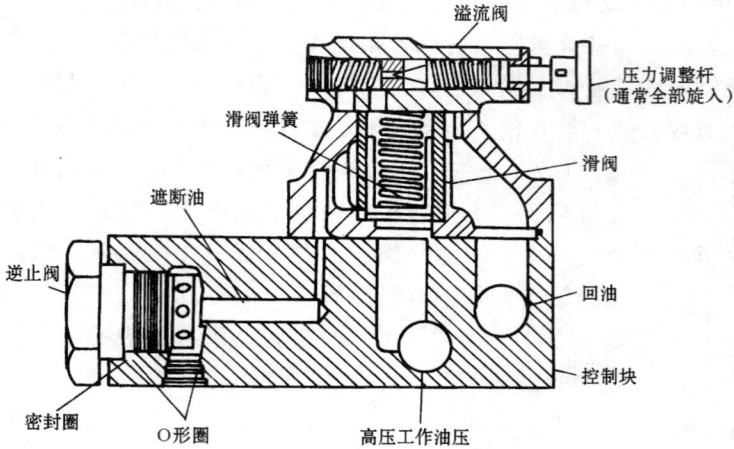

图 8-5　快速卸荷阀的工作原理图

正常运行时，滑阀上部的油压作用力加上弹簧的作用力，大于滑阀下部高压油的作用力，使杯形滑阀压在底座上，连接回油油路的油口被关闭。当汽轮机故障、电磁阀动作，遮断油总管失压时，作用在杯形滑阀上的压力油顶开逆止阀并泄油，使该滑阀上部的油压急剧下降，下部的高压油推动滑阀上移，滑阀套筒上的泄油孔被打开，从而使油动机内的高压油失压，并在弹簧力的作用下迅速下降，关闭主汽阀，实行紧急停机。

快速卸载阀也可用作主汽阀的手动关闭阀。在手动关闭任何一个汽阀时，首先要关断隔绝阀，以防止快速卸载阀放走大量的高压油，然后将压力整定调整杆反向慢慢旋出，从而改变针形阀控制的泄油口，缓慢地改变快速卸载阀中杯形滑阀上部的油压，使杯形滑阀上升，开启快速卸载油口，改变油动机活塞下腔室的动力油压，使汽阀慢慢关闭，此后，如要重新打开汽阀，应首先将压力调整杆调到最高油压位置，然后慢慢打开隔绝阀。

五、隔绝阀

隔绝阀也称隔离阀，用于切断通往油动机的高压油。工作时该阀全开，运行中关断该阀，可以对油动机、电液伺服阀、快速卸载阀和位移差动变送器进行不停机检修，以及清理或更换过滤器等，该阀安装在液压块上。

六、过滤器

为了保证电液伺服阀的清洁，保证阀内节流孔喷嘴和滑阀能正常工作，所有进入电液伺服阀的高压油，均需经过 $10\mu m$ 的过滤器过滤。滤网要每年更换一次，被更换下来的滤网，当有合适的滤网清洗设备时，在彻底清洗干净后还可以再使用。

此外，电液伺服阀内还有一道滤网，以确保油的清洁。

七、逆止阀

油动机的控制油路中设有 2 个逆止阀，1 个是通往危急遮断油路总管去的逆止阀，其作用是当检修运行中某一台油动机时，其对应的隔绝阀已经关闭，使油动机活塞下的油压消失，由于其他油动机还在工作，该逆止阀的作用，就是阻止危急遮断油总管上的油倒流入油动机；另一个逆止阀是安装在回油管路上，以防止在油动机检修期间，由压力回油总管来的油倒流到被检修的油动机中去。两阀共同保证了油动机的不停机检修。

第二节　中压主汽阀的执行机构

中压主汽阀（RV）也称再热蒸汽主汽阀，它只在全开和全关两个位置，属于开关型汽阀。

中压主汽阀执行机构的主要组成部件是：油缸、控制块、电磁阀、快速卸荷阀、隔绝阀、逆止阀（2 个）等，其组成与上述高压主汽阀类似，但由于它是一种开关型执行机构，没有控制功能，因此，具有不同的特点：

（1）由于没有控制功能，所以不必装设电液伺服阀及其相应的伺服放大器。

（2）增设 1 个二位二通电磁阀，用以开关中压主汽阀，以定期进行阀杆的活动试验，保证该汽阀处于良好的工作状态。当电磁阀动作时，能迅速地泄去中压主汽阀的危急遮断油，使快速卸载阀动作，紧急关闭主汽阀。

该机构在中压缸主汽阀的弹簧室上，其油动机活塞杆与该主汽阀的阀杆直接相连，因此，当油动机向上运动时为开启中压主汽阀，油动机向下运动时为关闭中压主汽阀。油动机是单侧油动机，高压抗燃油提供开启主汽阀的动力，快速卸载阀泄油可使油动机下腔室的动力油失压，依靠弹簧力的作用，快速关闭中压主汽阀。

前面已分析过，由于再热机组具有庞大的中间容积，机组甩负荷时即使高压主汽阀和调节汽阀能同时立即关闭，该容积也能使机组严重超速，因此，甩负荷后除立即关闭中压调节汽阀外，也应立即关闭中压主汽阀，让蒸汽通过旁路排入凝汽器，对机组实现双重保护，具有十分重要的作用。

图 8-6 是中压主汽阀的工作原理图，高压动力油自隔绝阀引入，经过一个固定节流孔板后直接进入油动机的下腔室，该节流孔板是用来限制油动机进油的，其作用一是开门时使汽

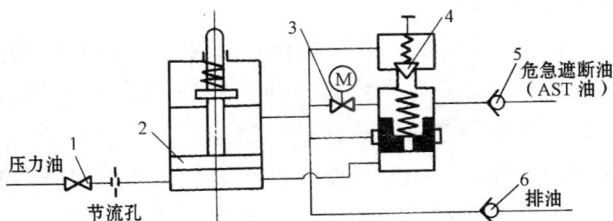

图 8-6　中压主汽阀执行机构工作原理
1—截止阀；2—油动机；3—两位两通电磁阀；
4—快速卸荷阀；5、6—逆止阀

阀缓慢开启，避免冲击；二是在危急遮断系统动作，大量卸去油动机下腔室的高压油并关闭主汽阀时，避免大量的高压油又自隔绝阀涌入，会使中压主汽阀的关闭速度减慢，仍有超速的危险。

快速卸载阀的结构和工作原理与图 8-5 相同，该阀是由危急遮断总管油压控制的，当该总管油压被迫遮断时，通过快速卸载阀，迅速关闭中压主汽阀。该汽阀关闭的动力来自中压油动机重弹簧的约束力。此外，快速卸载阀的回油管与油动机的上腔室相连，因而瞬间排油也不会引起回油管的过载。

二位二通电磁阀用于遥控，它的开启可把遮断油泄去，使快速卸载阀杯形滑阀上部的油压失压，并将与油动机连通的油路卸油，从而使油动机迅速关闭。同样，进行试验时把旁路阀打开，也可使油动机关小或关闭。此外，手动压力调整螺杆，还可以打开或关闭油动机。

由于中压主汽阀只处于全开或全关位置，因此不设置 LVDT 位移差动变送器，而且该阀在安装后一般不作特殊的调整工作。同样，对于每一个中压主汽阀的组合机构，只要关断隔绝阀的进油，并有逆止阀阻止回油的倒流，都可以进行不停机检修，保证机组仍可继续运行。

第三节　高压调节汽阀的执行机构

高压调节汽阀（GV）执行机构主要由油缸、电液伺服阀、快速卸荷阀、线性差动变送器（LVDT）、截止阀、单向阀、滤油器、控制块及伺服放大器和解调器等组成。其中控制块使各元件集中安装并连接在一起，由于减少了各部件单独布置时的大量连接管件，从而提高了运行的可靠性。解调器和伺服放大器安装在 DEH 控制块内。

图 8-7 为高压调节汽阀的组合结构，图中的控制块 1 是用来安装并连接所有部件的，它也是将所有电气触点和各液压接口的连接件。调节汽阀位置控制的信号、伺服放大器、LVDT 及其解调器，也是组合机构的工作部件，它们安装在调节器的组合控制柜内。

油动机为单侧油动机结构，布置在每个蒸汽室的侧面，其活塞杆通过一对连杆与调节汽阀连杆相连，杠杆的支点布置成油动机向上运动是调节汽阀的开启方向。

图 8-8 为高压调节汽阀执行机构的原理图，其工作原理与高压主汽阀的执行机构的工作原理基本类似，只是区别在快速卸荷阀的控制油口。其中各部件的工作原理是相同的，故不再重复叙述。

如图 8-2 所示。主汽阀执行机构快速卸荷阀的控制油是危急遮断油（AST 油），即逆止阀所通的油路是危急遮断油（AST）总管。而图 8-8 所示的高压调节汽阀执行机构快速卸荷阀的控制油是超速保护控制油（OPC 油）。即逆止阀所通的油路是 OPC 总管。当超速保护控制油路（OPC 油路）泄压时杯状滑阀的压力油通过逆止阀泄油，使杯状滑阀上油压剧烈下降，在高压抗燃油油压作用下杯状滑阀上移，油动机活塞下的高压油经杯形滑阀及阀座之间的泄油口向泄油管路泄油，油动机在弹簧作用下迅速关闭，高压调节汽阀关闭。同样手动旋开快速卸荷阀的压力调节器可使高压调节汽阀关闭。在正常运行时，压力调节器旋到底，以防止杯状滑阀上油压经压力调节器所控制的针形阀与缩孔之间泄出。

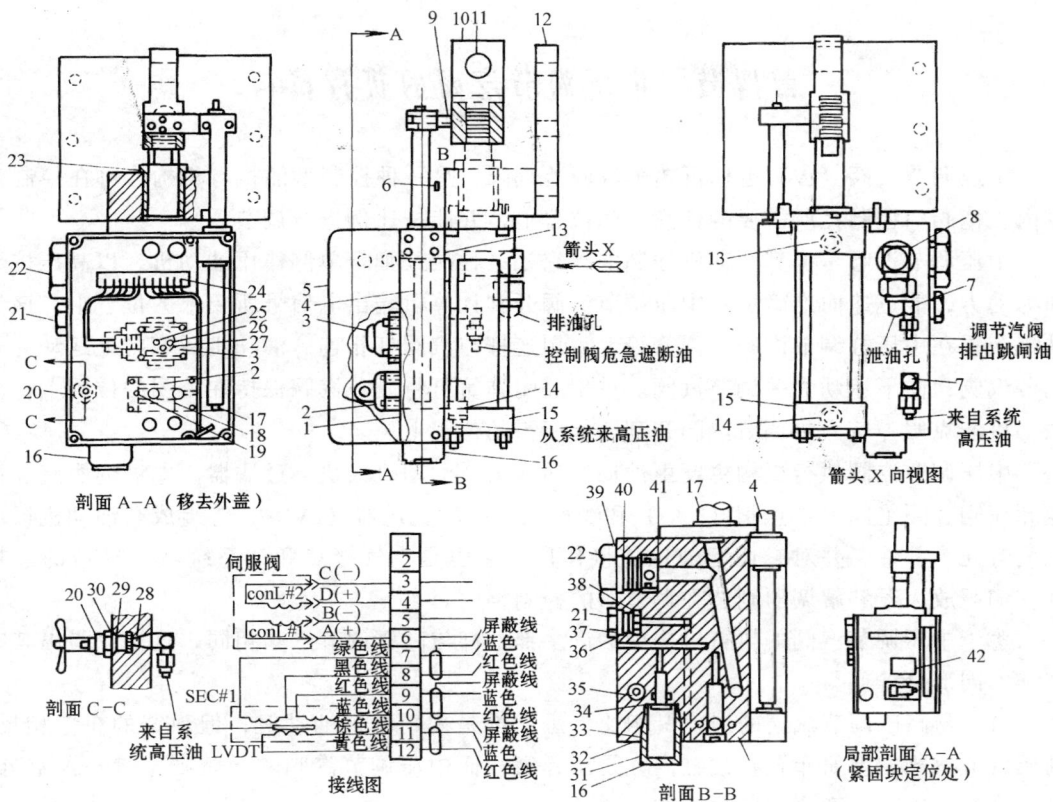

图 8-7　高压调节汽阀的组合机构

1—控制块；2—溢流阀；3—电液伺服阀；4—线性位移差动变送器（LVDT）；5—端盖；6—注油节头；7、8—管接头；9—杠杆；10—端杆；11—端杆套筒；12—油动机支座；15—油缸；16—过滤器盖；20—截止阀；21、22—逆止阀；23—套筒；24—端子排；30、32、37、39—特氟纶密封圈；31—过滤器；34—过滤器引导；13～14、17～19、25～29、33、35、36、38、40、41—O形圈；42—冲洗块

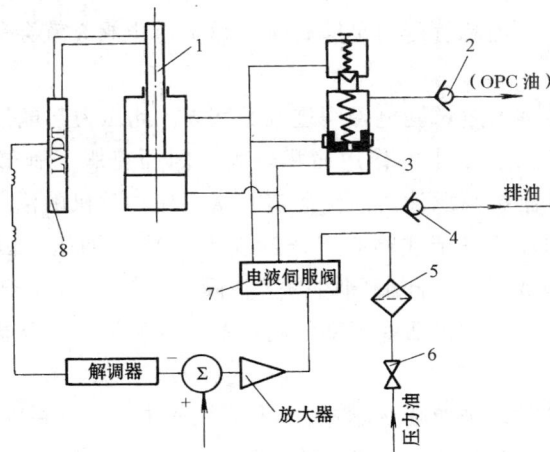

图 8-8　高压调节汽阀执行机构的工作原理图

1—油动机；2、4—逆止阀；3—快速卸荷阀；5—滤网；6—截止阀；7—电液伺服阀；8—线性位移差动变送器

113

第四节　中压调节汽阀的执行机构

中压调节汽阀（IV）也称再热蒸汽调节汽阀，是一种控制型的执行机构，可在控制范围内，把阀门控制在所需要的任意中间位置上，并能按比例进行调节。

中压调节汽阀是由其油动机控制的，它是一种拉式弹簧单侧作用油动机，以高压抗燃油为动力，能迅速而准确地将中压调节汽阀开到计算机输出电信号所要求的位置上。该油动机布置在中压缸调节汽阀的弹簧箱上，用连杆与汽阀杆相连，油动机活塞向上运动为开调节汽阀；向下运动为关调节汽阀。重型关闭弹簧可将调节汽阀保持在关闭的位置上，而油动机能克服弹簧力将调节汽阀开到任何所需的位置上。

中压调节汽阀执行机构主要由油动机活塞缸、油动机板块、过滤器、电液伺服阀、快速卸荷阀、隔绝阀、逆止阀（3个）和线性位移差动变送器（LVDT）等组成。油动机板块上装有几个部件，并对它们起液压连接作用，它也是电气接点和油系统液压接口的连接件。伺服放大器和解调器则装在调节器的控制柜内。

鉴于中压调节汽阀的执行机构中的许多部件都与高压调节汽阀相同，这里只指出其特点和不同部分。

（1）与高压调节汽阀的油动机相比，虽然都是采用单侧油动机，但弹簧的布置相反，高压调节汽阀的弹簧布置在油缸内，是压弹簧；而中压调节汽阀的弹簧则布置在油缸外，是拉弹簧，因而，两者在结构上有一些差别。

（2）快速卸荷阀的结构有所不同。图8-9为中压调节汽阀快速卸荷阀的结构简图，它布置在油动机的液压板块上，可将油动机的动作油迅速泄去，使中压调节汽阀迅速关闭。其弹簧16可使快速卸载阀保持在打开位置，作用在阀门定位器7上的腔室Y中的油压使快速卸载阀关闭。快速卸载阀伸入到油动机板块中，并且贴合在板块的阀座上，腔室Y的油是经供油总管来的，当总管压力足够高时，弹子逆止阀8就会落在阀座上，将排油口关闭。

正常运行时，高压油通过试验电磁阀进入腔室Y，此压力与电液伺服阀供给油缸的高压油压力相等，但由于腔室Y中的作用面积较大，因而克服了弹簧的约束力，将快速关闭快速卸荷阀，切断油缸中高压油的回油通道，从而使油动机的活塞下部能建立油压。

危急遮断油总管的油压等于或略高于送到腔室Y内的油压，因此，当此总管的油压降低时，总管的逆止阀被打开，卸荷阀内的逆止阀8也被打开，于是腔室Y内的油压下降，快速卸荷阀打开，将油动机活塞下部的高压油排入回油管，从而迅速关闭中压缸调节汽阀。

当试验电磁阀通电时，例如在试验中压调节汽阀时，它将到腔室Y去的高压油的回油通道打开，从而使逆止阀8打开，快速卸载荷随之打开，中压调节汽阀关闭。应该注意的是对电磁阀作通电试验时，DEH应输出一个偏差信号，将电液伺服阀关闭，由于电磁阀试验的油是由高压供油管路节流而来的，所以，在电磁阀做试验时，油压的降低只是局

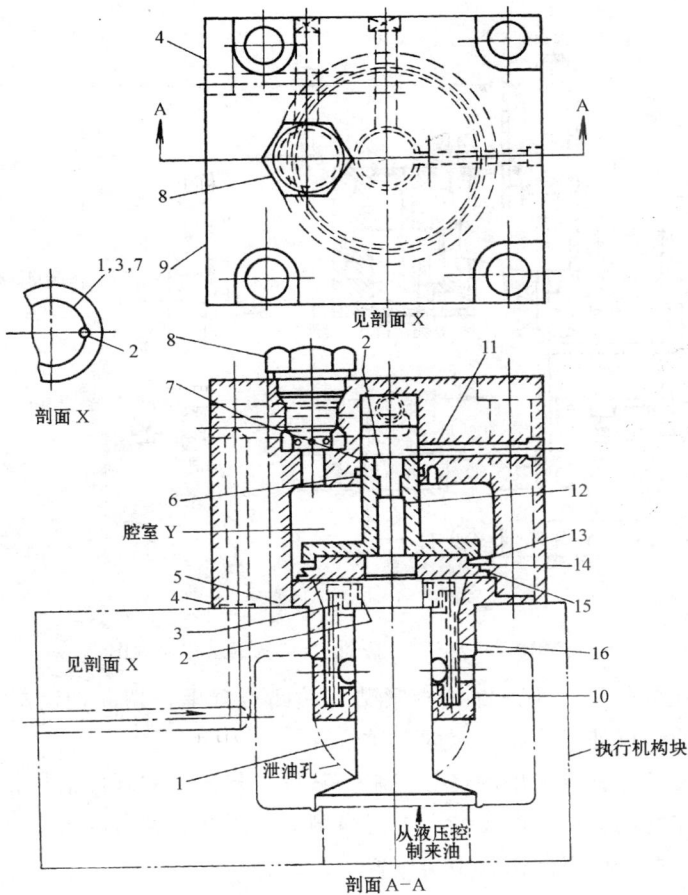

图 8-9　中压调节汽阀快速卸荷阀的结构简图

1—快速卸荷阀;2—销;3—弹簧座;6、13—支持圈;7—阀定位器;8—逆止阀;

9—阀体;10—套筒;4,5,11,12,14—O 形圈;15—阀;16—弹簧

部的，不会影响其他调节汽阀的正常运行。

当危急遮断油总管的油压重新建立和试验电磁阀停止试验时，快速卸载荷迅速关闭，使油动机活塞的下部腔室能建立起油压，继续行使调节任务。

（3）试验电磁阀，该电磁阀也是装在油动机板块上的，用于遥控关闭中压调节阀，机组正常运行时电磁阀是断电的，高压油能直接通到快速卸荷阀的上部腔室，使油动机能建立压力油。当电磁阀通电时，电磁阀打开回油通道，切断高压油的供给。此外，在中压调节阀进行阀杆活动试验时，通过电子控制器使试验电磁阀通电便可进行。

图 8-10 为中压调节汽阀执行机构的工作原理图，高压抗燃油通过隔绝阀和过滤器进入电液伺服阀，输出油压控制油动机和调节汽阀，油动机向上运动时，中压调节汽阀开启；向下运动时关闭。

图中，来自隔绝阀、滤油器的高压油，经过未通电的电磁阀进入快速卸荷阀上部的腔

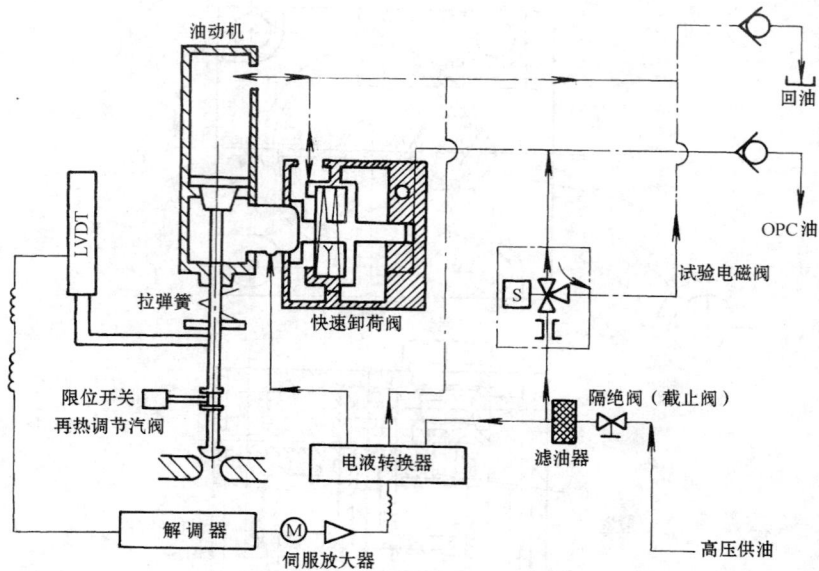

图 8-10　中压调节汽阀执行机构的工作原理图

室 Y 中，由于油压的作用，快速卸荷阀紧贴在关闭位置上，切断油动机活塞下腔室的回油通道，于是，油动机处于油压作用的工作位置。

电液伺服阀接受计算机输出的信号控制，其位置与输入的阀位信号相对应。电液伺服阀滑阀的移动，控制油动机进油量的大小，当调节汽阀开启到所需的位置时，伺服放大器的输入偏差为零，电液伺服阀回到中间位置。

线性位移差动变送器 LVDT 的输出，代表了中压调节汽阀实际位移的反馈信号，该信号送到控制柜与计算机输出的信号比较，经伺服放大器后作为输入电液伺服阀的控制信号，输出油压控制油动机，使调节汽阀处于与计算机输出信号相对应的新的平衡位置。

一般而言，处于平衡位置的油动机应属于断流状态，但设计时考虑有少量油流到油动机的上油室，用以弥补油动机活塞和快速卸荷阀的漏油，这样，只要外界负荷不变，汽阀的开度就不会改变。此外，油动机上下腔室的油，通过回油和高压油系统分别与主油泵的进油和出油相连接，能有效地抑制高压油压力波动引起油动机的任何波动，从而保证油动机运行的稳定性。

第九章

危 急 遮 断 系 统

危急遮断系统分为两种情况。一是在机组运行中，为防止部分设备失常造成机组严重损坏，装有自动停机危急遮断系统（AST），当发生异常情况时，关闭所有进汽阀，立即停机；二是超速保护控制系统（OPC），使高压调节汽阀及再热调节汽阀（中压调节汽阀）暂时关闭，减少汽轮机进汽量及功率，但不能使汽轮机停机。因此机组相应的设有自动停机危急遮断油路（AST油路）和超速保护控制油路（OPC油路）。

OPC油路仅控制高压调节汽阀和再热调节汽阀，当OPC电磁阀动作超速保护控制油路（OPC油路）跌落时，单向阀被AST油路油压顶住，防止了AST油路的油泄油，维持了AST油路的油压，使高压主汽阀和再热主汽阀全开。反之当危急遮断油路（AST）油压下跌，高压主汽阀和再热主汽阀关闭。同时两个单向阀被顶开，OPC油路通过两个单向阀，油压也下跌，高、中压调节汽阀关闭，所有的进汽阀与抽气阀关闭，实现了紧急停机。超速保护控制系统是DEH控制器的OPC控制部分，通过OPC电磁阀来控制OPC油路，从而使高压调节汽阀和再热调节汽阀得以控制。

危急跳闸控制装置（ETS）的跳闸信号，可使AST电磁阀动作，从而使AST油路泄压，关闭各进汽阀。

在此系统中，还有机械超速和手动停机部分，当其动作时，机械超速和手动遮断总油管的脱扣油泄压，并可通过隔膜阀使自动停机危急遮断（AST）油路泄油，从而使所有进汽阀关闭，机组停机。

综上所述，自动停机危急遮断系统可分成两个层次。第一是危急跳闸控制装置（ETS）的跳闸电信号可使AST电磁阀动作，使AST油路泄油，所有进汽阀关闭，机组停机；第二是机械超速及手动停机部分，当其动作时，可通过隔膜阀，使AST油路泄油，所有进汽阀关闭，机组停机，起到危急保护作用。

图9-1为国产引进型300MW汽轮机危急遮断系统原理图。

汽轮机在带负荷正常运行时，高压主汽阀、中压主汽阀分别在控制油压 p_{CH}、p_{CI} 作用下处于全开位置；高压调节汽阀、中压调节汽阀分别在调节油压 p_{XH}、p_{XI} 作用下处于某一中间位置。

危急事故油压 p_{EI}、危急遮断油压 p_{E2}、危急继动油压 p_{E3} 可统称为危急保安油压或保安油压。

危急遮断保护系统对汽轮机安全运行主要参数（转速、振动、轴向位移等）进行连续监视，当被监视的参数超过规定界限时发出紧急停机信号，使危急遮断装置动作，导致保安油压、主汽阀控制油压与调节汽阀调节油压相继跌落，迫使所有主汽阀、调节汽阀快速关闭，引起紧急停机。例如，当机组超速到110% n_0 时，机械超速遮断装置动作，泄放危急事故油，使危急事故油压 p_{E1} 快速下跌，通过隔膜阀泄放危急遮断油，使危急遮断油压 p_{E2} 快速下跌，随后，一方面通过快速卸载阀 A1、A2 泄放控制油，使控制油压 p_{CH}、p_{CI} 快速下跌，通过高、中压油动机去快速关闭高、中压主汽阀；另一方面，通过逆止阀 B1 泄放危急继动油，使 p_{E3} 快速下跌，再通过快速卸荷阀 B1、B2 泄放调节油，使 p_{XH} 与 p_{XI} 快速下跌，通过高、中压油动机去快速关闭高、中压调节汽阀。此外，当 p_{E3} 快速下跌时引起压缩空气引导阀动作，泄放抽汽逆止阀上的压缩空气，使抽汽逆止阀快速关闭。

当机组超速到 $103\% n_0$ 或全甩负荷时产生的电超速保护信号将引起电超速保护电磁阀动作，泄放危急继动油，引起 p_{E3} 下跌，继而引起高、中压调节汽阀关闭，延时一段时间后，电超速保护电磁阀复位，危急继动油压重新建立，高、中压调节汽阀逐渐开至所需要的位置。值得注意的是，由于逆止阀 B1 只具有单向导通作用，所以危急继动油压下跌时不会引起危急遮断油压 p_{E2} 下跌，因此也就不会引起高、中压主汽阀关闭。

在机组全甩负荷时，电超速保护电磁阀动作后引起高、中压调节汽阀暂时关闭，汽轮机进汽量迅速降至零，各抽汽口的压力快速下跌，但由于抽汽管容积的存在造成回热加热器中的压力下跌是滞后的，因此，造成短时间内回热加热器中的压力高于抽汽口压力，导致回热加热器内的容积蒸汽倒流入汽轮机，引起额外超速。为了避免这种情况的发生，当电超速保护电磁阀动作继而引起危急继动油压 p_{E3} 下跌时，压缩空气引导阀相继动作，泄放抽汽逆止阀上的压缩空气，使抽汽逆止阀在其弹簧力作用下快速关闭。

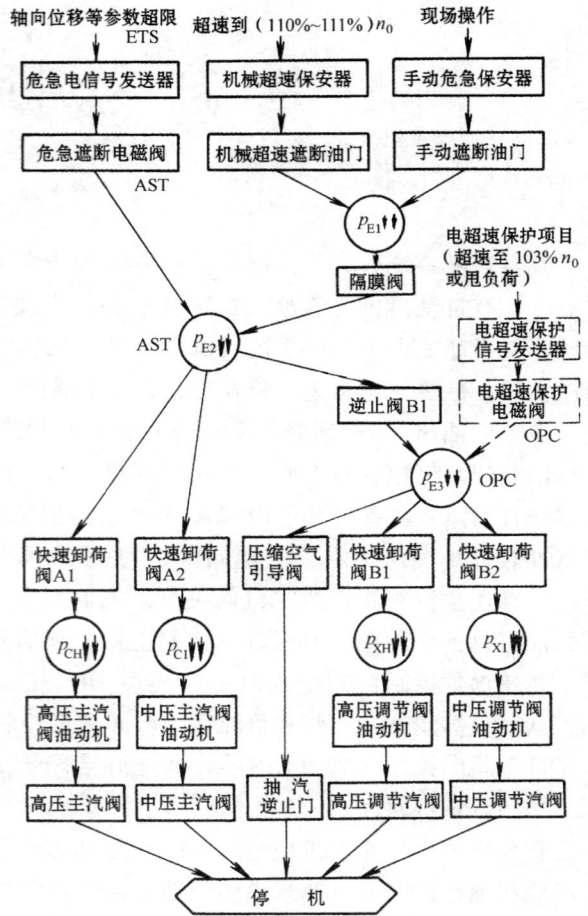

图 9-1　国产引进型 300MW 汽轮机危急遮断保护系统原理

p_{E1}—危急事故油压；p_{E2}—危急遮断油压；p_{E3}—危急继动油压；p_{CH}—高压主汽阀控制油压；p_{CI}—中压主汽阀控制油压；p_{XH}—高压调节汽阀调节油压；p_{XI}—中压调节汽阀调节油压

第一节　电磁阀及控制块

一、危急遮断控制块

危急遮断控制块布置在汽轮机前轴承箱的右侧，其主要由控制块壳体 1、两个 OPC 电磁阀 19、四个 AST 电磁阀 17 和两个逆止阀 5 组成，如图 9-2 所示，它们均组装在控制块上，为 OPC 和 AST 总管以及其他部件提供接口，这种组合结构因大大简化了外部连接管道而提高了整体的可靠性，同时也具有结构紧凑的特点。

二、超速保护电磁阀（OPC 电磁阀）

两个 OPC 电磁阀由 DEH 调节器的 OPC 系统控制，图 9-3 为电磁阀及控制块系统原理图。机组正常运行时，该阀是关闭的，切断了 OPC 总管的泄油通道，使高、中压调节汽阀油动机活塞的下腔室能建立油压，起到正常调节作用。当 OPC 系统动作，例如转速达到 $103\% n_0$ 时，该电磁阀被激励通道信号所打开，使 OPC 总管泄去安全油，快速卸荷阀随之打开并泄去油动机的动力油，使高压缸和中压缸的调节汽阀关闭。

两只 OPC 电磁阀并联布置，这样即使一路拒动，另一路仍可动作，即可使超速保护控制油路（OPC）泄放，使高压调节汽阀和中压调节汽阀关闭。这样便提高了超速保护控制的可靠性。另外，还可以进行在线试验，即当对 1 个回路进行在线试验时，另一路仍具有连续的保护功能，避免了保护系统失控。

当 OPC 电磁阀动作，使 OPC 油管中油泄放后，高压调节汽阀和中压调节汽阀则关闭，但如果当调节汽阀暂时关闭后，转速降回 $103\% n_0$ 以下时，则 DEH 控制器的 OPC 控制又使 OPC 电磁关闭，OPC 油管中的油压重新建立。这样高压调节汽阀和再热调节汽阀就可重新开启。

三、自动停机危急遮断电磁阀（AST 电磁阀）

在图 9-3 所示系统中有 4 个 AST 电磁阀，它们是受危急跳闸装置（ETS）电气信号所控制。AST 电磁阀在正常运行时是被励磁关闭，从而封闭了自动停机危急遮断总管中抗燃油的泄油通道，使所有蒸汽阀执行机构活塞下的油压建立起来，当电磁阀打开，则 AST 总管泄油，导致所有蒸汽阀关闭停机。4 个 AST 电磁阀组成并联布置，这样就具有多重的保护性，每个通道中至少必须有一只电阀打开，才可导致停机。

危急跳闸装置（ETS）监视机组的某些重要运行参数，当这些参数超过安全运行极限时，将通过此装置给出接点控制信号去控制 AST 电磁阀，使汽轮机的主汽阀和调节汽阀迅速关闭，以保证机组的安全。

危急跳闸装置所监视的参数有：汽轮机超速，推力轴承磨损，润滑油压低，EH 油压低，凝汽器真空低，另外还为用户提供一个可接受所有外跳闸信号的远控跳闸接口。

1. 电磁阀的工作原理

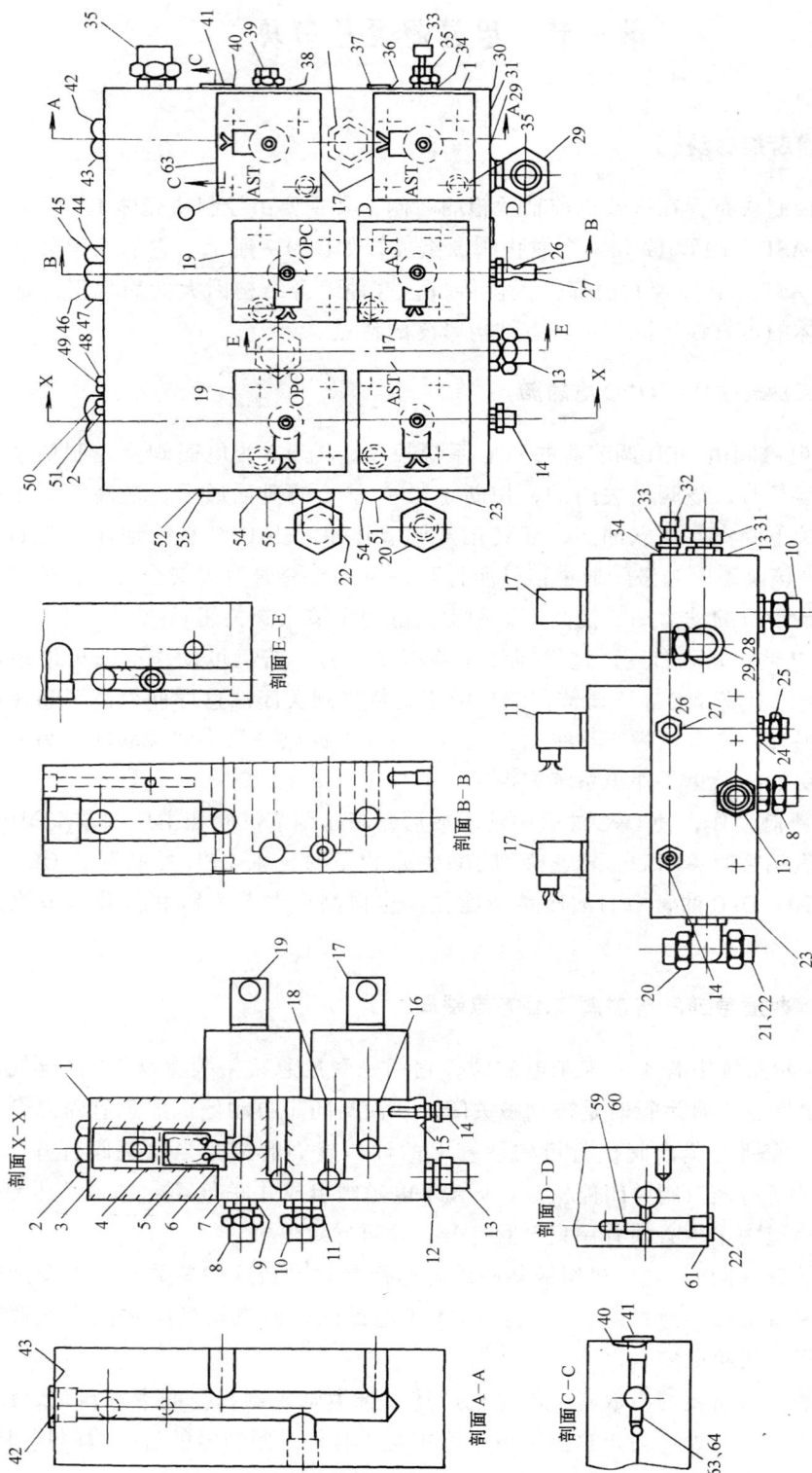

图 9-2 超速保护和危急遮控制块结构图

1—控制块；2—阀的定位圈；5—止回阀（2个）；17—AST电磁阀（4个）；19—OPC电磁阀（2个）；26、33、59、63—节流孔；8、10、13、14、20、22、25、27、29、31、32、39—直通管接头；其余一分别为螺塞、O形圈等紧固件和密封件

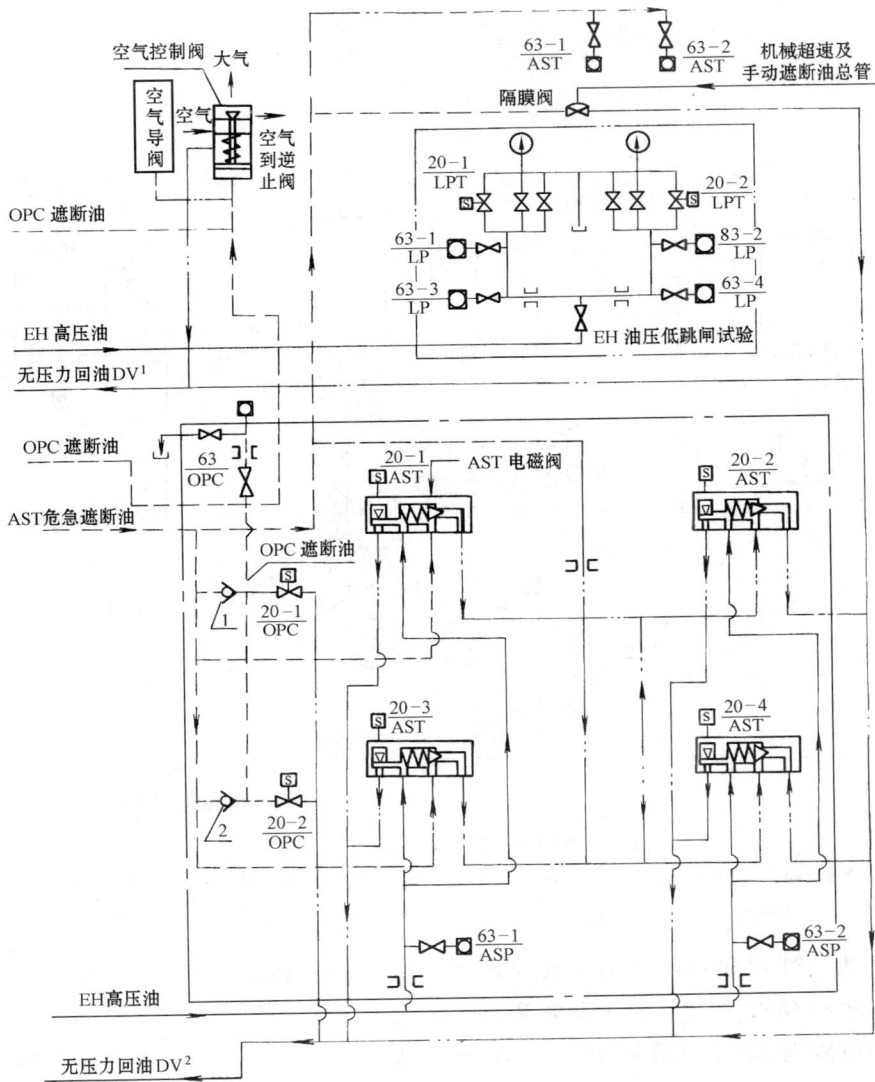

图 9-3　电磁阀及控制块系统原理图

　　电磁阀的构造如图 9-4 所示，四个电磁构造相同，电磁阀都是二极阀，其中第一级阀由电磁铁控制，电磁铁受 ETS 控制。在正常运行时，电磁铁通电则一级阀关闭，经节流孔来的高压油在电磁阀 Y 室内建起油压，此油压与弹簧使二级阀关闭，此时 AST 油管中的油被关闭。

　　当被监视的参数超限时，ETS 装置的控制信号使电磁铁失电，此时第一级阀开启，在电磁阀 Y 室内的经节流孔来的高压抗燃油油压降低，由于 Y 室内的油压泄压，二级阀在右边的危急遮断油路（AST）的油压作用下向左移动，并开启，此时自动停机危急遮断油路泄压。

　　2．电磁阀的串并联布置

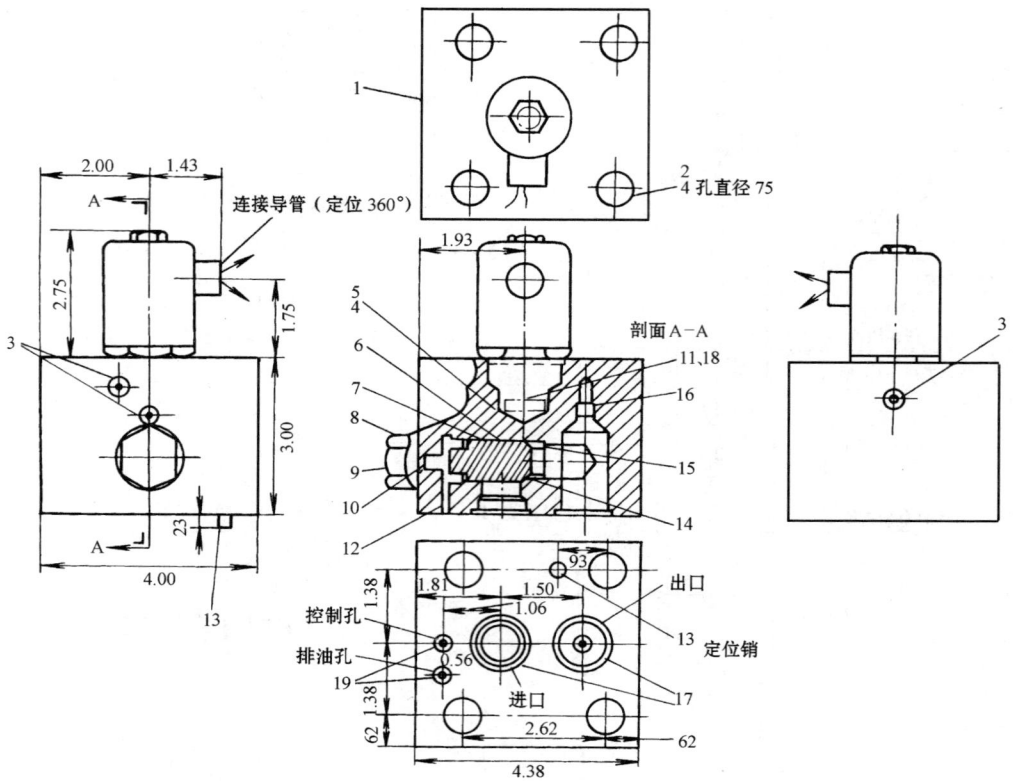

图 9-4 电磁阀的结构图

1—阀体；2—螺栓；3、15—干密封管塞；4—节流螺钉；5—紧固螺钉；6—提升头；9—罩盖；10—弹簧；
11、16—电磁阀；12—弹簧销；13—定位销；14—座圈；7、8、17、18、19—O 形圈

图 9-5 为 AST 电磁阀油路的简化原理图。其中电磁阀 20—1/AST 和 20—3/AST 为并联，组成通道 1，而电磁阀 20—2/AST 和 20—4/AST 组成通道 2，可见，通道 1 和通道 2 为串联，这就是所谓的电磁阀串并联布置，一个通道中的任何一个电磁阀打开将使该通道处于泄放状态。由图 9-5 可知：必须两个通道同时处于泄放状态，AST 油路的油才能泄放，主汽阀和调节汽阀才能关闭。当危急跳闸装置（ETS）信号作用在电磁阀上时，该布置不会因某个电磁阀拒动而妨碍危急遮断油路

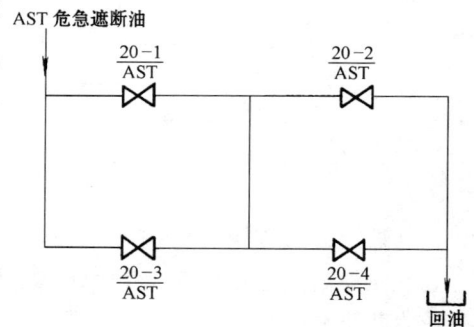

图 9-5 AST 电磁阀油路的简化原理图

的泄压及进汽阀的关闭。反之，如果有一只电磁阀误动，也不会使危急遮断油路泄压而影响正常工作。

OPC 和 AST 电磁阀结构相同，仅有的区别是：OPC 电磁阀是由内部供油控制的，AST 电磁阀则由高压油路外部供油所控制。

四、单向阀（逆止阀）

两个单向阀分别安装在自动停机危急遮断油路（AST）和超速保护控制油路（OPC）之间，当 OPC 电磁阀动作，OPC 油路泄压，此时高压调节汽阀和再热调节汽阀关闭而单向阀可维持 AST 的油压，使主汽阀和再热主汽阀保持全开。当转速降到额定转速时，OPC 电磁阀关闭，高压调节汽阀和再热调节汽阀重新打开，从而由调节汽阀来控制转速，使机组维持额定转速。当 AST 电磁阀动作，OPC 油路通过两个单向阀，油压也下跌，将关闭所有的进汽阀与抽气阀而停机。

五、跳闸试验块组件

在前轴承座边上装有一个不锈钢的试验块组件，如图 9-6 所示，它是用来监视 EH 油压低和试验各压力开关的系统，该系统被布置成双通道，每个通道一端节流孔与供油系统相通，另一端与排油相连，试验块组件由两个压力表，两个电磁阀，两个手动阀，一个试验块及四个监视 EH 油压低的压力开关组成，压力开关装在试验块附近的端子盒中，压力开关 63—1/LP 与 63—3/LP 是监视一通道，压力开关 63—2/LP 与 63—4/LP 是监视二通道。当 EH 油压低于限制值时，压力开关动作，并经危急跳闸装置（ETS）使 AST 电磁阀动作，危急遮断油路泄压，所有进汽阀关闭，机组停机。压力开关 63—1LP 与 63—3LP 动作时，经 ETS 装置使 AST 电磁阀的一通道 20—1/AST 及 20—3/AST 电磁阀动作处于泄放状态，并且压力开关 63—1/LP 与 63—3/LP 中只要有一个动作，则 AST 电磁阀中的一通道 20—1/AST 及 20—3/AST 电磁阀就动作处于泄放状态。同理压力开关 63—2/LP 与 63—4/LP 动作时，经 ETS 装置使 AST 电磁阀的二通道 20—2/AST 及 20—4/AST 电磁阀动作处于泄放状态。并且压力开关 63—2/LP 与 63—4/LP 只要有一个动作，则 AST 电磁阀中的两通道 20—2/AST 及 20—4/AST 电磁阀就动作处于泄放状态。在该试验块组件上的隔离阀的作用是试验块组件检修时不影响系统的其他部件，即可进行在线检修。

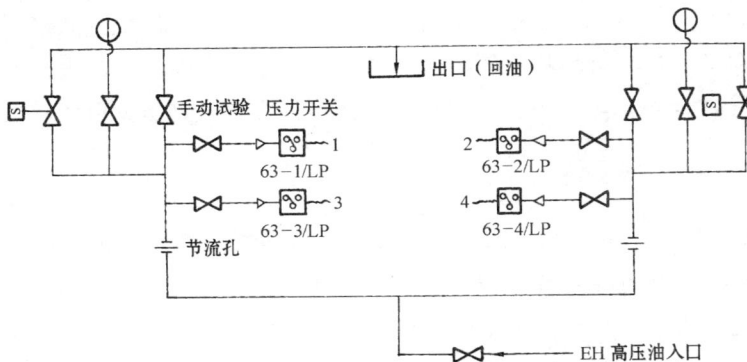

图 9-6　跳闸试验块组件

该试验块在机组正常运行时进行试验不会使危急跳闸油路泄压而使机组停机，因为试验只是两个通道进行单独试验。对于某个通道的压力开关进行试验时，对该通道来说，可以就地手动试验，也可以在操作盘上远控试验。试验时手动阀或试验电磁阀将该回路的压力泄放，则压力开关动作，通过 ETS 装置相应的 AST 电磁阀组通道上的电磁阀动作，在试验盘上相应的指示灯亮。由于只有一个通道的 AST 电磁阀动作，另一个通道的电磁阀不动作，危急遮断（AST）油路不泄压，机组不会停机。

如前所述，试验块的节流孔很重要，当试验某一通道时，该通道油路泄压。由于节流孔的作用，一方面不会使 EH 系统油压泄压，另一方面可保证试验块上该回路油压降低到一定的低限值。

轴承油压低（63/LBO），凝汽器真空低（63/LV）及 EH 油压低（63/LP）的三个试验块的原理均相同，只是监视的介质不同。

六、空气引导阀

空气引导阀安装在汽轮机前轴承座旁边，该阀用于控制供给汽动抽汽逆止阀的压缩空气，为 EH 油、压缩空气和排大气提供了接口，该阀是一个油缸体上带钢柱的青铜阀体，附在阀杆上的弹簧提供了关闭阀门所需的力。

当 OPC 母管有压力时，空气引导阀的提升头便封住了排大气的孔口，使压缩空气通过此阀；当 OPC 母管无压力时，该阀由于弹簧力的作用而关闭，封住压缩空气的通路。截留到抽汽逆止阀去的管道中的压缩空气经过大气阀孔口排放，这使得抽汽逆止阀快速关闭。

第二节　机械超速保护与手动遮断

一、隔膜阀

位于前轴承座上的隔膜阀，如图 9-7 所示，从机械超速和手动停机总管来的油供到隔膜阀的上部，使其克服弹簧力将隔膜阀关闭，这样就封闭了自动停机危急遮断总管中的高压抗燃油的泄油通道。只要机械超速保护和手动遮断总油管中的油压消失，就会使弹簧开启隔膜阀，泄去 AST 油，机组停机，同时保证了润滑油和抗燃油彼此互不接触。

二、机械超速危急遮断系统

图 9-8 为机械超速危急遮断系统的工作原理图。它的传感器为飞锤式传感器，装于转子延伸轴的横向孔中，其重心与转子的几何中心偏置，通过压弹簧，将飞锤紧压在横向小孔中，利用弹簧约束力与飞锤离心力平衡的原理来设计动作转速。设飞锤的质量为 G，飞锤的重心与转子的几何中心距离为 a，飞锤出击距离为 x，离心力为 c，转子角速度 $\omega = \dfrac{\pi n}{60}$，重力加速度为 g，则飞锤的离心力与转子角速度的关系为

$$c = \frac{G}{g}(a + x)\omega^2$$

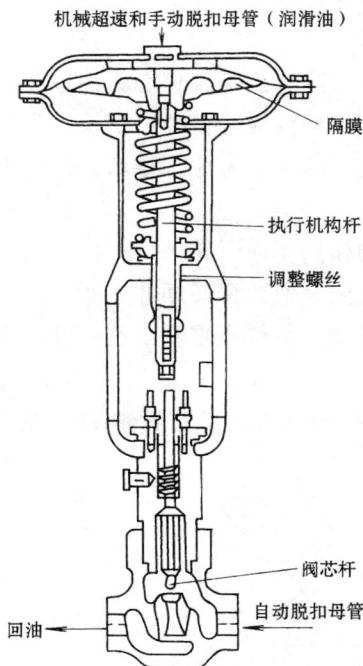

图 9-7 隔膜阀

从式中可看出，只要规定了动作转速 ω，则离心力便可以求出，然后设计压弹簧，其约束力 p 的方向与离心力的方向相反，当 $c<p$ 时，飞锤不出击；当 $c \geqslant p$ 时，飞锤出击，通过碰钩（板击）使机械危急遮断机构动作并实行停机。

机械超速保护系统的油系统，与电超速系统（ETS）互为独立，采用的是与润滑油主油泵相连接的油系统。当机组正常运行时，脱扣油母管中的油，自主油泵出口管经节流后分两路进入危急遮断油滑阀，其中一路经二级节流后，作用在危急遮断油滑阀并使之紧压在阀座上，把滑阀的泄油口关闭；另一路只经一级节流，引入超速保护试验滑阀，再进入危急遮断滑阀。由于危急遮断滑阀左侧的面积小于右侧的面积，所以油压的作用力把滑阀推向左侧，使蝶阀紧压在阀座上，堵住了泄油孔，结果，脱扣油母管中的油压等于主油泵出口的油压，遮断系统处于等待备用状态。

飞锤出击的转速，一般为额定转速的 110% ~ 112%。当机组正常运行时，飞锤因偏心所产生的离心力，不足以克服弹簧反方向的约束力，飞锤不能出击；当机组超速时，随着转速的升高，离心力和约束力随之增加，当离心力大于约束力时，飞锤外移，偏心距加大，根据飞锤的设计特性，到达整定的转速后，离心力增加的速度超过约束力增加的速度，于是迅速克服约束力而使飞锤出击，出击的飞锤作用在脱扣板击上，使板击围绕其短轴旋转，带动危急遮断滑

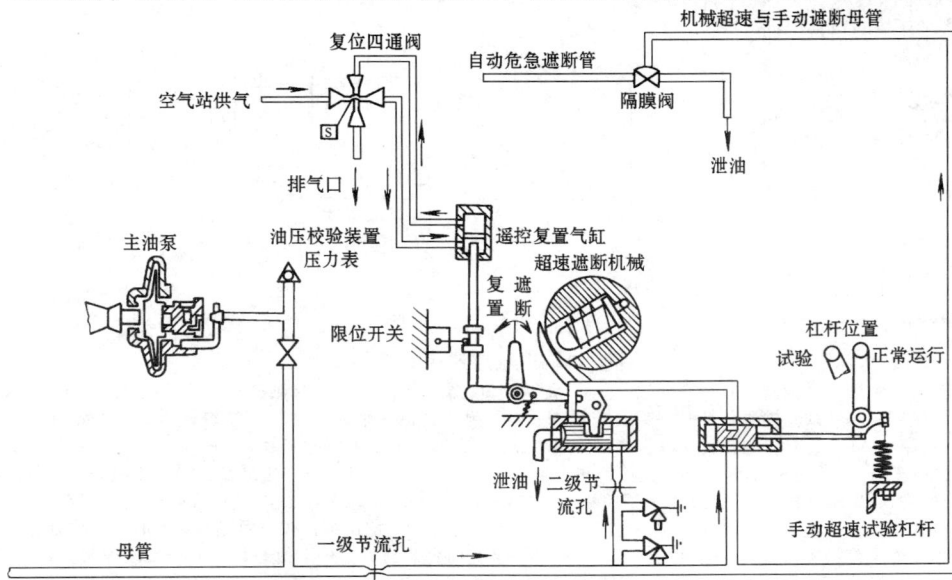

图 9-8 机械超速遮断系统的工作原理图

125

阀向右运动，蝶阀随之离开阀座并泄油，导致机械脱扣油母管中的油压降低，通过隔膜阀的作用，使汽轮机紧急停机。

当机械遮断系统动作，汽轮机停止进汽后，转速将逐渐下降，当降到离心力接近弹簧的约束力时，根据飞锤的设计特性，由于离心力的降低速度较约束力降低的速度快，弹簧的约束力使飞锤退回到出击前的原位，其对应的转速，称复位转速，考虑到重新并网的方便，一般复位转速稍高于额定转速。

由于脱扣板击动作时可使曲臂脱钩，曲臂受弹簧拉力的作用而向下转动，所以，当飞锤复位以后，若要重新建立脱扣油压，运行人员必须复位挂闸，使曲臂转动并重新返回到挂钩位置，此时，危急遮断滑阀才能在油压的作用下向左移动，使蝶阀重新压在阀座上并建立脱扣油压，继续行使超速遮断保护功能。

图 9-9 为机构超速遮断机构图。自动超速遮断部分的主要组成部件是：转轴 21、板击

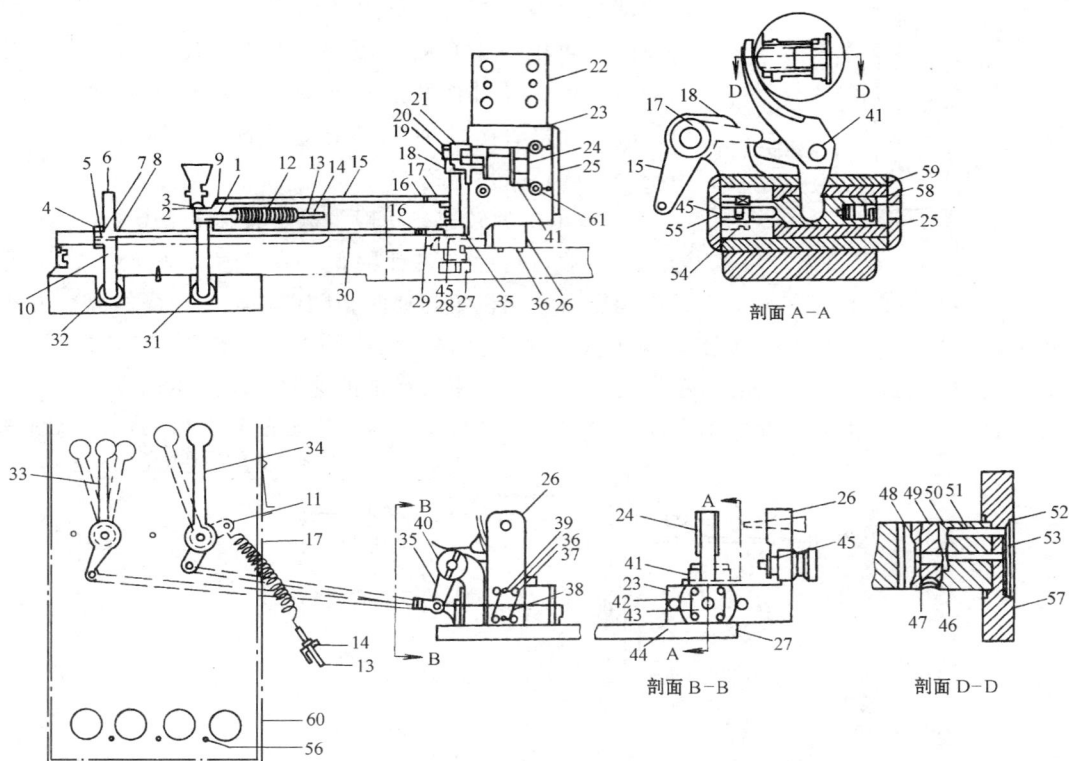

图 9-9　机械超速遮断机构

1—套筒；2—螺母（弹性制动）；3—杆端头；4—特殊螺钉；5—锥销；6—遮断轴；7—遮断轴连杆；8—垫片；9—右侧锁紧垫圈；10—试验轴连杆；11—弹簧连接杆；12—弹簧；13—弹簧固定与调整螺杆；14—弹簧调整锁紧螺母；15—试验连杆；16—右侧锁紧螺母；17—杆端头；18—复位连杆；19—连杆销；20—套筒；21—转轴；22—安装板；23—安装组块；24—碰钩；25—盖板；26—端头；27—扭弹簧持环；28—扭弹簧；29—杆端头；30—遮断与复位连杆；31—试验杠杆固定销1；32—试验杠杆固定销2；33—手动遮断与复位杠杆；34—手动试验杠杆；35—遮断杠杆连杆；36—端头固定螺栓；37—垫圈；38—制动钢丝；39—定位销；40—固定螺钉；41—复位轴；42—蝶阀座；43—阀座盖定位销；44—螺钉；45—套筒；46—组块固定螺钉；47—平衡组块；48—飞锤弹簧；49—飞锤；50—弹簧定位螺圈；51、52—定位销；53—锁环；54—蝶阀；55—螺柱；56—螺塞；57—盘；58—遮断滑阀；59—遮断滑阀套筒；60—杠杆防护罩；61—盖板固定螺钉

24、遮断与复位连杆 30、手动遮断与复位杠杆 33、手动试验杠杆 34、蝶阀座 42、飞锤弹簧 48、飞锤 49、弹簧定位螺圈 50、定位销 51、蝶阀 54、危急遮断滑阀 58、滑阀套筒 59 和节流孔塞等。其动作原理上面已经介绍，整定时对主要工作间隙的要求是：正常位置时板击与飞锤的间隙为 1.6～2.4mm；遮断位置时板击与飞锤的间隙不小于 9.5mm；遮断板击与复位连杆 18 间应有 1.6mm 的搭接。

三、手动复位

手动复位即用手推动手动遮断和复位螺杆至"复位"位置，可使危急遮断滑阀左移，滑阀中的蝶阀压在阀座上，阻止了机械超速和手动停机总管中的脱扣油泄掉，使隔膜阀下移，自动停机危急遮断油路（AST 油管）的油压重新建立，则此时机组才能重新开机。

四、摇控复位

除了就地手动复位外，为在控制室进行操作，还设有遥控复位装置。该装置主要由四通电磁阀及遥控复位气缸组成。

在复位挂闸前，电磁四通阀断电，由空气站来的压缩空气经过四通电磁阀进入气缸下部，气缸活塞上部与大气相通，将活塞推到高限，并可由行程开关指示出气缸内活塞位置是在正常位置。

当欲重新挂闸复位时，在控制室内揿下复位按钮，使四通电磁阀通电，则四通阀改变其通道位置，将压缩空气通到气缸上端，而下端通大气，压缩空气推动活塞下移，经过杠杆使手动遮断与复位螺杆转动到复位的位置上。让遮断滑阀复位，重新建起机械超速和手动停机母管中的油压，手动遮断与复位螺杆亦回到正常位置，这时行程开关指出挂闸复位状态，并且使四通电磁阀断电，这时压缩空气又改通气缸活塞下部，气缸活塞恢复到正常位置。此后，只要危急遮断滑阀仍旧关闭，复位手柄就一直保持在正常位置，等待下一次的遥控复位指令。

五、试验

机械超速保护装置可做以下试验：①手动遮断试验；②充油试验；③超速试验。在做这些试验中的任何一种试验时，必须先用手将试验杠杆拉到"试验"位置上去，使试验滑阀移动并切断机械超速和手动遮断总管中脱扣油去危急遮断滑阀的主通道。这样在试验期间，若危急遮断滑阀右移后，由于主通道被切断，机械超速和手动遮断总管中的脱扣油只有从节流孔中被泄出，且泄油量较小。在这种情况下，脱扣油只是稍有降低，不会引起隔膜阀的开启及危急遮断（AST）油路的泄压，因而不会导致机组停机，保证试验正常进行。

在上面所述的任何一种试验做完后，必须进行复位。如果用手动复位，应将手动遮断及复位杠杆移到"复位"位置，若遮断滑阀复位后（即滑阀左移不泄油，机械超速和手动停机母管中的油压建立，则手动遮断和复位螺杆返回到正常位置。

当试验及复位工作完成后，最后方可松开试验杠杆，杠杆在弹簧拉力作用下转回到正常工作位置，试验才完全结束。

1. 手动遮断试验

本试验是在汽轮机正常运行情况下，用来检查遮断机构以及危急遮断滑阀工作的可靠性。

试验方法是，先将超速试验杠杆拉到"试验"位置上，然后把手动遮断及复位螺杆推到"遮断"位置。此动作使连杆推动板机转动，而板机转动又推动了遮断滑阀的移动。由于试验杠杆在试验期间一直拉到"试验"位置，故可保证汽轮机在运行中对板机、危急遮断滑阀进行灵活性试验，试验完毕后进行复位，最后再松开试验杠杆。

2. 充油试验

此试验是在汽轮机正常运行条件下检查飞锤动作的可靠性。在充油试验时，为不使汽轮机跳闸停机，必须在试验的整个过程把试验杠杆拉到"试验"的位置。

充油试验是将主油泵出口的压力油，经过装在汽轮机前轴承箱前端的喷油试验阀，由一油管向正对转子中心的喷嘴供油，将油喷入转子端部的中心孔内，经油道通到飞锤内并建立起油压（如图9-10所示），在机组处于额定转速（3000r/min）时，推动飞锤飞出，直至撞击板机，使板机逆时针转动，带动危急遮断滑阀右移，此时手动遮断和复位螺杆自动转到"遮断"位置。在确信遮断机构正确后，关闭充油试验阀。

当充油试验阀关闭后，飞锤中的油流逐渐泄去，油压消失后飞锤便能复位。由于复位转速较

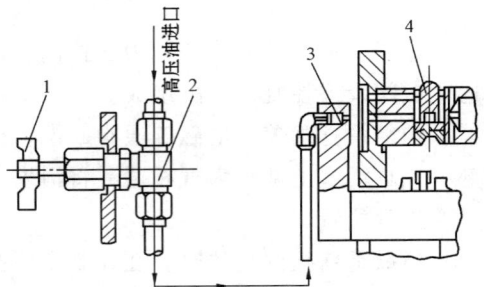

图9-10 超速遮断机构喷油试验装置
1—试验手柄；2—试验阀；3—试验喷嘴；4—危急遮断飞锤

正常转速高，因而油压消失后飞锤很快可以复位。此时可将手动遮断及复位螺杆推到"复位"位置，待板机和危急遮断阀等复位后，且机械超速和手动遮断母管中油压已建立，则可放开试验杠杆，该杠杆在弹簧拉力作用下转到正常位置，充油试验结束。

在做充油试验时，喷嘴前油压大小决定了飞锤的动作，而喷嘴前的油压可由充油试验阀调节，并用压力表指明使危急遮断器飞锤动作时所需的油压，把这些压力与以前压力比较可以判定危急遮断器动作是否正常。为了使结果有可比性，在做充油试验时，转子转速必须严格保持额定转速（3000r/min），转子的端面与喷嘴之间的距离必须一定。

3. 超速试验

为保证汽轮机的安全运行，应当使机械超速保护的动作准确，即机械超速危急遮断器的飞锤动作转速应准确（要求转速在额定转速的1.10～1.11倍时，危急遮断器动作），并及时使各进汽阀关闭。故应当定期进行超速试验、校验飞锤动作转速的设定值以及保证机械超速保护系统正确动作。

制造厂要求：①运行半年至少进行一次超速试验；②机组在安装初始启动期间，每次大修之后以及前箱检修结束后应做超速试验。

在超速试验期间，在手动遮断与复位螺杆旁应当有运行人员。在超速试验时，汽轮机

的转速在 DEH 控制器控制下不断升速，当转速达到汽轮机额定转速的 110%～111% 的数值（3300～3330r/min）时，如果危急遮断器不动作，则应立即手动遮断停机。如果危急遮断器动作性能不合要求，应该停机进行全面检查。继而检查飞锤是否卡涩，如果确信没有问题，检查后重新进行超速试验。如果危急遮断器仍不能动作，则可能是飞锤上的弹簧的预紧力过大，阻止了飞锤在规定的转速内出击。

为了调整弹簧的预紧力，如图 9-9 所示，应卸下锁紧环，拉出超速挡圈销，把飞锤的弹簧保持环退出一定角度，以减少弹簧的预紧力。然后重新装配超速挡圈销使其插入撞击子弹簧保持环的缺口内，并用销紧环固定牢。将飞锤的弹簧保持环旋转一个缺口，转速应降低 40r/min 左右。

如果机组转速在低于额定转速的 110%～111% 数值时，危急遮断器动作了，则说明飞锤弹簧预紧力小了，飞锤提前击出，按上述方法将飞锤弹簧保持环拧紧一定角度，并再次销紧，直到危急遮断器动作合格为止。

飞锤弹簧做调整后，均应重新做超速试验。

超速试验的转速一般达到 3300～3330r/min，因此转子的离心力较正常转速大 20% 以上，为了防止超速试验带来的危险，在做超速试验时不希望转子再有其他热应力出现。也不希望转子处于低温脆化点附近进行试验。因此，在启机后带上 10% 额定负荷进行 4h 暖机，使转子温度均匀升高。然后方允许减负荷至零进行超速试验，试验时间不允许过长，一次限制 15min。如果定期试验，机组长期在 10% 额定负荷以上运行时，则不必在 10% 负荷下停留，因为转子温度已经均匀。即可减负荷至零直接升速试验。

为保证超速试验的准确性，在安装此机构时应检查及校验下列尺寸：

（1）在挂闸复位后，板机与飞锤间的间隙最小值为 1.57mm，最大值为 2.36mm。

（2）当机构在遮断位置时，板击与飞锤之间至少有 9.52mm 间隙。

（3）按上述值调整遮断板机后，板机（件 4）与复位杠杆（件 5）之间应有 1.59mm 挂闸搭接面。

第三节 危急跳闸装置 (ETS)

危急跳闸系统是监视汽轮机的某些运行参数，当这些参数超过某运行限制值时，该系统就可关闭高中压主汽阀和高、中压调速汽阀。

被监视的项目和主要参数有：

（1）超速保护。转速达到 110% n_0（3300r/min）时遮断机组。

（2）轴向位移保护。以轴向位移的定位点 3.56mm 为基准，机头方向超过 2.54mm 或发电机方向超过 4.57mm 时，遮断机组，这种限定意味着极限位移离某准位置的两侧各只有 1mm 左右。

（3）轴承供油低油压和回油高油温保护。轴承供油油压低到 34.47～48.26kPa 和回油油温高到 82.2℃ 时遮断机组。

（4）EH（抗燃）油低油压保护。EH 油压低到 9.31MPa 时遮断机组。

(5）凝汽器低真空保护。汽轮机的排汽压力高于 20.33kPa 时遮断机组。

此外，DEH 系统还提供一个可接受所有外部遮断信号的遥控遮断接口，以供运行人员紧急时使用。

一、电气危急遮断逻辑的总系统图

图 9-11 为电气危急遮断逻辑的总系统图。机组的所有电气遮断信号，均通过该系统去遮断汽轮机。该电气系统的组件，布置于 EH 运行盘上的遮断电气柜内。

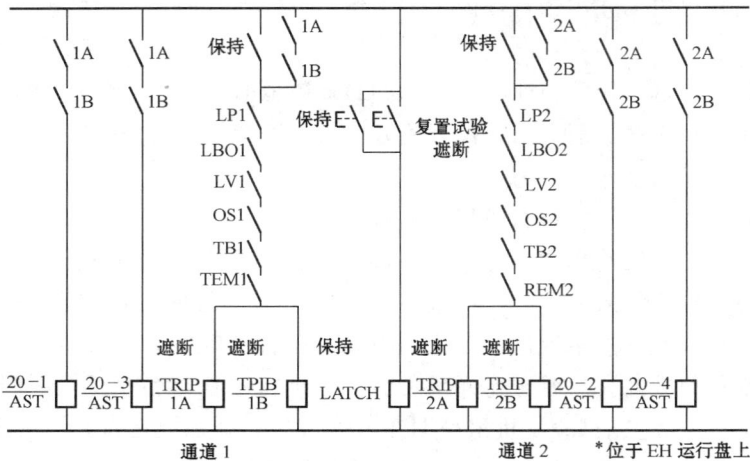

图 9-11　300MW 机组电气危急遮断逻辑总系统图

为了提高保护的可靠性，系统采用了双通道连接方法，即奇数通道电磁阀（20-1）/ AST 和（20-3）/AST；偶数通道电磁阀（20-2）/AST 和（20-4）/AST，每一通道均由遮断项目和相应继电器控制。当机组正常运行时，脱扣继电器 A、B 的触点闭合，使系统处于通电状态，各 AST 电磁阀因通电而关闭，危急遮断油总管即可建立安全油压。当遮断项目中的任一个处在遮断水平或外部接口请求遮断时，对应项目遮断继电器的触点，由原来的闭合状态转为断开状态。此时，A、B 继电器的线圈失电，AST 电磁阀紧急打开排油通道，泄去危急遮断总管的安全油，从而紧急关闭所有的主汽阀和调节汽阀，实现紧急停机。

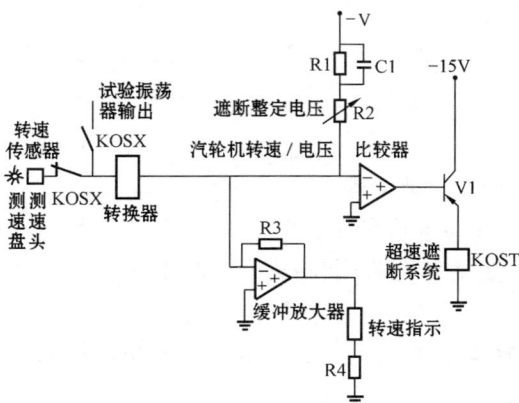

图 9-12　电气超速遮断系统原理图

二、电气超速系统（OS）

1. 电气超速遮断系统的工作原理

电气超速遮断系统由一个安装在盘车设备处的磁阻发信器和一个安装在遮断电气柜中的转速插件所组成。

图 9-12 为电气超速遮断系统原理图。图左边的磁阻发信器是用来将被测转速信号转

换成频率信号的测量元件。

图 9-12 的右边，一路是经过由运算放大器组成的缓冲放大器，它把信号转换成转速的指示值；另一路则与规定的超速脱扣电压作比较，当转速低于脱扣转速时，说明被测转速的模拟电压低于脱扣电压，经比较后输出的电压为正值。当被测转速高于整定转速时，经比较后输出的电压为负值，使控制继电器的晶体管 V1 导通，继电器的线圈 KOST 带电，通过超速遮断继电器逻辑系统，最终紧急停机。

图中的频率发生器，是在启动前输出频率，代替测速头的信号，用以检查转速指示表的指示是否正确。固定电阻 R1（粗调）和可变电阻 R2（细调）用于调整给定电压，以保证在给定转速下，脱扣继电器能准确动作并通过 AST 电磁阀动作而停机。

2. 电气超速遮断控制继电器逻辑

图 9-13 为电气超速遮断控制继电器逻辑系统。机组正常运行时，继电器 K1、K2 的触点是闭合的，触点 KOST 断开，线圈 KOS1 和 KOS2 带动 ETS 逻辑总系统的触点闭合。当机组达到脱扣转速（110% n_0）时，KOST 的线圈通电，其触点闭合，断开了 ETS 上相应的触点 KOS1 和 KOS2，切断逻辑总系统的电源，使 AST 电磁阀动作并泄去安全油，从而关闭所有的主汽阀、调节汽阀和抽汽阀，进行紧急停机，以确保机组的安全。

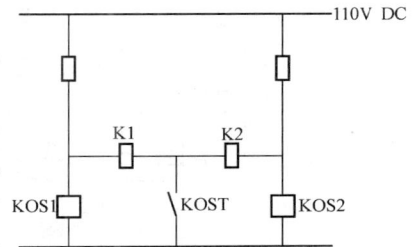

图 9-13　电气超速遮断控制
继电器逻辑图

三、轴向位移遮断系统（TB）

在运行中，汽轮机的轴向位移是受到严格限制的，当汽轮机转子的推力过大，产生超过允许值的位移时，会引起推力轴承的磨损，严重的会使汽轮机的转动部分和静止部分产生摩擦，甚至会造成叶片断裂等重大事故，因此，汽轮机都必须设置轴向位移遮断系统，以实现对机组的安全保护。相对而言，电气遮断逻辑总系统还是比较可靠的，这样，轴向位移的遮断问题，实质上就是如何保证轴向位移测量准确性的问题，以便在轴向位移超标时，向危急遮断系统提供最可靠的遮断信息。

1. 轴向位移遮断机构

引进型 300MW 汽轮机转子的总长度为 17.269m，而允许的轴向位置，两侧之和也不过 2mm，是转子总长的 0.0116%，由于允许的位移量很小，因此，轴向位移遮断机构起着十分重要的安全保障作用。

机组的轴向位移遮断机构如图 9-14 所示，它由 4 个轴向位移传感器、2 个试验汽缸、4 个电磁阀和用来作为传感器基准点的联轴器垫片所组成，其他零部件是支托架和用来安装试验汽缸及传感器的有关部件。在任何情况下，各传感器的安装，都必须与 1 个基准面保持间隙，例如，与联轴器平面或指示盘间有一定的间隙。在试验汽缸和传感器与联轴器指示盘的间隙整定好后，用定位销把试验汽缸最后固定。

在正常情况下，转子的轴向推力是由推力轴承平衡的，机组的失常导致轴向位移的超标，首先由这里有所觉察，因此，监视转子轴向位移的传感器，应当装在推力轴承的附近。

　　轴向位移测量装置由测量盘和传感器组成。测量盘装在推力轴承附近，而在该盘的发电机侧的两水平端面上，各装有 2 个作为重复保护的传感器，用来测量转子向机头侧和发电机侧两个方向的轴向位移，测量盘和传感器之间间隙的变化，即表现轴向位移的变化。转子正常的轴向位移，由推力轴承的间隙、推力轴承的静挠度和推力瓦块的磨损来确定，会有一些正常缓慢的变化，但变化很小。当推力轴承损坏时，若转子向发电机方向移动，传感器与测量盘间的间隙变小；若向机头方向移动，则该间隙变大，这种间隙变化将引起传感器内磁阻的变化，通过变送器使输出的电气信号改变。

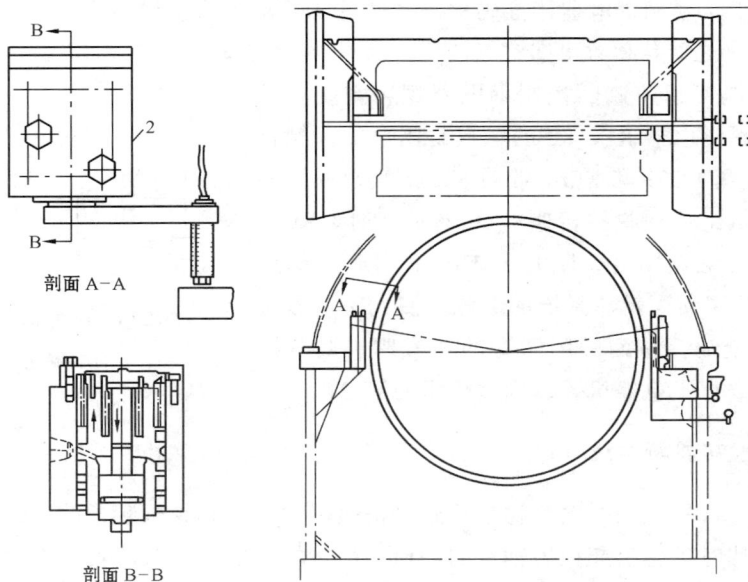

剖面 A–A

剖面 B–B

图 9-14　轴向位移遮断机构图

　　变送器提供的信息有两种监控功能，第一种是报警功能，表示过度的轴承挠曲和瓦片磨损使轴向位移超过第一个规定值，通过继电器向运行人员发出报警信号以提醒注意。第二种是遮断功能，表示位移已增加到第二个规定值，机组转动部分与静止部分即将接触，监控系统一方面通过声光信息说明位移已达到遮断状态，另一方面使继电器遮断触点动作，通过危急遮断系统使汽轮机紧急停机。

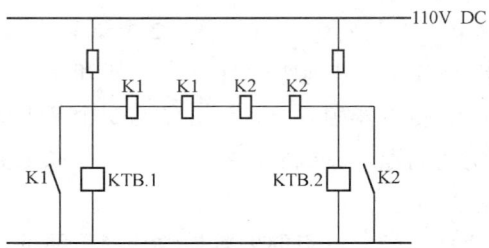

图 9-15　轴向位移遮断控制继电器逻辑

2．轴向位移遮断控制继电器逻辑

　　图 9-15 为轴向位移遮断控制继电器逻辑系统。为了确保动作的可靠，系统设有两个完全相同的独立通道，每个通道都由同一个安装板上的相邻两个变送器组成。

　　根据制造厂的规定，每个通道中的轴向位移整定值均相同，即以 3.56mm 处的零位整定点为基准，每个通道的报警值分别为：调速器方向 2.66mm，发电机方向 4.39mm；而遮断（TB）值则相应为 2.54mm 和 4.57mm。任何一个传感器，只要测到的位移超过报警位移值，都可以通过报警继电器发出声光报警。当位移达到第二个规定值时，只有在一个通道中的两个传感器同时测到，才能发出遮断报警信号，并通过危急遮断系统紧急停机，这种做法可以避免因单个传感器缺陷而引起错误停机。

由于该系统采用双传感器和双通道，因而可进行在线试验，即当一个通道进行试验时，另一个仍起保护作用。

四、轴承油压过低遮断系统（LBO）

机组轴承油压过低，引起供油量不足，容易造成轴颈与轴瓦间的干摩擦，烧坏瓦片，引起机组强烈振动等，为此，汽轮机都设有轴承低油压遮断系统。轴承油管的压力测量，可用一般带触点的压力变送器进行。

图 9-16 为轴承油压过低遮断控制继电器逻辑系统。该系统为双通道系统，将轴承油管引支管到低油压保护设备处，分两路经节流后分别与四个触点式压力计相联，其中一种为（63-1）/LBO 和（63-3）/LBO，另一路为（63-2）/LBO 和（63-4）/LBO，它们分别与中间继电器 01X/LBO 和 02X/LBO 串联，而两通道则是并联的（1X/LBO、3X/LBO 和 2X/LBO、4X/LBO），其中 LBO-1 和 LOB-2 为遮断控制继电器，1 和 2 为选择开关，K1 和 K2 为电磁阀脱扣继电器。

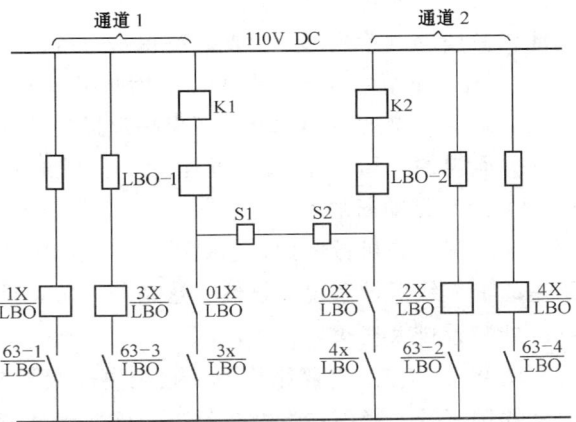

图 9-16　轴承油压过低遮断控制继电器逻辑

轴承油压正常时，以第一通道为例，压力开关（63-1）/LBO 和（63-3）/LBO 的触点是闭合的，与遮断控制继电器 LBO-1 串联的中间继电器触点 1X/LBO 和 3X/LBO 都是闭合的。当轴承油压低到规定值时，压力开关断开，串联的中间继电器、遮断控制继电器 LBO-1 的触点均断开，脱扣控制继电器断电，同时也引起 20/AST 电磁阀释放，将自动停机遮断总管的高压油泄去，汽轮机也因快速卸载阀动作而紧急停机。

在双通道系统中，要求每一个通道内至少有一个中间继电器动作，才能使脱扣继电器动作，只有此时，能允许紧急停机。这种做法可避免某一个触点压力开关或中间继电器误动作而错误停机，提高了遮断系统工作的可靠性。

采用双通道系统，还可以保证该系统能进行在线试验。例如，通道 1 进行低油压试验时，打开选择开关 S1，同时允许继电器 LBO-1 在试验时释放而 LBO-2 不释放，才可进行试验。然后，利用电动阀或手动阀将排油管慢慢打开并泄油，待油压下降到规定值后，观察通道 1 的动作情况。由于自轴承油管来的油是经节流后进入低油压保护设备的，因此，试验时油压的降低，不会影响整个润滑油压，从而也不会影响机组的正常运行。万一此时果真出现轴承油压过低的情况，此 4 个压力开关仍继续感受油压的变化，2 个遮断控制继电器 LBO-1 和 LBO-2 中，仍有 1 个可以继续释放而紧急停机，遮断系统仍然是安全的。

五、EH 油压过低遮断系统（LP）

EH（抗燃）油是 DEH 系统中的控制和动力用"油"，是用来控制所有主汽阀和调节汽阀的，当油压过低时可导致机组失控，因此，必须进行低油压保护，以便紧急停机。

EH 低油压遮断系统也是双通道四压力触点开关系统，其遮断控制逻辑与轴承低油压遮断控制逻辑系统相同。

六、机组低真空遮断系统（LV）

一般来说，机组真空过低，主要是由于循环水系统或抽气系统发生故障引起的。当真空过低时，引起排汽温度升高，会使低压缸变形，机组振动过大，严重时还会酿成事故，因此，一般的汽轮机都设有低真空保护系统。

300MW 机组的低真空保护，采用两级保护系统。

一级保护是类似轴承低油压保护那样的遮断继电器控制逻辑系统，所不同的是压力触点开关监视的工质是蒸汽，而且由于测量的是压力，所以，对低真空而言，压力开关（63-1）/LV 是动断的。

二级保护是机械保护，它是基于电气遮断保护系统失灵，而排汽压力又过高的情况下采用的上一级保护系统。显然，这是一种防止排汽压力过高的双重保护，其措施就是在排汽缸处装置排大气阀。

图 9-17 为排大气阀结构图，它是由一个铅质薄膜环 5 构成的，装设在排汽缸的缸盖上，并用螺针 4 紧固在汽缸法兰上，该薄膜环紧压在环形垫片 6 和阀盖 7 的外密封面间，其内部也用螺钉 3 压紧在压环 2 和承压板 1 的内密封面中，承压板由图中虚线所示的组焊式格栅来支托，借以承受来自外部的大气压力。

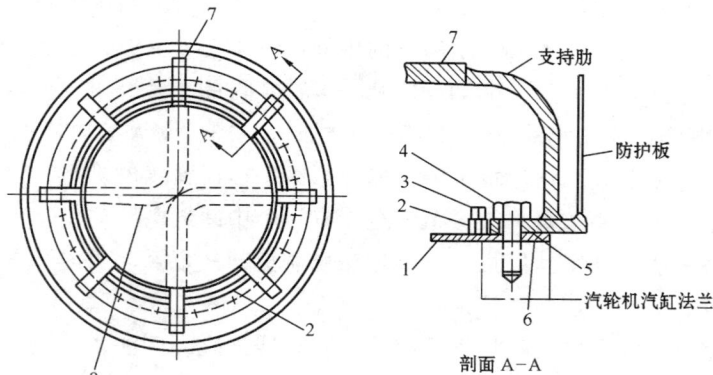

图 9-17　排大汽阀结构图

1—承压板；2—压环；3—螺钉；4—螺钉；5—薄膜环；6—环形垫片；

7—阀盖；8—承压格栅

当汽轮机排汽压力超过设计的最大安全值时，排大气阀的承压板 1 即推向外侧，引起铅质薄膜环 5 在压环外缘和阀盖内圆间剪断，则薄膜环断裂，汽流自汽缸向上排出，而阀盖 7 可防止铅质薄膜环、承压板和压环甩出，设在外径上的挡板，起引导汽流向上排出的作用，以免伤人。

对薄膜环的承压要求，一般在排汽压力达到 34.47 ~ 48.28kPa（0.3515 ~ 0.4921kg/cm²）时即行破裂。

七、外部信号遥控遮断系统（REM）

ETS 系统提供了一个遥控接口，用于接受外部遮断机组的命令，以供运行人员在紧急情况下使用。

图 9-18 为遥控遮断控制继电器逻辑，它也是一个双通道系统，每个通道各控制 2 个 20/AST 电磁阀，通过选择开关 S1、S2（取消 S1 和 S2 的跳接线），可对两个 20/AST 进行在线试验，而另外两个 20/AST 仍可继续执行遥控任务，确保遮断的可靠。

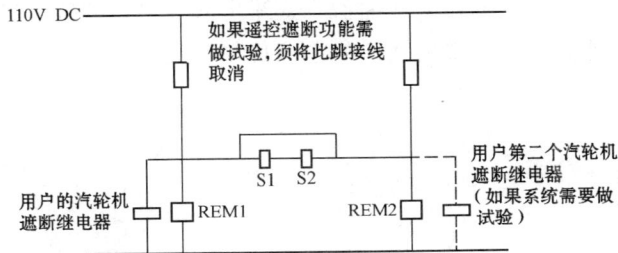

图 9-18　遥控遮断控制继电器逻辑

当用户遥控遮断机组的命令用单通道系统时，可取消虚线的继电器，但需保留 S1 和 S2 的跳接线，此时，遥控遮断机组的触点输入，将短接两个继电器 RM1 和 RM2，并将图上的 2 个触点 REM1 和 REM2 同时断开，释放 4 个 20/AST 电磁阀，实行紧急停机，此时，遥控通道将不能做在线试验。

第十章

润滑油系统

汽轮机润滑油系统除为全部汽轮发电机组轴系的主轴承、推力轴承和盘车装置提供润滑油外,还为发电机氢密封油系统提供高压和低压密封油,同时为机械式超速危急遮断系统提供压力油。

第一节 供 油 系 统

国产引进型 300MW 机组的润滑油系统如图 10-1 所示。系统主要由润滑油主油箱、主油泵、交流电动辅助油泵、注油器、冷油器、直流事故油泵、顶轴装置、油烟分离装置和净油装置等组成。其他同容量机组的润滑油系统也与它类似。

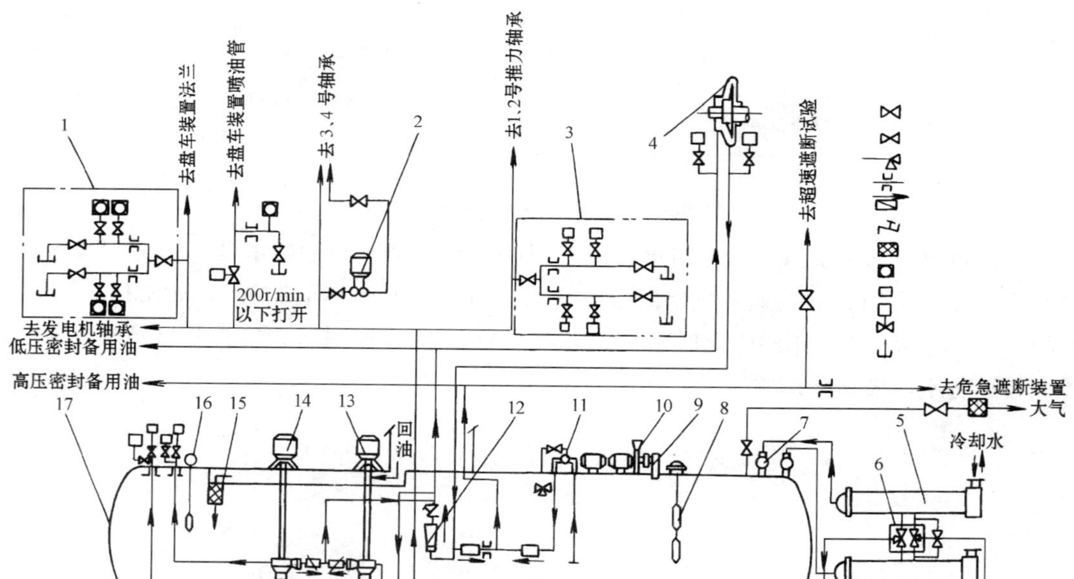

图 10-1 汽轮机润滑油系统

1、3—交流电动辅助油泵和直流事故油泵自启动试验装置;2—顶轴油泵(3台);4—主油泵;
5—冷油器;6—三通阀;7—窥视口;8—高低油位报警开关;9—除油雾装置;10—排油烟机;
11—密封油备用泵;12—注油器;13—交流电动辅助油泵;14—直流事故油泵;15—回油滤网;
16—油位计;17—油箱

在正常运行时，润滑油系统的全部需油量由主油泵和注油器提供。主油泵的出口压力油先进入润滑油主油箱，然后经油箱内油管路分为两路：一路向汽轮机机械式超速危急遮断装置供油，同时作为发电机高压备用氢密封油；另一路作为注油器的射流动力油。注油器的出油分为三路：主油泵进口油；经冷油器送至各径向轴承、推力轴承以及盘车装置的润滑油；发电机低压备用氢密封油。

主油泵向机械超速危急遮断装置提供的一路油，经过一固定节流孔在危急遮断油路中建立起压力。当危急遮断装置动作时，会在瞬间使危急遮断油路泄油失压。由于有节流孔，此时流入该油路的压力油不足以影响快速泄油失压；另一方面，流过节流孔的油量很少，因而也不会造成主油泵出口油压和油量的过大变化，以维持其他用油部件的正常供油量和油压。

润滑油经过轴承和盘车装置后，油温将升高，因此润滑油系统中设有两台冷油器。正常运行时，一台冷油器工作，另一台备用，因此可以轮换进行清洗和维护。两台冷油器间装有三通转换阀，可以在运行中进行冷油器的切换，但备用冷油器在切换前必须充满油，以防止在切换后的瞬间造成轴承断油而引起事故。在需要时，两台冷油器可并联使用。油温反映了轴承的工作情况，影响着机组的安全运行，因此必须将轴承回油温度限制在一个允许的范围内。一般情况下，要求所有轴承回油温度低于 71℃。为了达到这个要求，需要调节冷油器的冷却水量，以保持冷油器的出口油温为 43 ~ 49℃。如果冷油器的出口油温在这个范围内，而轴承回油温度仍达到 71℃ 以上时，则可能发生故障，这时必须检查原因。

机组运行对油质要求很高，因而专门配置了一套净油装置。当润滑油系统运行时（包括盘车装置在运行时），净油装置同时投入工作，以不断清除油中的杂质和水分。净化后，油中水分应小于 0.05%。有些机组的净油装置采用精密滤网，可滤除粒径 $2\mu m$ 以上的杂质。

在启动和停机过程中，当主轴转速小于 2700 ~ 2800r/min 时，主油泵不能提供足够的油压和油量，故注油器也达不到正常出力，此时应启动交流电动辅助油泵，以满足系统供油需要。辅助油泵有轴承润滑油泵和氢密封备用油泵。轴承润滑油泵提供低压备用氢密封油和轴承润滑油的全部油量。密封油备用泵提供高压氢密封备用油和危急遮断装置的全部需油量。供油系统中还设有事故备用油泵，它是由蓄电池组供电的直流油泵，在系统中作为交流电动轴承润滑油泵的备用泵。在交流电源或交流电动油泵发生故障时，它是保证汽轮发电机组轴承润滑油和氢密封油供应的最后油源。

油系统是由大量各种管道、阀门和其他设备组成的复杂系统，即使是很小的有害颗粒亦可使轴承受到破坏，从而导致代价高昂的检修费。因此，润滑油系统除运行时投入净油装置以保证油质外，在机组启动前还需对整个系统进行彻底的清洗，包括机械清洗和油清洗。清洗过程应严格按制造厂制定的规程进行，并达到规定的油清洁度。

在盘车过程中，盘车装置用油由电动轴承润滑油泵提供。其中一路油进入盘车装置集油堰，为盘车齿轮提供油浴，另一路油经电磁阀后由装在油管上的喷嘴连续地向传动齿轮喷油。喷油管上的电磁阀受汽轮机转速监控装置控制，当汽轮机转速在 20r/min 以下时，电磁阀开启，润滑油供至喷油嘴喷出。电磁阀后装有油压继电器，该继电器有两组触点，一组与盘车电动机线路串接，另一组与顶轴油泵串接。继电器触点整定在 0.0276～0.0345MPa 时断路，即切断盘车电动机线路，从而防止了汽轮发电机组在没有轴承润滑油时投入盘车。当汽轮机转速在 200r/min 以上时，电磁阀关闭，切断对喷油管的供油，电磁阀后油压失去，继电器断路，盘车电动机电源被断开，停止盘车。继电器的动作油压可通过装在继电器油管路中的手动节流阀产生的局部压力降来调整和试验。不同的机组都装有各自的零转速监控装置并与油系统联动，以保证盘车用油。

国产引进型 300MW 机组的低压转子轴承（3、4 号）和发电机前后轴承（5、6 号）处，设有顶轴装置。顶轴油泵和盘车电动机受同一继电器控制，故它们同时启停。在盘车投入时，顶轴装置使盘车阻力矩减小，并避免轴颈和轴瓦之间的干摩擦。

润滑油系统的正常运行，直接对机组的安全起着保障作用。润滑油压低将影响机组的运行，因此在油系统中设有监控轴承油压降低的压力继电器。当油压降到 0.0759～0.0828MPa 时，该继电器接通辅助油泵的电动机控制线路，使交流电动润滑油泵和氢密封油备用泵投入工作，以恢复油压。前者向注油器出口油管供油，后者向密封油系统和危急遮断油路供油。在系统正常工作时，该油压继电器分别控制两组辅助油泵的动断触点，并依靠轴承油压保持开路。当油压下降到设置值时，两组触点同时闭合。当轴承油压降到 0.0690～0.0759MPa 时，另一个轴承油压继电器使直流事故油泵启动。为了避免上述 3 台辅助油泵在运行过程中产生频繁启停，导致油压在设置值附近上下波动，控制电路设计只能使各泵自启动，但在油压恢复以后不会自动停泵，而必须手动停泵。手动操作开关安装在控制室，它是 1 个三位（停止、自动、启动）开关。当油压恢复后需要停泵时，必须手动操作，将开关拉向停止位置。触点释放后，开关弹回到自动位置，使油泵重新处于能自动启动的备用状态。

在机组运行过程中，为了检验辅助油泵是否能在规定的低油压下自启动，润滑油系统中还设有两套交流润滑油泵和直流事故油泵的自启动试验装置。它通过打开一个放油阀，使轴承油压继电器处产生局部压力降，对继电器和辅助油泵的备用情况进行试验。油流先经过一个固定的节流孔，这样在正常运行中继电器感受的是轴承润滑油压，而在试验时不会使润滑油母管中的油压下降到运行所不允许的数值。因此，可以在运行过程中进行试验，而不影响油系统的工作。试验时，油泵启动后也同样不会停止，必须在控制室操作三位开关手动停泵。

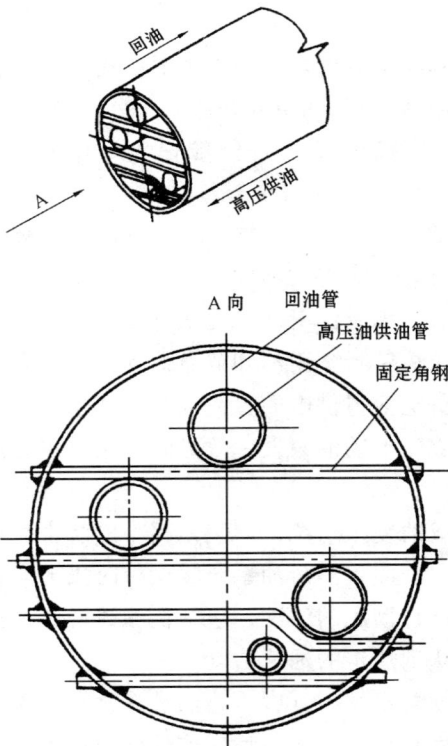

回油

A

高压供油

A 向　回油管

高压油供油管

固定角钢

图 10-2　典型套管

如果润滑油压继续降低，系统中设置的保护压力开关将使机组紧急停机，以保护机组的安全。

国产引进型 300MW 机组润滑油系统的油管是防护性的套管。典型的套管如图 10-2 所示。最外层的大管道是通向主油箱的回油管，同时也对里面套装的管道起防护作用。内部的小口径管道是压力油输送管，每隔一段距离由角钢支撑，一旦有压力油泄漏，漏油将流回油管道，不会喷射到汽轮机的高温管道上。从电厂防火角度来说，套装管道是较理想的油管结构，套装管道上有集污器和清洗器，因而可以很方便地对管路进行维护和清洗。在套装管道的维护过程中，最好不要敲击管道，以免使内部管道支撑件和焊接接头变形，影响管道的正常工作。

发电机轴承的进排油管道不是套装管道，回油由专门管路排入发电机氢密封油箱，然后将氢气从氢密封油系统中排出。

第二节　润滑油系统的主要设备

一、润滑油主油箱

国产引进型 300MW 机组的润滑油主油箱（或称润滑油组合油箱）结构见图 10-3。油箱体是一个由钢板焊制成的圆筒型容器，箱体上布置有交流辅助电动油泵、直流事故油泵、密封油备用高压电动油泵、油烟分离与除雾装置、接线箱、电加热装置以及油位计、

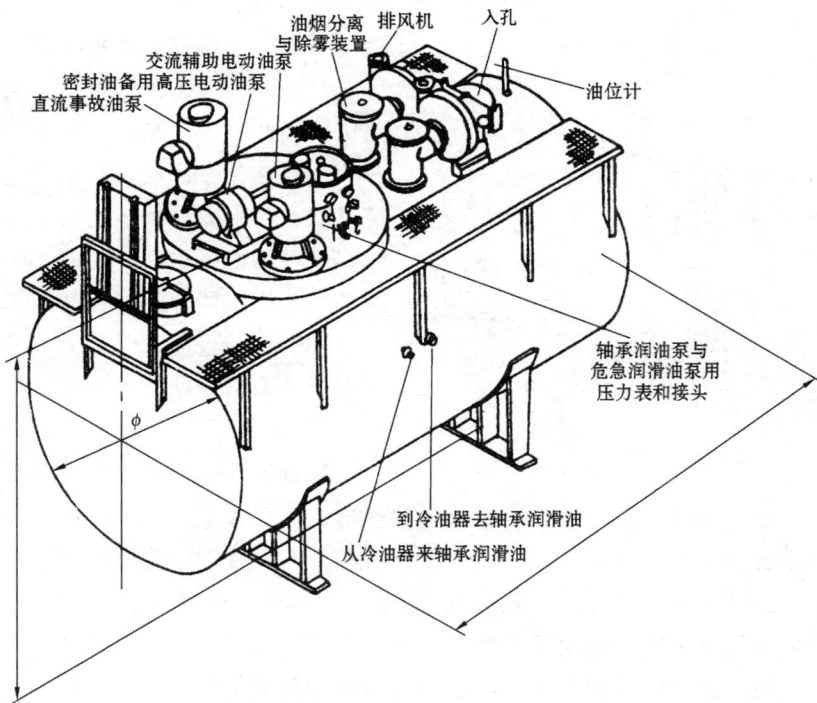

图 10-3　组合油箱

高低油位警报器、油压继电器、油压表以及其他监视和控制装置。油箱内部装有内部油管路、注油器、逆止阀、节流孔板等。这种组合式油箱使系统结构更紧凑，同时也能减少运行时油的泄漏，更有利于油系统的封闭运行。

该油箱的容量为（运行时）25m³，总储油量为39m³。油箱的容量应保证在交流电源失掉且冷油器断水时机组能安全停机，即容量要足够大，以使冷油器断水时，机组在整个停机惰走过程中，轴承油温不超过设置值，以保证轴瓦的安全。同时，油箱的容量还要能保证机组在甩负荷时容纳回油。在正常运行时，要求回油在油箱中停留时间足够长，以利于油中杂质的分离。

当油位在正常油位上下152mm范围之外时，油箱上的高低油位警报器发出报警信号，提醒运行人员注意。而油位计则用于低油位保护，当油箱油位低至685.8mm时，则紧急停机。油位计与电加热装置连锁，在油位异常低时切断电加热器的电源，此时电加热器不能投入。除此之外，油箱上还装有差压变送器，通过测量油柱的差压获得油位值，并将差压信号转变成4～20mA或1～5V的标准信号送计算机和显示仪表，供集中控制监视用。

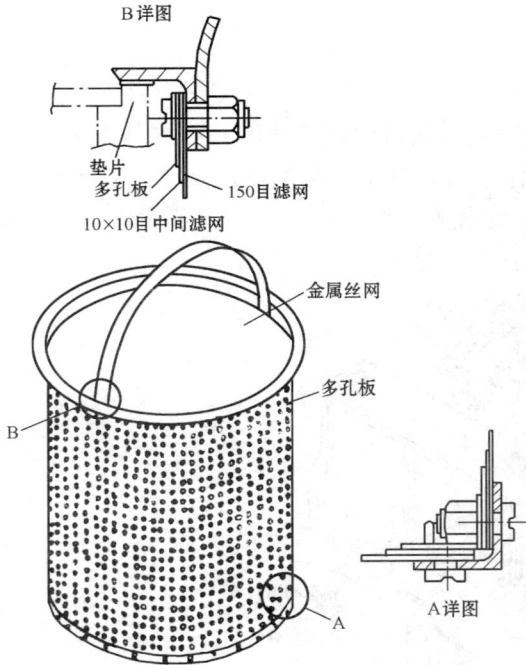

图 10-4　滤油器

在油箱内部，内部油管路把各油泵的出口连接到相应的供油母管。注油器以及各电动油泵的出油口均装有滤网，防止杂质进入油系统。在油箱内的顶部设置有回油槽，回油槽装有150μm的滤网（如图10-4所示）。进入回油槽的回油凭借重力流过滤网，从而在进入油箱前得到一次过滤。当滤网积存杂质而阻塞时，将导致油槽中油位升高，一部分未过滤的油会因漫过油槽而绕过滤网进大油箱。因此，回油槽中设置有一个油位限制开关，在油位过高时发出报警信号。在这种情况下，应将滤网换下清洗。为了使机组在没有滤网的情况下运行的时间尽量短，必须准备好备用滤网并迅速操作。滤网上部装有一个手柄，通过油箱上部的一个检修口可以很方便地取出滤网，而不影响其他部件的工作。

该机组要求油温必须在10℃以上才能启动油系统，因此在油箱上装设了浸没式电加热器，用以在低温环境下维持油箱内足够的油温。电加热器由油箱附近的三位（通、断、自动）开关控制。当开关在自动位置时，电加热器的工作由恒温器控制。恒温器是可调的，整定的控制油温范围为27～38℃。如果电加热器的加热元件未被油淹没而通电时，将会引燃油箱中的油雾，因此，将电加热器与油箱油位计连锁，在加热元件露出油面之前切断电加热器的电源。

组合油箱是封闭式的，并且依靠排烟风机的抽吸维持油箱内以及回油系统内有一定的负压。油箱在顶部开有维护用人孔，在底部设有排油口和疏水口。在长期停机期间，渣滓和水都会沉淀到油箱底部，因此在油系统运行前应从排油口排出少量油，将水和杂质带出。正常运行过程中也会有沉积，一般要求定期排污。

二、主油泵

润滑油系统的主油泵安装在汽轮机高压转子前端短轴上，一般为双吸式离心泵（如图 10-5 所示）。泵轮直接由汽轮机轴带动，它供油量大，出口压头稳定，轴向推力小，且对负荷的适应性好。在额定转速或接近额定转速运行时，主油泵供给润滑油系统的全部压力油，包括压力油总管、机械式超速遮断和手动遮断压力油总管、高压和低压氢密封备用油总管的用油。

这种主油泵不能自吸，因此在汽轮机启、停阶段要依靠电动机驱动的辅助油泵供给机组用油和主油泵的进口油。在正常运行时，主油泵由注油器提供一定压力的进口油。如果主油泵的吸油管道中进入了气体，泵的正常工作会被破坏，从而将造成润滑油系统的工作不稳定，因此主油泵的进口必须保持一定的正压。离心油泵的出口油压基本上与转速的平方成正比，随着汽轮机转速的升高，主油泵的出口压力也增高。当汽轮机转速达到 90% 额定转速时，主油泵和注油器就能提供润滑油系统的全部油量，这时要进行辅助油泵和主油泵的切换，切换时

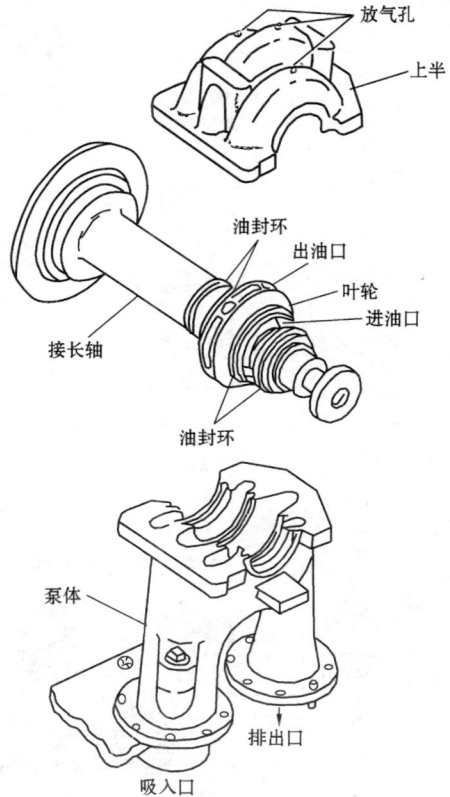

图 10-5　主油泵

应监视主油泵出口油压，当油压值异常时应采取紧急措施，以防止烧瓦。

对于国产引进型 300MW 机组，在汽轮机额定转速下，主油泵进口油压为 0.31～0.686MPa 时，出口油压为 1.442～1.689MPa，油泵体积流量为 3634L/min。

法国生产的 300MW 机组的主油泵采用了齿轮泵，输出压力为 3.1MPa，体积流量为 3050L/min。齿轮泵的自吸性较好，所以不需要专门的供油装置。美国 GE 公司生产的 350MW 机组没有采用注油器供油方式，而采用了油涡轮带动涡轮泵供油方式。压力油流过油涡轮，作功后，可作为润滑油使用，涡轮泵则提供主油泵的进口油。这套装置不仅效率比注油器高，而且噪声比注油器小得多，但系统以及设备的复杂程度大大提高了。

三、注油器

注油器装在主油箱内油面以下的管道上，它实质上是一个射流泵（如图 10-6 所示），其优点是结构简单、工作稳定、易于制造和调整，缺点是噪声大且效率不高。

注油器由喷嘴、混合室、喉部和扩散段等基本部分组成。喷嘴的进口与提供动力油的

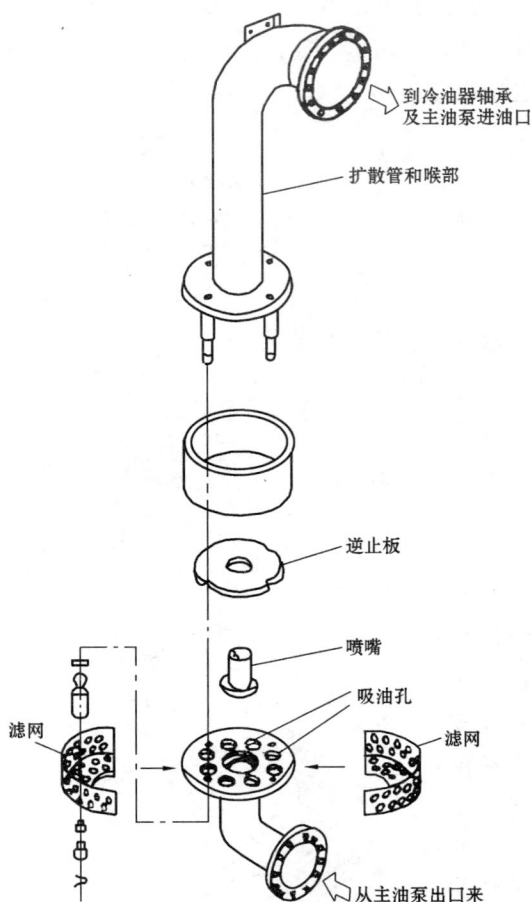

图 10-6 注油器

主油泵出口相连。工作时，主油泵来的压力油以很高的速度从喷嘴射出，在混合室中形成一个负压区，油箱中的油被吸入混合室。同时，由于油的黏性，高速油流带动吸入混合室的油进入注油器喉部，从油箱中吸入的油量基本等于主油泵供给喷嘴进口的动力油量，油流通过喉部进入扩压管以后速度降低，部分动能又转变为压力能，使压力升高，最后将有一定压力的油供给系统使用。为了防止喷嘴被杂质堵塞和异物进入系统，在注油器的吸油侧装有一个可拆卸的多孔钢板滤网，在一定程度上，这个滤网还起着稳定注油器工作的作用。

国产引进型 300MW 机组在注油器扩压管后装有可调逆止阀，它在注油器不工作时，可以防止油从系统中倒流回注油器而进入油箱。在混合室吸油孔的上方，装有一可上下自由移动的逆止板，当主油泵和注油器正常工作时，混合室中是负压，逆止板被顶起，油箱中的油可通过 8 个吸油孔吸入混合室。而在机组启停等过程中电动辅助油泵工作时，逆止板落下，阻止了系统中的油经吸油孔倒流回油箱。这个逆止板是该机组注油器特有的结构，它与扩压管后的逆止阀一起将油倒流的可能性减小到最低程度。

该机组只装有 1 只注油器，其出口油分三路，第一路油送主油泵进口，第二路油送低压氢密封备用油管，第三路油经过冷油器送至轴承供润滑用。而有些机组装备有 2 台注油器，分别完成以上任务，如日本三菱制造的机组就装有 2 台注油器。

四、电动润滑辅助油泵

国产引进型 300MW 机组的电动润滑辅助油泵是交流电动机驱动的立式离心泵，垂直安装在油箱顶部，如图 10-7 所示。立式电动机装于油箱外部，电动机支座上装有推力轴承，承受全部转子重量和油泵运行时的轴向推力。支座同时将电动机与油箱油雾完全隔开，并能防止异物落进油箱。油泵通过挠性联轴器与电动机连接，且完全浸没在油箱最低油位以下，因而可以在任何工况下启动，无需灌油，同时也消除了油泵漏油的麻烦。

油泵进口装有滤网以防止杂质进入油系统。油泵出油经过一个逆止阀与注油器出口逆止阀后油管相连，油泵出口逆止阀阻止了油系统中的油在油泵不工作时经油泵倒流回油箱。油泵和逆止阀之间装有油压继电器，当电动油泵运转且出口压力达 0.069 ~0.076MPa 时，继电器接通，向控制室提供信号，指示电动润滑油泵投入工作。

电动润滑油泵的出口压力为 0.285MPa，流量为 3300L/min，转速为 1450r/min。它工作时可提供全部低压氢密封备用油和经冷油器的润滑油。这部分油在汽轮机正常运行时，是由注油器提供的。在汽轮机启、停过程中，电动润滑油泵必须投入工作；在事故状态下，它作为主油泵的备用泵应能及时自动投入工作。在汽轮机启动过程中，电动润滑油泵在盘车投入之前投入工作，直至主油泵正常工作时为止，此时汽轮机的转速大约在 2700r/min 以上。在停机或事故状态下，油压降低至 0.076 ~0.083MPa 时，电动润滑油泵自动启动，使轴承油压恢复。而且如前所述，油压回升后此油泵不会自动停止，必须在控制室操作三位（启动、自动、停止）开关手动停泵。从停止位置释放开关后，开关弹回

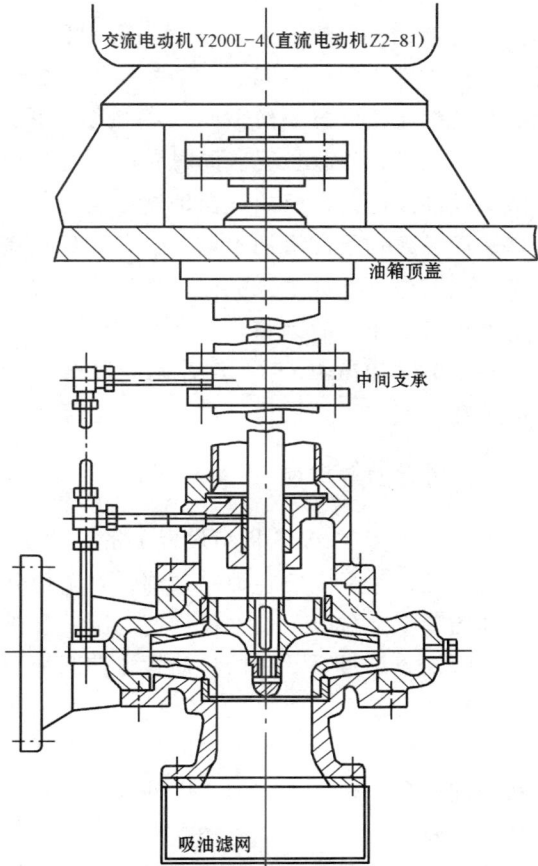

图 10-7　电动润滑辅助油泵

自动位置，当轴承油压跌至 0.076 ~ 0.083MPa 时，开关再度自动启动油泵。油压设置值的整定可由一个试验装置进行，它可以在不影响润滑油母管油压的情况下，局部降低电动辅助油泵的压力控制开关所感受的油压，以达到试验的目的。

各种同容量机组交流辅助油泵的布置基本相同，都采用直接浸没式布置，但所用的油泵及工作形式有差异。如三菱机组，由于不采用抗燃油系统，交流电动油泵同时还要承担向调节系统供高压油的任务，因此交流电动油泵在一根泵轴上串设了高压泵、低压泵两个泵轮，高压油泵为两级离心泵，向高压油管供油；低压油泵为单级离心泵，向润滑系统供油。

五、事故油泵

国产引进型 300MW 机组的事故油泵的结构与交流电动润滑辅助油泵完全相同。它由电厂蓄电池供电的直流电动机驱动，它的压力控制开关整定值低于交流电动辅助油泵的压力控制开关整定值，为 0.069 ~ 0.076MPa。

事故油泵是交流电动辅助油泵的备用泵，油泵的设计参数与交流电动辅助油泵相同，

它只在交流电源或交流辅助油泵发生故障时才投入工作。因此在机组启动时，当系统中轴承油压尚未超过事故油泵的自启动整定值时，控制事故油泵的三位开关应锁定在停止位置，以保护蓄电池的性能。当轴承油压已超过该设置值时，释放三位开关到自动位置。事故油泵是汽轮机润滑系统的最后备用泵，因此其操作开关被置自动后须始终保持在该位置，决不能锁在停止位置。同时，电厂蓄电池的容量应能在正常惰走过程中提供足够的动力供事故油泵运行，并始终保证充足电的备用。蓄电池充电不足会影响事故油泵的正常工作，从而导致轴承润滑油不足，引起烧瓦、烧轴颈、振动等事故。

与交流电动辅助油泵一样，事故油泵的进口装有滤网，出口装有逆止阀，油泵出油与注油器出口逆止阀后管路相连，并在油泵出口和逆止阀间装有信号压力继电器，当该处油压达 0.069 ~ 0.076MPa 时，向控制室发出油泵投入工作的信号。事故油泵一旦投入工作，也必须在控制室手动操作三位开关才能停止。

六、密封油备用泵

国产引进型 300MW 机组设置了密封油备用泵。密封油备用泵通过刚性联轴节由交流电动机驱动，水平安装在油箱顶部，是 1 台卧式人字齿齿轮泵，能连续运行，泵的吸油管伸入到油箱最低油位以下，保证任何工况下有正吸压头，由于齿轮泵本身具有良好的自吸能力，故吸油连续可靠。泵的排油管也伸入油箱与高压备用密封油管相连，泵的出口压力为 0.83 ~ 0.99MPa。

在机组启、停时，主油泵的排油压力低，不能满足高压备用氢密封油和机械超速危急遮断用油的要求，电动润滑辅助油泵的出油压力较低，只能满足轴承润滑和低压备用氢密封油的需要，故由密封油备用泵向主油泵出口油管供油。密封油备用泵和电动润滑泵受同一轴承油压继电器和三位开关控制，当电动润滑油泵启动时，密封油备用油泵也同时启、停。两泵在工作时，能提供机组正常运行中主油泵和注油器供应的全部油量。当机组转速达到 2700r/min 左右，主油泵和注油器的供油能满足润滑油系统的全部用油时，密封油备用油泵、交流电动润滑油泵和事故油泵都处于备用状态，它们的三位开关都应置于自动位置。

对于容积式泵，出口管上必须设置安全阀。因此，在密封油泵出口管上装有 1 个可调过压阀，其作用是把泵的排油压力限制在 0.79 ~ 0.86MPa 范围内。这个过压阀安装在油箱内最高油位以上的空间位置，揭开油箱顶板上的入孔盖即可进行调整。另外，在泵的出口油管上还装有 2 个逆止阀，一个用于正常运行时防止主油泵的出油经密封油备用油泵流入油箱，另一个用于防止密封油备用油泵的出油经注油器流回油箱。

在密封油备用油泵的出口和逆止阀间装有油压信号继电器，当该处油压为 0.069MPa 时，向控制室传送油泵正在工作的信号。

七、顶轴油泵

国产引进型 300MW 机组设计有 3 台顶轴油泵，在汽轮机启、停时投入，将高压油送进 3 ~ 6 号轴承，以减轻转子对轴瓦面上的正压力，达到减小启停时的摩擦阻力矩的目的，防止机组损坏，保证平稳地切换到盘车运行状态。顶轴油泵为轴向柱塞泵，其容量为25L/min，出口压力为 8.2 ~ 10.34MPa。机组启动时，启动顶轴油泵并将操作开关旋至自动位置；当顶轴油压升到 5.25MPa，并且轴承油压达到 0.021 ~ 0.035MPa 时，启动盘车装置，而当油压达不到这样的压力水平时，连锁开关阻止盘车电动机启动。机组停机时，随着汽轮机惰走而接近零转速时，顶轴油泵投入工作。正常运行时顶轴油泵处于备用状态。

有些 300MW 容量等级的机组不设顶轴油泵，设与不设顶轴油泵取决于转子的质量。如美国 GE 公司生产的 350MW 机组就不设顶轴油泵。日本三菱生产的 350MW 机组中，末级叶片为 1016mm 形式的设有两台顶轴油泵，而末级叶片为 851mm 形式的就不设顶轴油泵。

八、冷油器

润滑油的温度由冷油器调节。300MW 机组一般都装有两台冷油器，在正常运行工况，一台投入运行，另一台备用。在某些特殊情况下，如高温季节或冷油器污脏时，两台冷油器可以同时并联运行。冷油器布置在润滑油管路上，无论从何处来的轴承润滑油，在进入轴承前都须经过冷油器。国产引进型 300MW 机组的冷油器设计承压 0.3449MPa，冷却面积 150m²，冷却油量 134m³/h，油在冷油器壳体内绕管束环流，冷却水在管内流过。进入工作冷油器的润滑油流量通过装在两台冷油器之间的三通换向阀来控制。图 10-8 表示了冷却水和润滑油在冷油器中的流向以及三通换向阀的工作位置。润滑油通过三通换向阀后从冷油器下端进油口进入冷油器，经过设置在冷却水管外的导向板不断改变流动方向，最后由冷油器上部出油口流出，经三通换向阀进入润滑油母管。冷油器上部水室分成两部分，各有管束通到下部水室。冷却水进入上部水室的一侧，经该侧冷却水管束流到下部水室，然后经另一部分冷却水管束流回上部水室的另一侧后排出。可以任意选择上部水室的一侧作为进水侧，另一侧为排水侧。水室管板与管束间密封，以保证冷却水不漏入油中。

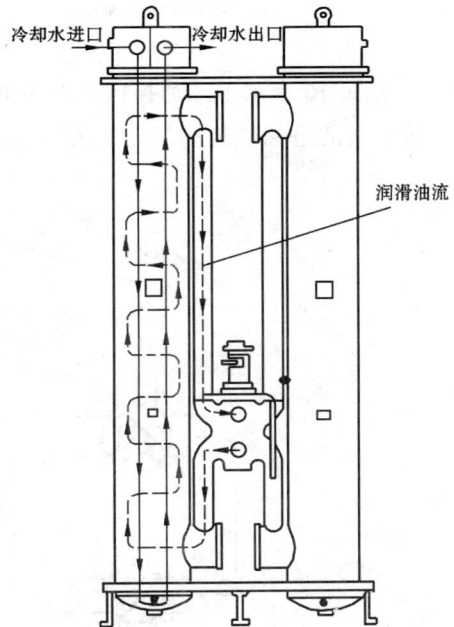

图 10-8　冷却水和润滑油在冷油器中的流向

图 10-9 所示为三通换向阀，该阀由手动操作。换向阀由上下两个三通阀组成，上面的三通阀的两个对称油口分别与左右冷油器的出油口连通，而中间的出油口与轴承润滑油母管连通，下面的三通阀的两个对称油口分别与左右冷油器的进油口连通，中间的进油口与注油器和电动润滑油泵的出口连通。转动换向阀的阀芯，同时控制上下两个三通阀，可以使油流向任一台冷油器，或同时流向两台冷油器，可以在切换冷油器时，不影响进入轴承的润滑油流量。

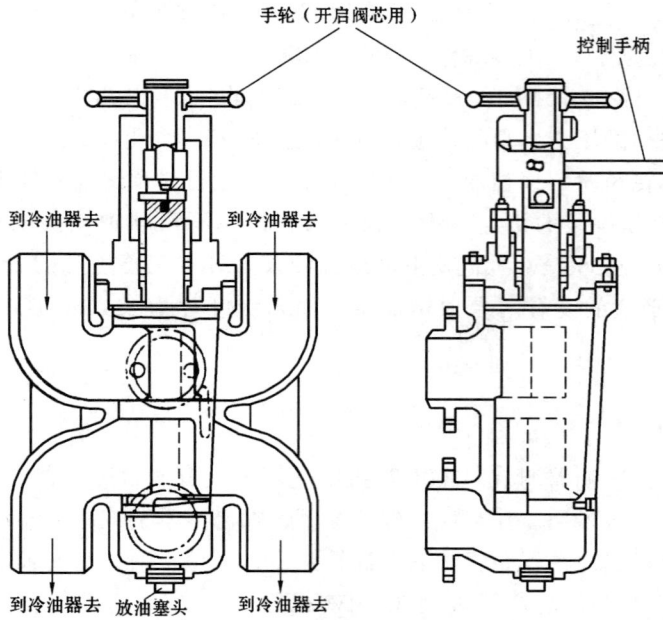

图 10-9　三通换向阀

　　图 10-10 表示了三通换向阀芯不同位置对应的不同工作状态。当阀芯在Ⅰ位置，润滑油从下面的进油口经阀芯设置的油路进入左侧冷油器，冷却后由上面的三通阀流进润滑油

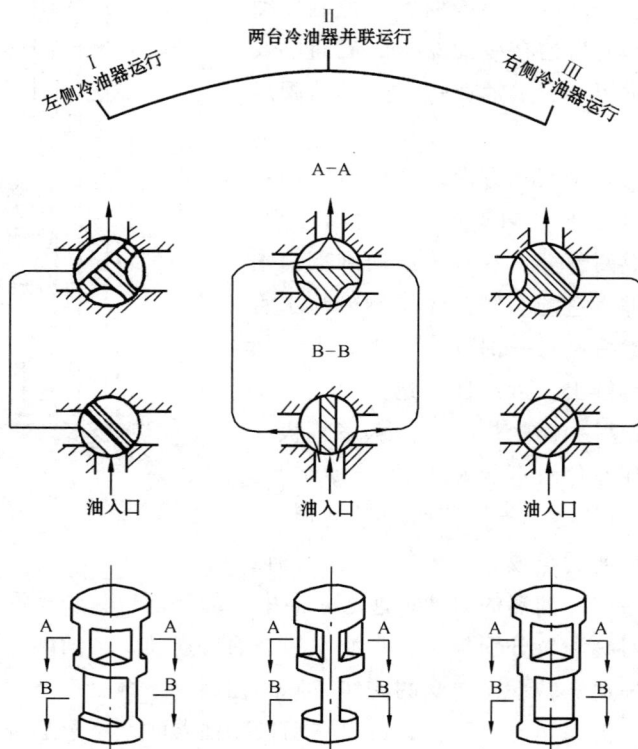

图 10-10　三通换向阀油路

母管，此时左侧冷油器工作；当阀芯在Ⅲ的位置时，右侧的冷油器工作；阀芯在Ⅱ的位置时，两边的冷油器同时工作。

三通换向阀的控制手柄用于转动阀芯，手轮用于升降固定控制手柄的插销。在切换冷油器时，必须先转动手轮，提起插销，而三通换向阀工作时，必须放下插销，防止阀芯在工作时转动。

在切换过程中，为防止轴承断油，应保证备用冷油器切换前已充满油，为此将两台冷油器的进油口通过一连通管和连通阀连接起来，切换前必须打开连通阀，使油从工作冷油器流向备用冷油器，进行充油。在机组运行过程中，为了保证备用冷油器能迅速投入使用，连通阀一直开着，当要清洗备用冷油器时，才关闭连通阀，清洗结束后，应重新打开连通阀。

每一冷油器壳体上都有连通管通向油箱，管道从油箱上部进入并伸至正常油位以上的区域，以便排油。冷油器下部水室设有放水门，上部水室装有排气门。对于油侧，冷油器壳体上也装有排气门。在三通换向阀下部装有放油塞头。

冷油器的出口油温可通过调节冷却水量来控制，冷却水量由供水管上的手动操作阀调节。正常运行时，应调节冷却水流量，使冷油器进油温度为60℃时，出口油温维持在43~49℃，并同时保证最热的轴承的回油温度不超过71℃，当无法保证最高轴承回油温度低于81℃时，应紧急停机。在机组启动过程中，一般油温是较低的，这时应切断冷油器的冷却水使油温上升到要求值。在盘车时，冷油器出口油温最好保持为21~35℃。

九、除油雾装置

在润滑油系统运行时，少部分油蒸发为油雾，这些油雾积聚在油箱内的油面之上以及轴承箱和油管中。如果油雾积累过多使油雾压力太高，这将使油雾通过汽轮机轴的轴封漏入厂房。为了防止油雾压力太高而泄漏，大、中型机组都设置了除油雾装置。图10-11和图10-12为国产引进型300MW机组除油雾装置的示意图。该装置通过1台吸气口与油箱内部油面以上空间相通的风机，使油雾积聚的地方产生微弱负压，从而可将油雾吸出，并将

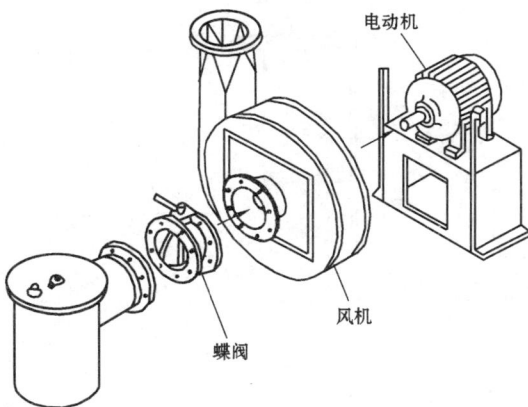

图 10-11　除油雾装置部件

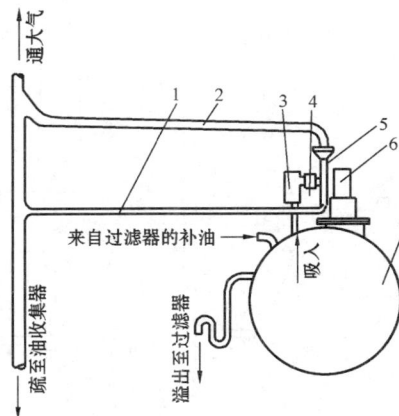

图 10-12　安装在主油箱上的除油雾装置
1—凝结油回油管；2—排气管；3—除雾器；4—可调蝶阀；5—排气风机；6—电动机；7—主油箱

油从油雾中分离出来送回油箱，而经过分离净化的油雾则排向大气。

除油雾装置由电动机驱动，装在油箱顶部（如图 10-12 所示）。它由除雾器、可调蝶阀、排气风机、排气侧管道上的逆止阀以及管道系统等组成。排气风机是一台单级离心风机，叶轮直接悬挂在电动机轴上。排气风机的抽吸作用，使轴承箱到油箱的整个润滑油系统保持微负压，因此只有少量空气被吸入润滑油系统，而不会使油雾漏入厂房。

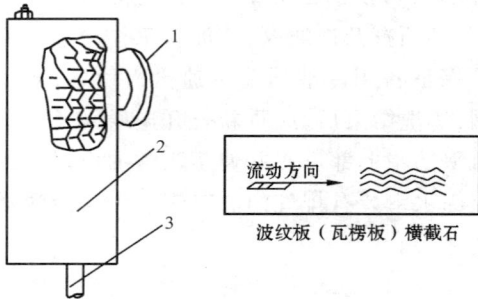

图 10-13　除油雾装置

1—出口；2—除雾器；3—吸气口

可调蝶阀是安装在风机吸气口前的一个手动操作阀。利用手柄调整蝶阀舌瓣位置可以调节通过风机的流量，从而控制润滑油系统的负压值，运行中要求这个值为 24.9 ~ 74.7Pa 水柱。可调蝶阀应在汽轮机开机以前给予调整。

除雾器如图 10-13 所示，安装于除油雾装置的油雾吸入侧的可调蝶阀前，固定在油箱上。油雾通过除雾器时，穿过一系列垂直安装的不锈钢瓦楞板，瓦楞板之间形成的气道使油雾通过时不断改变方向，油雾中油的微粒不断碰撞板壁并附着其上，然后累积成较大的油滴并凭借重力流回油箱。

在机组运行时，除油雾装置必须连续工作，只有当机组完全停止、油汽被抽出并分离完后才能停止工作。在除油雾系统吸雾侧装有感受压力的压力开关，通过测量该点的压力来判断系统是否在工作，并将这个信号送到控制室。

十、净油系统

净油系统的作用是清除润滑油中的水分、固体粒子和其他杂质。现代大机组几乎都装有净油系统，而且都是通过沉淀、过滤等手段来达到净油目的的。图 10-14 所示为国产引

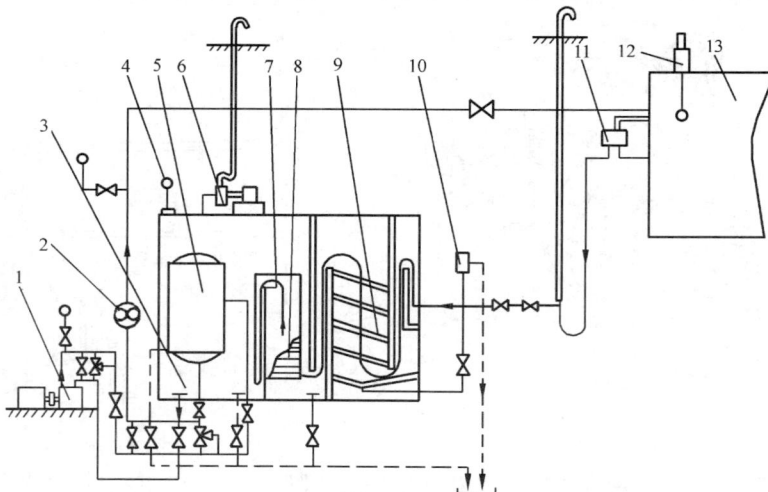

图 10-14　净油系统

1—输油泵；2—升压泵；3—贮油室；4—油位信号器；5—过滤器；6—排烟机；7—过滤器；
8—袋滤器；9—沉淀室；10—自动抽水器；11—流量控制阀；12—油位计；13—主油箱

进型 300MW 机组的净油系统，它由净油装置、输油泵、排烟机等组成。净油装置的本体用钢板焊接而成，其内部结构分三部分：沉淀室、过滤室和贮油室。

工作时，润滑油主油箱的部分润滑油经过一个流量控制阀后依靠重力流入净油装置油槽。当进入油槽的油溢出后，经折流板落到沉淀室底部。沉淀室中装有一些过滤板，从底部进入的油经过这些过滤板最后从出口板上溢进过滤室。沉淀室的底部呈漏斗状，将分离出的水集中后，由自动抽水器排出。自动抽水器实际上是一个溢水管（如图 10-15 所示）。沉淀室预先

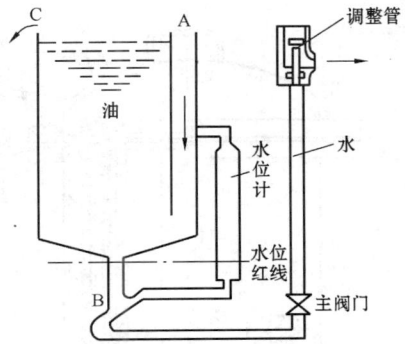

图 10-15　自动抽水器

充水和充油，并将沉淀室中水位调整在水位计的红线位置，此时溢水管水位正好在管口，抽水器两侧水、油压力平衡，没有水从溢水管流出，当沉淀室中聚集分离出的水时，油侧的液柱压力增加，破坏了抽水器两侧的压力平衡，使分离出的水从溢水管中流出。

净油装置的过滤室由 30 片袋滤器组成，油从外侧流向袋滤器中间，再从上部的出油管流到贮油室，袋滤器除能分离油中的杂质外，也能分离水分。滤出的污物由过滤室底部排污阀定期排放。

贮油室中的油自底部出口管流到净油系统输油泵的入口，由输油泵将油送回贮油室内的过滤罐进一步过滤，过滤后的油送回主油箱。

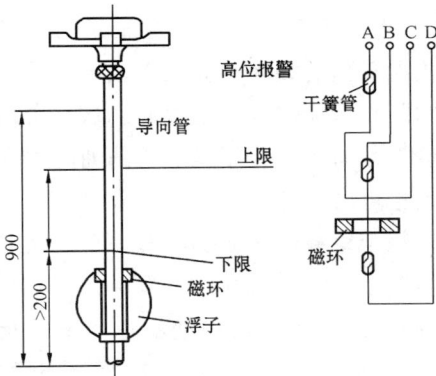

图 10-16　油位信号器

输油泵为齿轮泵，体积流量为 7.5m³/h，出口压力为 2.4525MPa。输油泵的启、停由安装在净油装置上的油位信号器自动控制。当贮油室中的油位达到上限位置时，油位信号器发出信号，并经中间继电器控制交流接触器使输油泵启动，反之当油位降到下限位置时，输油泵停止。油位信号器（如图 10-16 所示）由导向管、干簧管和带磁环的浮子等零件组成。3 个干簧管分别被固定在上、下限油位的位置和一个高油位报警位置。当浮子带的磁环与干簧管位置重合时有信号发出。高油位报警位置是贮油室内的油发生倒流进入过滤室时的临界油位。

上、下限油位的差值决定输油泵启停工作周期中的停泵时间，它由需要净化的油量确定。一般，要求净油系统的每小时通油量为 10%～20% 的主油箱容量。该机组要求在运行中有 20% 的润滑油得到净化处理。

贮油室中的过滤罐（如图 10-17 所示）用于对油进行最后的精滤，通过罐内安装的 15 个滤油芯滤油。油从滤油芯的外侧进入内侧。过滤罐进出口压力差反映了滤芯的污脏程度，当这个压差值达 0.1717MPa 时，应清洗过滤罐和更换滤油。

净油装置箱顶上装有排烟机，将油烟直接排入大气，并使贮油室内保持微负压。主油箱的最低油位比净油装置进油口高出的距离应不小于 1m，但主油箱标高同时又不能超过

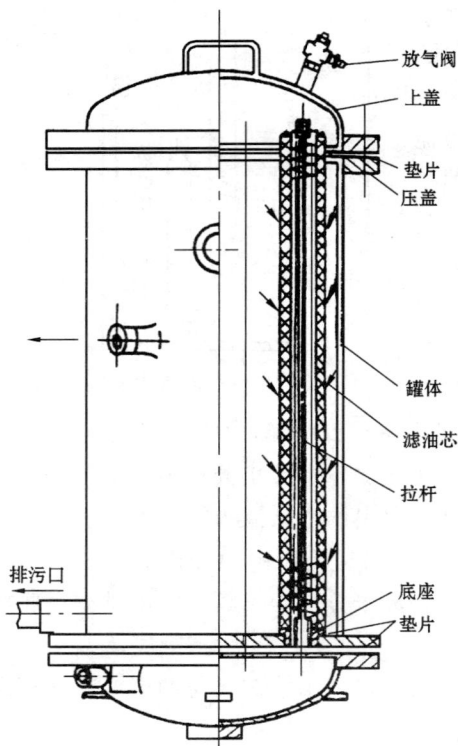

图 10-17 过滤罐

净油装置标高太多，根据输油泵的情况可确定两者的最大标高差，使得在考虑了油通过各种管路和过滤罐的压损后，输油泵能将已净化了的油送回主油箱。为了保证在个别实际输油阻力大于设计输油阻力的情况下，净油装置仍能正常运行，在过滤罐的出口加装了1台与输油泵完全相同的升压泵，以保证净油系统的连续工作。

由于主机的润滑油回油系统是保持微负压运行的，因此蒸汽自轴封中漏出而进入润滑油系统的可能性是存在的，同时由于油系统中各设备在运行过程中都可能有杂质进入油中，因此要求净油系统连续工作，以不断清除润滑油中的水分和各种杂质。净化后油的品质应达到水分含量小于0.05%的要求，并且对油中球径为 $5 \sim 15 \mu m$ 的机械杂质的过滤效率为 94%～98%。

该机组的净油装置为主机和给水泵汽轮机共用。

十一、顶轴油系统

轴承顶起装置的作用，一个是在轴承与轴径之间引入高压油，在两者之间形成一层油膜，从而防止滑动面的损坏，如果在轴径与轴承之间不能形成正常的油膜，当轴径转动时，还会由于粘附现象而引起机组振动。从这个角度来说，有了轴承顶起装置，使机组的启、停有了可能性，另一个作用是形成的油膜大大地减少了摩擦力，这即可选择容量较小的盘车电动机，也可防止盘车电动机超载。

通常低压转子前后轴承属于重载轴承，根据需要，每个重载轴承分别配置一套组装式轴承顶起装置。

哈汽生产的300MW机组顶轴装置系统如图10-18所示。该系统的进油管道与轴承箱内的供润滑油管相连。入口油先需要经过手动旋塞阀J，此阀经常处于全开位置，全开时抽出手杆，以避免误将该阀关闭，而造成齿轮泵由于缺油而损坏。

入口滤网E主要作用是减少油的污染，另外还有连续排除空气的功能，从而减少空气的进入，防止齿轮泵发生气蚀现象。

在齿轮泵的入口管还装有两只压力控制器，一只当油压下降时发出报警信号，整定值为0.05MPa表压；另一只作为连锁，当油压降低时，自动切断齿轮泵驱动电机的电源，整定值为0.02MPa表压。当压力控制器发出报警信号后，维护人员应立即检查入口滤网是否需要清洗或更换。齿轮泵Ⅰ转速为1440r/min，每转的排油量为10m³。电动机为立式，功率为5.5kW。齿轮泵最高出口压力可达20MPa，具有含油轴承和浮动侧板结构，可自行补偿磨损，使泵在较长运行时间内，保持较稳定的工作性能。

齿轮泵出口管路上接有远程调压溢流阀 H，其整定值为 14MPa ± 0.2MPa 表压。齿轮泵出口管路上还装有逆止阀和滤网。

在压力油输出管路上，还装有高压压力控制器 A，由于在该压力控制器前装有一只节流衬套，因此压力控制器只整定到 4.22MPa。当低于该整定值时，连锁盘出电动机，以防止轴径未被顶起就盘动汽轮机转子。

该机组低压转子前轴承箱中的重载轴承，上半是圆轴承，下半是两块可倾瓦。顶轴油系统打出的油从两块可倾瓦的油囊中排出。为使同一瓦的两个油囊油压相同，压力油分别经过两只节流阀进入两块可倾瓦的油囊。在机组安装完毕后，应做顶轴试验，调整两只手动节流阀，使阀后压力基本相等。

轴承油囊中的油压约为 5.6 ~ 8.5MPa，轴径约被顶起 0.05 ~ 0.076mm。

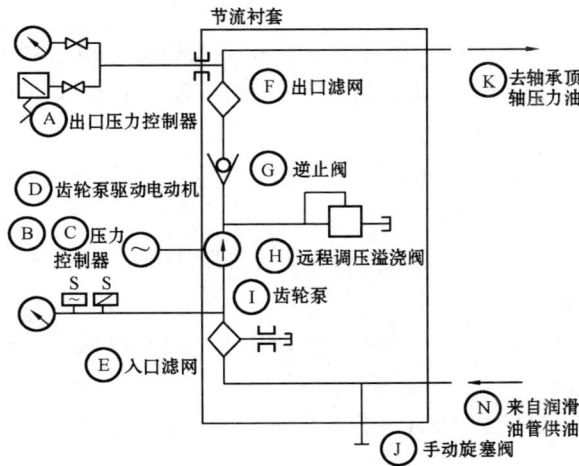

图 10-18　顶轴油系统

第十一章
数字式电液调节系统的运行维护与故障处理

第一节 数字式电液调节系统的正常运行

一、数字式电液控制装置的运行

1. 启动

(1) 按下"灯检"按钮，确认操作盘、显示盘按钮灯、指示灯良好。

(2) 指示盘按钮、指示灯、状态指示灯、和屏幕显示器（CRT）画面状态均显示正确，各种"钥匙开关"位置正确。

(3) 数字式电液（DEH）控制系统已在静态进行过"操作员自动"、"一级手动"、"二级手动"阀门开关试验，并好用。

(4) 就地挂闸和远方挂闸，检查隔膜阀上油压正常，中压主汽阀全开，观察 DEH、ETS 盘及显示器显示正确。

(5) 冲动。设定目标转速、升速率，进行升速。注意在低速检查和中速暖机处保持转速，阀门切换时转速波动。

(6) 汽轮机定速后，确认 DEH 工作性能稳定，转速波动在规定范围内。

2. 正常运行

当指示盘按钮指示灯、状态指示灯和屏幕显示器（CRT）画面状态均显示正确后，可按负荷控制中心指令，投入协调控制系统。

3. 停机

(1) 确认 DEH 盘、ETS 盘、显示器、光视牌无重要报警。

(2) 汽轮机打闸，确认高、中压主汽阀、调节汽阀、各段抽汽逆止门迅速关闭，汽轮机转速下降。确认隔膜阀上油压泄掉，否则用手动打闸。

二、EH 油系统的运行

1. 启动前的检查

(1) 确认系统检修作业结束，工作票收回，关闭系统各取样门、放油门。

(2) 启动前，手盘 EH 油泵联轴器应转动灵活无卡涩，各阀门置于需求位置。

(3) 确认 EH 油箱油质合格，油位补至最高可见油位，油位计活动灵活无卡涩，保证油箱油温在 20℃以上，否则自动投入电加热器运行。

(4) 高压储能器充氮至 8.97MPa，低压储能器充氮至 0.21MPa。

(5) 开启 EH 油泵入口手动门，开启 EH 油泵出口手动门。

（6）确认 EH 油压低跳机试验块放油门关闭，来油门开启，压力开关投入。

（7）确认各阀门执行机构来油门开启，开启各表计一次门，确认表计均在投入状态。

（8）开启高、低压储能器来油门，关闭放油门。

（9）确认冷油器油侧入口联络门关闭；确认冷却油泵入、出口门开启。

（10）确认热工有关电源投入。

（11）关闭 EH 油过滤系统各手门。

（12）关闭 EH 油联动试验电磁阀及手动试验门。

（13）确认 EH 油泵连锁开关在"解除"位置，EH 油泵、冷却油泵电机、油箱电加热器绝缘合格之后送电。

2. EH 油系统的运行

（1）启动一台 EH 油泵，注意油箱油位下降情况，确证 EH 油系统无漏泄，确证油泵出口压力自动调整正常，母管压力在 14.5MPa。

（2）进行 EH 油泵联动试验，确证好用，保持一台泵运行，另一台投入连锁。

（3）当 EH 油温升高至 43℃时，投入冷油器冷却水运行，确保油温在 37～57℃之间，并将自循环冷却油泵控制方式投"自动"。EH 油温过低，则油黏性过大，EH 油泵的振动和噪声过大，易造成油泵损坏；EH 油温过高，则油会分解产生有害物质。

在运行中应常检查轴承的振动、温度、泵内的声音、出口压力、滤网前后的压差、油泵流量、电流及 EH 油箱的油位均正常；检查 EH 油系统无泄漏；正常运行时，应投入再生装置。

（4）一般当蒸汽柜温度高于 150℃时，不允许停 EH 油泵，以防止 O 形圈老化后破损，造成泄漏。

3. EH 油泵的停止

（1）当机组停运后，根据检修作业要求停止 EH 油系统运行，否则应保持油泵连续运行，以保证油质合格。

（2）断开 EH 油泵连锁开关，停止 EH 油泵运行，停止供给冷油器的冷却水。

4. 自循环滤油、再生系统的运行

（1）开启滤油泵出、入口门，开启滤油、再生系统各压力表门。

（2）测滤油泵电动机绝缘合格后送电。

（3）若需投入再生装置运行，则应先开启再生装置波纹纤维过滤器入口门，关闭过滤装置入口门，待油系统循环正常后，逐渐开启硅藻土过滤器入口门，逐渐关小波纹纤维过滤器入口门，待油系统循环正常后，全关波纹纤维过滤器入口门；若需投入过滤装置，则开启过滤装置入口门。

（4）启动滤油泵，检查系统无漏油处。

5. EH 油系统运行中的维护

（1）检查 EH 油泵转向正确，无摩擦，无异常振动。

（2）检查 EH 油泵出口压力正常，母管压力在 14.5MPa 左右，当母管压力达 11～

11.4MPa 油压低报警并联动备用油泵，当母管压力达 16～16.4MPa，油压高报警，当母管压力达 16.5～17.5MPa 时，溢流阀动作。

（3）检查 EH 油温在 43～54℃，油温达 55℃时，冷却水回水电磁阀开启，油温达 37℃时电磁阀关闭，油温最低不低于 37℃，最高不超过 57℃。

（4）自循环冷却油泵投自动时，检查其启、停正常，油温达 55℃时，冷却油泵启动，冷却水回水电磁阀开启；油温达 38℃时，冷却油泵停止，冷却水回水电磁阀关闭。

（5）当 EH 油箱油温低于 20℃时，若电加热器在"连锁"状态下，则电加热器自动通电，同时切断 EH 油泵电机电源；当 EH 油箱油温高于 20℃时，电加热器自动断电，同时接通 EH 油泵电动机电源。

（6）检查 EH 油箱油位在 430～560mm 之间，油位达 560mm 时，油位高报警，油位低至 430mm 时，油位低 I 值报警，油位低至 300mm 时，油位低 II 值报警，油位低至 200mm 时，EH 油泵跳闸。

（7）检查 EH 油泵出口滤网压差 ≤0.55MPa；检查 EH 油回油压力 ≤0.21MPa；检查系统应无漏泄。

（8）检查自循环冷却系统运行正常，否则切至手动启、停冷却油泵，控制油箱油温在正常范围内。

（9）若再生装置投入运行，任一滤油器油温在 43～54℃时压力高达 0.21MPa，应及时联系检修更换滤芯。

6.EH 油系统运行中常见的问题

EH 油系统在运行中常见的问题有油动机摆动、油动机开不起来、油动机油管脉动、ASP 油压过高或过低、油泵振动大、EH 油母管压力低、EH 油酸值增大、EH 油触头渗漏等，下面就 EH 油系统常出现的一些故障以及诊断和处理方法介绍一下，运行维护人员在遇到此类问题时可以参考表 11-1 进行初步诊断。

表 11-1　　　　　　　　　　　EH 油系统故障的诊断和处理

故障现象		可　能　原　因	对　　策
泵噪声增大	油中含有空气	1. 入口管路泄漏	更换密封
		2. 轴端密封泄漏	更换轴端密封
		3. 油流量低	重新调整泵流量和压力调节装置
		4. 疏油管在液面以上	提高液位
		5. 母管漏气	消除漏气
		6. 泵入口管压降过大	检查入口门是否全开和入口滤网是否被堵并开全入口门和清理滤网
		7. 入口滤网产生了集气器式的作用	清理滤网

故障现象		可 能 原 因	对 策
泵噪声增大	泵转动部件气化	1. 油温度过低	投入油箱电加热
		2. 泵的转速过高	检查电机接线以及电压
		3. 入口管径过细	按要求重新配管安装
		4. 入口管凹陷	更换入口管
		5. 入口滤网过细	更换滤网
		6. 入口滤网差压过大	更换和清洗滤网
	轴线未校验准确	1. 安装错误	重新找中心和安装
		2. 装配后变形	
		3. 轴向摩擦	
		4. 连接错误	
	泵机械故障	1. 柱塞和滑靴松动或故障	更换柱塞和滑靴,并清理干净泵内杂质和滤油
		2. 轴承故障	更换轴承,并清理干净泵内杂质和滤油
		3. 联轴器损坏或联轴器弹性圈损坏	更换联轴器或弹性圈
		4. 地脚松动	紧固地脚
泵严重磨损	过负荷	1. 转速过高	降低泵运行转速
	油中有杂质	1. 滤网脏或破损	更换滤网
		2. 过滤器过粗	更换更细的滤芯
		3. 系统中加入了脏油	滤油或换油
		4. 油箱敞开了或呼吸器失效	封闭敞口
		5. 管路材质不合适	更换不合适管材的管路
	油质不好	1. 运行温度不合适	投入再生装置或专门的再生滤油装置滤油
		2. 由于长时间温度不合适造成了油质量变差	投入再生装置或专门的再生滤油装置滤油
		3. 在油中加入了不正确的添加剂	重新滤油或换油或更换添加剂
		4. 由于化学特性老化,添加剂效果损耗	重新更换添加剂
	没安装好	1. 接口、安装程序、尺寸或光洁度等不合格	重新安装
	油中带水	1.(空气中的)凝结水	滤油
		2. 呼吸器或滤网故障	滤油
		3. 冷却器泄漏	滤油
		4. 错误的进行了清洗	滤油
		5. 补充的新油中有水	滤油

故障现象	可 能 原 因		对　　策
压力振荡、油管路高频振动	供油系统故障	1. 溢流阀动作过慢	更换快速溢流阀
		2. 溢流阀磨损	进行检修
		3. 逆止阀反应过慢	更换或重装
		4. 管道容积太小（管道容积、管道强度、聚积效果）	增大管路尺寸或长度、排除空气
		5. 油缸产生了失真行程	重新检查泵的压板、旋转部件、疏油压力
		6. 伺服阀故障摆动	调节伺服阀零位或更换伺服阀
		7. DEH故障引发伺服阀、油动机共同振荡	消除DEH故障
		8. 多台蓄能器工作不正常，氮气压力过低，进油门未开或未开足	蓄能器充氮至正常压力并正常投入蓄能器
		9. 系统中有非正常泄漏量（具体见压力升不起来现象）	消除系统中非正常泄漏量（具体见压力升不起来的处理）
	泵故障	1. 流量和压力调节装置磨损	进行检修
		2. 泵过量的泄疏油	重新检查泵壳疏油流量并按要求检修，不正确的装配和接口重新调整安装
		3. 齿形负载	检查和消除机械方面故障
油发热	溢流阀故障	1. 设定动作值过低（与负荷或流量和压力调节装置相比而言）	重新整定
		2. 因背压、部件磨损引起的不稳定	消除不稳定因素
	泵流量和压力调节装置设定动作值过高（与溢流阀相比而言）		重新整定
	冷却器故障	1. 冷却水被切断或流量过低	恢复冷却水
		2. 由于泥浆或水垢引起的传热效率下降	切换冷却器并清洗
		3. 备用冷却器油侧投入而水侧未投	隔离备用冷却器
	其他故障	1. 油过少	加油
		2. 油流卷吸空气；空气膜隔离和阻碍了传热	消除吸入空气点
		3. 邻近的设备热辐射	隔离热辐射源
设定压力降低	泵故障	1. 流量和压力调节装置调节螺母松动	紧固流量和压力调节装置调节螺母
		2. 泵性能恶化	进行内部检查并更换失效或破损的外部零部件
	系统故障	3. 溢流阀故障	仔细检查或更换溢流阀
			检查溢流阀的设定情况
			检修或更换溢流阀
		4. 油箱油位过低	重新补满油［＊检查疏油流量（在额定压力下低于5%的出口流量）］

故障现象	可能原因		对 策
"EH油压低"声光报警；DAS-CRT EH油压低报警；就地、室内EH油压表指示降低	泵故障	1. 转向不对	更换转向
		2. 溢流阀或流量和压力调节装置整定错误	重新调整后并死
		3. 溢流阀或流量和压力调节装置故障	仔细解体检查或更换
		4. 吸入管堵	检查和清洗吸入口滤网；开启入口隔离门
		5. 泵性能恶化	按要求维修或更换
	供油故障	1. 油箱油位过低	加够油位
		2. 非工作油泵出口逆止门关不严	停机后更换出口逆止门
	系统中非正常泄漏	1. 系统存在外漏	消除外漏
		2. TV、RV、GV 快速卸荷阀未关严或内漏	关严后锁定；或更换快速卸荷阀
		3. IV 快速卸荷阀内漏（多数是内部O形圈破损），新装阀可能也存在密封件尺寸配合问题	检查快速卸荷阀密封情况，消除内漏
		4. OPC、AST 油进油管堵	消除堵塞
		5. 伺服阀严重内漏	更换伺服阀
		6. 油动机油缸磨损严重，内漏较大	更换活塞环或油动机
		7. 高压蓄能器回油门漏关	关严
		8. 危急遮断控制块或EH油压试验块节流孔漏装	重新装妥
流量不足	泵故障	1. 进口管路密封不好	更换并紧固密封装置
		2. 泵冲程控制调整方法不正确	按要求重新调整
		3. 泵性能恶化	检查疏油
		4. 流量和压力调节装置磨损	重新调整或更换
	油箱油位过低		加够油位
	系统中存在不明泄漏		按照前述措施执行
	高压蓄能器未正常投入		正常投入高压蓄能器
EH高压母管油压过高	EH油泵出口滤网堵塞		清洗滤网
	EH油泵出口门未开全		开出口门
	油泵流量和压力调节装置故障		重新调整
	溢流阀整定值过高		重新整定

故障现象		可能原因	对策
油动机不受控制	单一油动机全关	1. 该油动机卸荷阀未关足或损坏	重新调整或更换
		2. 油动机入口门未开	全开入口门
		3. 伺服阀零位漂移	重新调整零位
		4. 伺服阀被堵或损坏	清洗或更换
		5. 伺服阀驱动线圈故障或未接信号线	更换伺服阀线圈或重新接好信号线
		6. LVDT 故障	修复或更换
		7. DEH 指令给出的指令不对	检查和修改逻辑
		8. 活动性试验电磁阀故障	修复或更换
	单一油动机全开	9. 伺服阀驱动线圈故障或未接信号线	更换伺服阀线圈或重新接好信号线
		10. 伺服阀零位漂移	重新整定
		11. LVDT 反馈断线或其他故障	修复或更换
		12. DEH 指令给出的指令不对	检查和修改逻辑
	油动机晃动	1. 伺服阀零位不对	重新调整伺服阀零位
		2. DEH 指令本身振荡	消除 DEH 故障
		3. 伺服阀滤芯被堵	更换滤芯
		4. 起动时主蒸汽参数过高	降低主蒸汽参数或尽快并网
		5. LVDT 线圈或铁芯松动	固定好 LVDT 线圈或铁芯
		6. LVDT 故障	更换 LVDT
	油动机或汽门卡涩,处于中间位置不动		检修消除卡涩
AST 油压偏低	位于 RV 控制块中的 AST 节流孔堵塞或过小		清洗或适当加大
	有关的卸荷阀及电磁阀内漏		隔离检查后更换
	位于危急遮断控制块中的节流孔塞脱落,未装妥或孔径太大		重新装妥或适当减小
	危急遮断控制块高压进油管接头中节流孔堵塞或太小		清洗或适当加大
	隔膜阀内漏		重新整定隔膜阀动作压力,如仍不能够解决问题,则需解体检修或更换
ASP 油压偏低或偏高	位于危急遮断控制块中的两个 ASP 节流孔塞有一个堵了		清洗节流孔
	AST 电磁阀误动作或内漏		消除 AST 电磁阀误动原因或解体检查消除内漏
OPC 油压偏低	位于 IV 上的 OPC 进油节流孔过小或堵塞		清洗或适当加大节流孔
	有关卸荷阀及电磁阀泄漏		隔离检查后更换
	OPC 电磁阀内漏		解体检修或更换

故障现象	可 能 原 因	对 策
突然跳机	AST 电磁阀同时误失电动作	检查和消除失电原因
	因系统泄漏油位过低而造成压力低跳闸	消除泄漏点并加好油
	高压 EH 油管路泄漏	检修
	危急遮断飞锤误动作或两只 AST 溢流阀故障造成隔膜阀误开	检修
	EH 油压低遮断试验块外漏造成误发 EH 油压力低汽机误跳闸	消除泄漏
EH 油酸值上升	加入了不合格的油	更换合格的油或滤油冲洗
	EH 油再生装置失效	更换硅藻土滤芯
	EH 油中带水水解后酸值增加	消除 EH 油带水的原因，并滤油
	EH 油温度过高或油管局部受到高温辐射后 EH 油质老化分解	将油温降低在合格范围内，同时消除高温对 EH 油管的辐射
	EH 油管冲洗时采用了不合格的冲洗溶液	用合格的冲洗溶液冲洗
	管道金属材料或密封材料不合格	更换合格材料
蓄能器氮压泄漏	蓄能器氮气通过充氮管接头或压力表接头外漏	检查并消除漏点
	蓄能器活塞环磨损增大或皮囊泄漏，在 EH 油泵停运或 EH 油压下降过程中通过回油泄漏	检修和更换蓄能器活塞环或皮囊，在充好氮气后，保持 EH 油系统连续运行

三、ETS 系统的运行

1. 启动

（1）按下"灯试验"按钮，确认盘面指示灯均亮；松开"灯试验"按钮，除"跳闸"、"电源监视"指示灯亮，其余灯灭。

（2）确认各通道已分别进行过试验且好用。各种"钥匙开关"位置正确。

（3）在静态下已进行过远方、就地"挂闸"、"打闸"试验，确认好用。

（4）就地挂闸，远方挂闸（ETS 盘复位），检查隔膜阀上油压正常，中压主汽阀全开，观察 ETS 盘及显示器显示正确。

（5）汽轮机定速后，根据要求进行各种试验，确认各保护实际值在规定范围内。

2. 正常运行

指示盘按钮指示灯和屏幕显示器（CRT）画面状态显示正确。

3. 停机

（1）确认 DEH 盘、ETS 盘、显示器、光视牌无重要报警。

（2）汽轮机打闸，确认高、中压主汽阀、调节汽阀、各段抽汽逆止门迅速关闭，汽轮机转速下降。确认隔膜阀上油压泄掉，否则手动打闸。

DEH 系统运行的主要操作是在机组的启动过程中，正常运行和停机操作比较简单一些，但不能轻视，操作前的检查准备工作要求全面、细致。

第二节　数字式电液调节系统的维护与故障处理

随着科学技术的不断发展，控制技术的不断完善，数字式电液调节系统（DEH）和设备的技术性能及产品质量也在不断提高。相对来说，系统和设备的检修与维护的工作量逐渐减少，而对问题分析的技术难度在加大，这就要求检修维护人员的技术素质要不断提高，以适应发电厂正常生产的需要。

DEH 系统及设备的常规性维护和一些较普遍的故障的原因分析及处理方法列表如下：

一、常规性维护（见表11-2）

表 11-2　　　　　　　　　　　　常规性维护项目

设备及部件	更换或维修间隔	备　　注
泵出口高压过滤器	1 年	油温 45℃时，压差开关报警或泵出口压力大于系统压力 1.5MPa 以上时应更换
伺服机构高压过滤网	6 个月	
再生装置的滤芯	一年	油温 45℃时，压力表大于指示压力 0.21MPa 以上时应更换
回油过滤器	1 年	
蓄能器	1 个月测 1 次汽压	
O 形圈、隔膜阀膜片	4 年	
伺服阀、单向阀、卸荷阀	4～8 年	

注　表中是系统和设备正常运行的维护时间间隔，异常情况特殊处理。

二、一般故障原因及处理（见表11-3）

表 11-3　　　　　　　　　　　　一般故障原因及处理

序号	故障现象	故障原因	故障处理
1	DEH 操作盘双机运行灯灭	1.DEH 控制柜内 A、B 主机双机通讯故障 2.A 机主机故障自动退出运行	将 DEH 控制系统切到一级手动方式运行，然后重新启动 A、B 主机，确认重新启动完成后，投自动，系统恢复
2	DEH-CRT 上显示模拟量参数（如温度、真空等）不准确	1.DEH 系统的 DAS-SC 站控制板异常，导致 DAS-PC 机或 C 机主机异常 2.模拟量输入板（AI）损坏	1.重新启动 C 机主机、DAS-PC 机和 DAS-SC 站控制板，约 2min 后，全部恢复 2.更换相应的模拟量输入板（AI）
3	某一调节汽阀（如高压调节汽阀）在运行中出现全开、全关或摆动大等异常	1.对应的阀门位移传感器（LVDT）一次仪表损坏或二次仪表振荡频率漂移 2.对应的阀门控制卡（VCC）故障	1.阀门位移传感器（LVDT）有两路输入，互为冗余，可先将检查出有故障的一路 LVDT 解除，退出工作后，进行处理 2.先解除该阀门伺服阀的输入信号线；使此阀门退出运行，更换阀门控制卡，然后恢复接线

序号	故障现象	故 障 原 因	故 障 处 理
4	执行机构不动作	1. 伺服阀故障 2. 卸荷阀故障 3. DEH 柜到执行机构的电缆或 VCC 板故障	1. 更换伺服阀 2. 更换卸荷阀 3. 检查 DEH 柜到执行机构的电缆或 VCC 板
5	再热主汽阀执行机构不动作	1. 进油节流孔堵 2. 卸荷阀故障	1. 清洗进油节流孔 2. 更换卸荷阀
6	执行机构摆动	1. LVDT 故障 2. VCC 板故障 3. 伺服阀故障	1. 检查 LVDT 2. 更换 VCC 板 3. 更换伺服阀
7	执行机构迟缓	滤芯或伺服阀故障	更换执行机构中的滤芯或伺服阀

表中的内容不可能包含 DEH 系统所有的维护项目和故障分析，需要大家不断的补充和完善，相互借鉴，进一步提高 DEH 系统和设备的检修维护水平。

第三节　数字式电液调节系统的事故处理实例

一、数字式电液调节系统（DEH）主机故障

1．［实例 1］

机组状态：某 300MW 机组正常运行，负荷 300MW。

故障现象：DEH 系统操作盘上"双机"指示灯灭，紧接着汽轮机的 6 个高压调节汽阀全部关闭，高、中压主汽阀及中压调节汽阀没变化，负荷由 300MW 甩至 30MW，过热器安全门动作，炉立即手动 MFT。

故障处理：DEH 切到手动状态，加负荷至 180MW。在手动状态下，对 DEH 系统 A、B 主机复位，"双机"灯亮，投入自动运行，无任何异常。

原因分析：DEH 系统的核心控制部分包括主控制计算机 A 机和后备控制计算机 B 机，正常的工作状态应是：A 机工作，B 机做为备用，同时跟踪 A 机的运行参数，就是说，在运行过程中，如 A 机发生故障，B 机应该可以在运行状态不变的前提下自动投入运行。运行人员反映事故发生时的情况是，在没有任何征兆的情况下，负荷直接甩至 30MW，同时 DEH 操作盘上双机灯灭。根据上述情况，我们认为事故发生的主要原因是 DEH 系统的主控制计算机 A 机瞬间发生故障，而此时，主控制机 A 机与后备控制机 B 机之间的双机通信也受到影响，产生了故障，即双机通信失败，使得 B 机不能正常投入工作，最终导致了 6 个高压调节汽阀的阀门指令消失，阀门关闭。故障发生约 10min 左右，经过对 A、B 主机进行复位后，"全自动"及"双机"功能顺利投入，DEH 系统再次投入正常运行。

2．［实例 2］

机组状态：机组正处于升速过程中。

故障经过：汽轮机处于 2040r/min 暖机过程中，DEH-CRT 画面上显示当前主控机的窗口中，指示方框在 A 机、B 机之间来回跳动，但并没有切换到 B 机。当汽轮机正要准备继续升速时，CRT 画面上部窗口指示 B 机工作，操作盘指示灯状态错误，操作盘复位后，全自动及 B 机指示灯亮，同时，高压调节汽阀也已全关，汽轮机转速开始下降，直到机组打闸。主机复位后，重新升速。当 2900r/min 阀切换后，CRT 显示屏上 A 机、B 机指示又开始来回跳动，并在自动状态下自动切换到 B 机运行，这时，目标值由 3000 变为 30，并在这两个数字之间不停变换。机组转速已升至 3000r/min，保持不变，机组再次打闸。

故障处理：将 A、B 机的主机板及通信板吹灰，并将卡件及插头重新插好。机组再次冲转、并网、带负荷运行。

二、电源故障

1．［实例 3］

机组状态：机组正常运行，负荷 230MW。

故障现象：主机保护突然跳闸与系统解列，无任何信号。

故障原因：检修人员检查发现供给 ETS 工作电源两路熔断器均断路，操作盘另外两路电源熔断器也断路。分析认为主机保护（ETS）系统跳闸是跳闸电磁阀失电所致。

故障处理：全部更换新的熔断器后，ETS 系统恢复正常。机组与系统并列。经过认真分析后确认 ETS 系统电源熔断器插座选型有问题，且设备本身功能不完善。ETS 全套系统设备更换进口可编程控制器，实现逻辑控制功能。

2．［实例 4］

机组状态：机组正常运行，负荷 297MW。

故障现象：机组 2 号高压调节汽阀关闭，DEH 操作盘操作失灵。经检修人员检查，发现 01 柜内互为冗余的两套直流稳压电源的 18V 电源已失去。

故障原因分析及处理：从 1 号机引入直流 18V 电源后，发现负荷过大，电压仅剩 4～5V，当断开 VCC 卡柜电源时，电压正常。经逐个排除后，最后确认 TV_1 的 VCC 卡损坏，导致直流 18V 电源失去。更换此 VCC 卡后，DEH 系统恢复正常。

三、触点故障

［实例 5］

机组状态：机组正常运行，负荷 180MW。

故障现象：机组负荷由 180MW 突然降至 0MW，高压主汽阀、高压调节汽阀、中压调节汽阀全关，停止机组运行。停机期间，EH 油压出现多次瞬间降低。启动前主汽阀、调节汽阀开关试验，时正常时故障。

故障原因分析：检查发现危急遮断电磁阀（AST）触点松动。正是由于该触点虚连，致使系统油压降低，以致停机。

故障处理：将松动的触点重新连接，故障消失。

四、EH 系统故障

[实例 6]

机组状态：启动过程中。

故障现象：汽轮机挂闸后，中压调节汽阀不开启。就地加信号，中压调节汽阀开启缓慢，且未全开。切换到一级手动，高压调节汽阀开启，中压调节汽阀开启缓慢，转速至 2900r/min，阀门切换，中压调节汽阀关闭，不能开启。

故障处理：

（1）检查中压调节汽阀试验电磁阀节流口，未发现异常。

（2）OPC 电磁阀及单向阀均未发现异常。

（3）检查中听到 GV1（高压调节汽阀）的单向阀节流声音较大，解体后发现单向阀表面加工精确度差，造成该阀卡涩，修理后回装，恢复正常。

原因分析：经分析认为，中压调节汽阀开启缓慢或不能开启的原因是由于 GV1 的单向阀卡涩导致 OPC 油压低所致。

DEH 系统较复杂，而且各发电厂以至每台汽轮发电机组所选用的系统、生产厂又各不相同，所以很难用统一标准来规范和指导系统的运行维护与检修，本章只是根据铁岭电厂（国产引进型 300MW 机组、新华控制工程有限公司制造的 DEH 系统）生产实际，对 DEH 系统在运行维护与检修中遇到的一些问题进行的总结。

第十二章

典型机组的数字式电液调节系统

目前国内许多电厂对具有液压调节系统的 50MW、125MW、200MW 等机组的调节系统进行改造。因原有的液压调节系统普遍存在着动态特性差、惯性大、响应滞后、易卡涩、调节品质差等缺陷，具体问题主要有：若采用手动同步器加减负荷时难于实现 CCS 协调控制和 AGC 控制；由于低压双侧油动机体积大、关闭时间长，因此甩负荷时易超速；杠杆或凸轮配汽机构，不能实现单/多阀控制方式，阀门的重叠度大，进汽机构节流损失大，效率低；保护系统不完善，可靠性差；监测系统欠缺，自动化水平低，运行、维护不方便等。随着电力技术的快速发展，调峰机组范围的不断扩大，纯液调控制方式已明显落后，其缺陷显得更为突出，所以对原有的液压调节系统的改造势在必行。

第一节　几种改造方案的特点

一、汽轮机控制系统的主要环节

汽轮机控制系统分为调节系统和超速保护系统两大部分。就调节系统而言，主要环节包括：

（1）给定部分。包括转速、负荷和抽汽压力的目标值给定和速率给定，属于人机接口部分。

（2）检测部分。包括被控参数的测量，如旋转阻尼、磁阻发讯器、功率 MW、压力 p 的变送器等。

（3）调节器部分。包括液压放大器、转速 n、功率 P、抽汽压力 p 等的 PI 调节器。

（4）执行机构。包括电液转换器、油动机配汽机构、阀门等。

汽轮机的超速保护主要指机械危急保安系统、电超速系统（ETS）和 OPC 超速保护。

按照对汽轮机控制系统主要环节的改造程度来划分，其改造方案基本上可以分为同步器方案、电液并存方案、低压纯电调方案、高压纯电调方案等。各方案改造环节的主要特点见表 12-1。

二、同步器改造方案

原有的液压调节系统、保护系统基本不变，只对同步器、启动阀进行改造。

原有的同步器由一般的电动机驱动，控制特性较差，手动操作还可以，但与 CCS 自动接口比较困难。改造后采用高性能的矢量变换电动机或高级电动执行器，控制性能好，

表 12-1

各方案改造环节的主要特点

方案	控制系统主要环节									主要特点
	给定(n、MW、P)	检测(n、MW、P)	调节器	电液转移	主汽阀油动机	调节汽阀油动机	配汽	阀门	超速保护	
液压系统(原系统)	同步器启动阀	旋转阻尼	蝶阀放大器	—	低压双侧单侧	低压双侧	杠杆(部分进汽)	单座阀	危急遮断	机械液压调节保护
同步器方案	矢量马达电动执行器	不改	不改	—	不改	不改	不改	不改	不改	只改同步器,实现在CCS接口,其他全保留
电液并存	同步器给定 DEH给定	液压测速 磁阻发信器 MW、P	液压放大器 PI调节器	低压电液转换器 切换阀 跟踪阀	不改	不改	不改	不改	不改	(1)油动机配汽不改,只改调节器 (2)电调液调并存,切换运行,有跟踪 (3)低压电液转换器。一般一个电液转换器带多个油动机,一个油动机带几个阀门
低压纯电调	DEH给定 操作员站 工程师站 遥控接口	磁阻发信器 MW功率变送器 IMP、TP、EP 等压力变送器	n、MW、IMP 多回路PI	低压电液转换	不改	不改	不改	不改	危急遮断 OPC保护	(1)油机不改,只改液调,系统简单 (2)只有电调无液调,系统简单 (3)低压电液转换器。一般一个电液转换器带一个油动机,一个油动机带一个阀门
高压纯电调	DEH给定 操作员站 工程师站 遥控接口	磁阻发信器 MW功率变送器 IMP、TP、EP 等压力变送器	n、MW、IMP 多回路PI 阀门管理	高压同服阀	高压单侧	高压单侧	油动机通过操纵座对阀门一对一驱动全周/部分分两种配汽	不改	危急遮断 OPC保护 AST保护 隔膜阀	(1)除阀门外,基本上全改 (2)高压抗燃油,单侧油动机 (3)高压伺服阀,油动机,阀门都一对一配置 (4)阀门管理,单/多阀两种配汽 (5)OPC-AST-机械危急遮断三道超速保护

接口方便，易实现 CCS 协调控制。

同步器的控制可以由 CCS 系统直接控制或者做一套独立的 PI 调节器，与原来的液压调节系统构成串级调节系统，以实现升速和负荷控制。

这种方案简单，无切换跟踪问题。对于原液压系统运行还基本正常，只求解决汽轮机与 CCS 接口问题的机组，采用此方案是合理的。

三、电液并存方案

将原有的液压阀节系统全部保留，增加一套电液调节系统，两套系统并存，切换运行。这种方案的特点是：

(1) 油动机、配汽机构保持不变。

(2) 两套调节器并存，切换跟踪运行。

(3) 电调与油动机之间通过电液转换器接口。一般为一个电液转换器带多个油动机，一个油动机带几个阀门。

这种系统一般采用大油箱的透平油，开式循环，因此油的清洁度难于保证。另外电液转换器易卡涩，跟踪误差大，切换时有扰动。而原有的液压执行机构的缺点又无法消除，调节品质差，系统复杂，维护麻烦。对于要求不高的中小机组，可采用此方案。

四、低压纯电调方案

将原有的液压调节器取消，采用数字调节器，执行机构、保护系统基本保留，构成了低压纯电调系统。此系统的主要特点有：

(1) 油动机不改，只改调节器。

(2) 只有电调节器而无液压调节器，因此无跟踪切换问题，系统简单、维护方便。

(3) 通常一个电液转换器带一个油动机，一个油动机带几个阀门。

(4) 增加了 OPC 超速控制和超速保护及阀门非线性修正。

(5) 改造成本相对高压纯电调系统来说较低。

由于国内机组原有的液压调节系统中采用的是低压油源，对油质要求比较低，其调节系统与润滑系统采用的是同一油源，油系统受水、金属颗粒的污染程度比较严重，若采用低压纯电调方案，改造后的液压系统中新采用的部套也要适应原来的油质清洁度。

五、高压纯电调系统

若将原有的液压调节系统改造为高压抗燃油数字式电液调节系统，除了阀门以外，调节系统基本上全部要进行改造。改造后的系统与引进型 300MW 机组的 DEH 调节系统相似。

(1) 给定部分。取消同步器、启动阀给定，改为 DEH 调节系统的操作员站、工程师站、遥控接口给定。

(2) 测量部分。取消液压测速，改用磁阻测速，用功率变送器、压力变送器测取功率和压力。

（3）调节器。采用多路 PI 调节器。

（4）油动机。取消低压双侧油动机，改为高压单侧油动机。

（5）配汽机构。采用一个油动机带一个阀门直接驱动方式。阀门管理由计算机完成，实现单阀（节流调节）、多阀（喷嘴调节）两种配汽方式。

（6）超速保护。保留原有的机械危急遮断系统，增加 OPC-103 超速控制，AST-110 超速保护，以实现 OPC-AST-机械危急遮断三重保护。

此系统的主要特点为：

（1）调节、保安系统采用了高压抗燃油，能保证系统油质清洁、安全、防火。

（2）纯电调系统无切换跟踪的问题。

（3）阀门管理系统能实现两种配汽方式，使启动热应力少，启动快，寿命长。由于优化了阀门的管理，减少了重叠度，使进汽损失减少，效率提高，一般可提高 1%左右。

（4）高压单侧油动机，关闭速度快，关闭时依靠弹簧力，不消耗油，并能有效地防止机组超速。

（5）多回路、多参数的调节器能满足各种运行工况的要求。

（6）转速、功率、调节级压力、主蒸汽压力、各抽汽压力、油断路器和挂闸等信号一般为三取二结构，可靠性高。

（7）采用的工程师站、操作员站的人机接口方式，使监控、协调、维护更方便，自动化水平提高。

以上各种方案各有其特点，但从发展趋势来看，电液并存正在向纯电调发展，低压透平油系统正向高压抗燃油系统发展。在液调系统的改造初期，大多采用了同步器方案，随着电调的不断发展，一些机组又采用了电液并存方案，目前大多数机组调节系统的改造都采用了高压纯电调方案，有些已改造为电液并存方案的机组现又改为高压纯电调方案。这种变化，一方面，由于引进型 300MW 机组高压纯电调系统的大量投入运行，高压系统的快速性、可靠性得到了保障；另一方面，由于将引进技术移植到国产 200MW、300MW 机组上已取得了丰富的经验，同时，随着电力工业的发展，要求大机组参与调峰，AGC 控制、快速启动、高经济性、高可靠性等，只有采用高压纯电调系统才能做到。

第二节　50MW机组的数字式电液调节系统

现有的国产 50MW 抽汽机组普遍存在着对液压抽汽调节器及阀门特性的线性化处理较困难，不能实现全程解耦，抽汽量和功率的相互干扰大，调节品质差等问题。

由于抽汽机组的调节系统是多参数控制，多回路调节，系统跟踪较困难，一般不采用电液并存系统，应采用纯电调系统，即高压纯电调和低压纯电调都可以。图 12-1 为马鞍山钢铁厂 50MW 单抽机组的 DEH 调节系统图，该系统采用了高压纯电调方案。

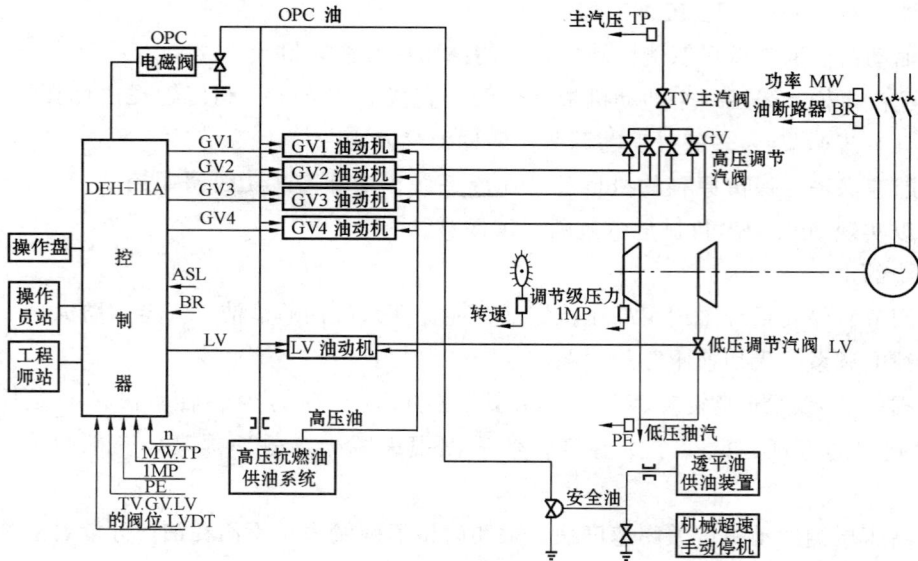

图 12-1　50MW 单轴机组 DEH 调节系统图

第三节　125MW机组的数字式电液调节系统

国产 125MW 机组的液压调节系统采用了旋转阻尼泵测速、蝶阀放大器作为调节器的调节方法，这些部套卡涩的机率比滑阀机构要小，但液压调节系统的缺点仍然存在，仍需要改造。此类机组三种改造方案都可选用。

一、同步器方案

当机组主要要解决液压调节器与 CCS 接口问题，实现协调控制，调峰运行，改造资金有限时，可采用同步器方案，而且，DEH 调节器可与 CCS 做在一起。同步器可改为高性能的矢量变换电动机或电动执行器。图 12-2 为黄岛发电厂 125MW 机组采用同步器方案的 DEH 调节系统方框图。

二、低压纯电调方案

1. 全液压调节系统主要改造内容

低压纯电调改造方案的关键部套是电液转换器的选用。上海闵行发电厂 9 号机组的调节系统原为全液压调节系统，现改造成为 DEH-ⅢA 型低压纯电调系统。其电液转换器采用了力矩电动机——蝶阀放大结构，这种电液转换器抗油污性能好，不容易卡涩，可靠性较高，主油泵出口的油经过一般的过滤、稳压就可以达到要求。此外，对原有的系统还进行了如下方面的改造：

（1）增加了 DEH-ⅢA 型控制器（包括工程师站、操作员站），取消了旋转阻尼、波纹筒放大器、同步器、油压转换器等部件，将调节系统改用计算机控制。

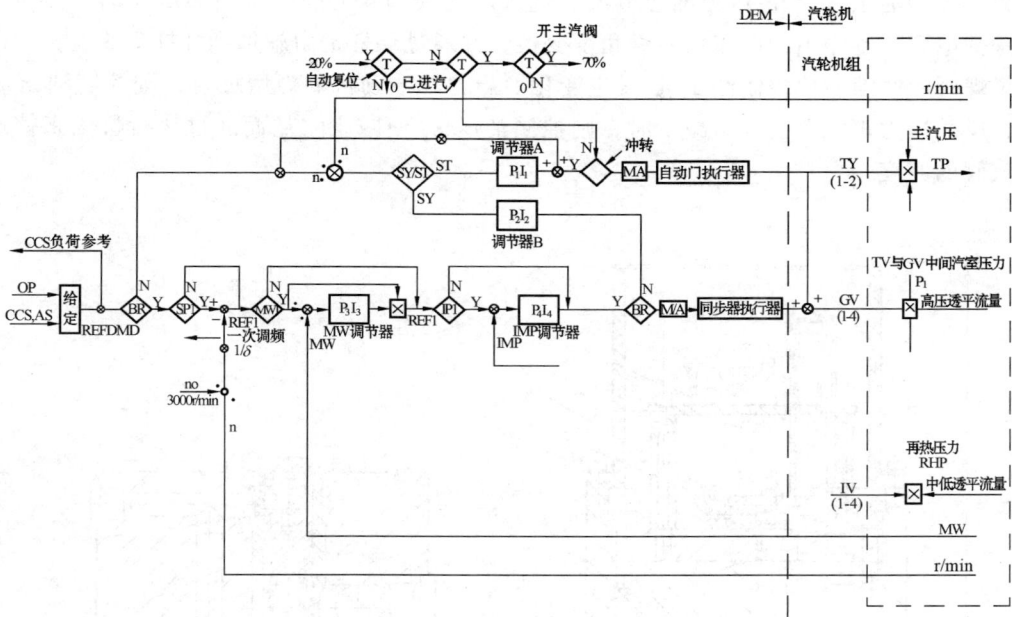

图 12-2　125MW 机组 DEH 调节系统方框图（同步器方案）

BR—油断路器；	REFDMD—给定值；	OP—操作员自动；
SPI—一次调频回路投入；	REFI—功率指令；	CCS—协调控制
MWI—功率回路投入；	REF2—调节级压力指令；	AS—自同步
IPI—调节级压力回路投入；	PII—自动冲转开速调节器，输出 4～20mA = −20%～100%；	
GV—高压调节汽阀；	P12—同步器控制转速调节器；	
IV—中压调节汽阀；	SY—同步器；	
TV—主汽阀；	ST—自动阀；	

（2）增加了 4 只电液转换器,使之与原调节系统中的 4 只高、中压电动机组成一对一配置。

（3）增加了 4 只危急继动器，使安全油动作后通过其泄掉电液转换器的控制油。

（4）每只油动机各配一只超速保护控制（OPC）电磁阀，当汽轮机转速超到 $103\% n_0$ 时，接受 DEH 发出的 OPC 指令信号，立即关闭调节汽阀，抑制转速飞升，自动控制机组稳定在 3000r/min 下运行。

（5）每只油动机加装了双通道位移传感器，用作位置反馈，有效地克服了液压波动，提高了伺服系统的稳定性和控制精确度。

（6）增加一只挂闸电磁阀，并对原系统中的启动阀进行了局部改进，使机组可以遥控挂闸，并自动遥控开启主汽阀。

2. 电液转换器的结构

图 12-3 为力矩电动机蝶阀式电液转换器结构图，它是将 DEH 控制装置输出的电信号线性地转化为控制油压信号的部件，主要由力矩电动机 1，弹簧 2，杠杆组 3，蝶阀 4，阻尼器 5 和节流孔 6 等组成。

在杠杆组 3 上作用着力矩电动机和弹簧 2 向下的力及控制油压 p_e 作用于蝶阀 4 上的

向上力。控制油压 p_e 是由压力油经节流孔流入后经蝶阀 4 的间隙排油而形成的。力矩电动机是受电调装置输出的电流信号做角度变换,并通过顶杆把力施加到杠杆组 3 上,从而改变了蝶阀的间隙而使控制油压 p_e 发生变化。当力矩电动机的力增加时,则控制油压 p_e 增大,反之当力矩电动机的力减少时,则控制油压 p_e 便减少,从而通过执行机构来控制调节汽阀的开度。

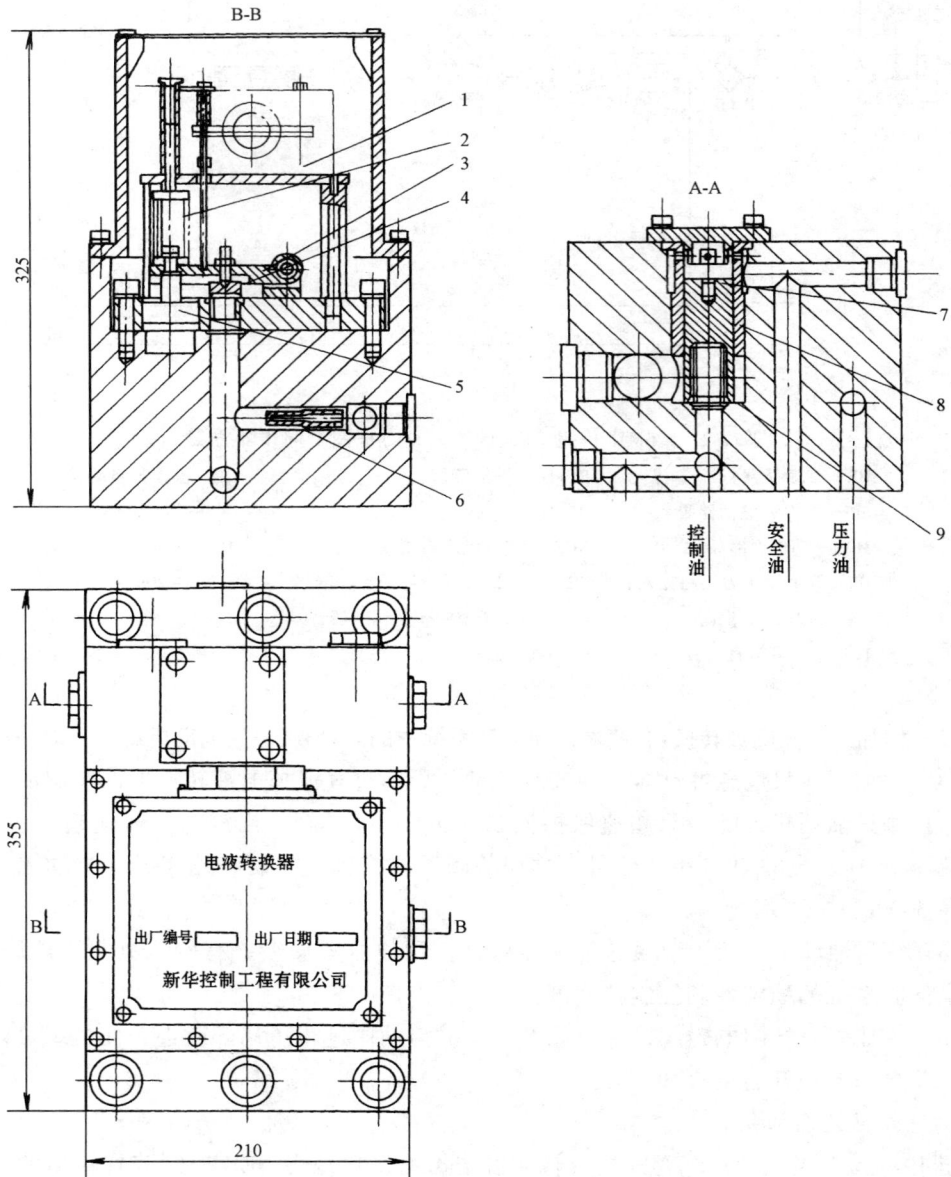

图 12-3 力距电动机蝶阀式电液转换器

1—力矩电动机;2—弹簧;3—杠杆组;4—蝶阀;5—阻尼器;

6—节流孔;7—活塞;8—套筒;9—压弹簧

阻尼器 5 可以稳定油压,并通过调整螺杆来改变弹簧力,以改变控制油压 p_e 的初始值。

力矩电动机的两组绕组,每组阻抗为 50Ω,设计时采用了并联连接方式。当输入力矩电动机绕组的电流为 0~350mA 时,对应于控制油压 p_e 的变化约为 0.06~0.35MPa。

另外,在电液转换器内还装有危急继动器,它由活塞 7,套筒 8,压弹簧 9 等组成。危急继动器活塞 7 上部作用着压力油,下部作用着控制油压 p_e,当汽轮机紧急或正常停机泄去安全油时,活塞在控制油压弹簧力的作用下向上移动,打开蝶阀泄油口,使控制油压泄去,从而使调节汽阀与主汽阀同时迅速关闭而停机。

3. 电液转换器的调整试验

电液转换器的调整试验,主要是测定力矩电动机的输入电流 I 与电液转换器输出控制油压 p_e 之间的关系,测定迟缓率的大小。具体调整方法如下:

(1)将力矩电动机的两组绕组并联,并通入 0~350mA 的可调模拟电流信号。

(2)在输入电流 $I=0$ 时,在力矩电动机的顶杆完全松开时,调整弹簧力使输出控制油压控制在 $p_e=0.05$MPa 左右。之后,调整力矩电动机的顶杆,使之与杠杆接触,并压下杠杆,使输出油压上升到 $p_e=0.06$MPa 左右。

(3)将输入电流自 0~350mA 间隔 50mA 变化,并记录下相应的控制油压 p_e 值($p_e=0.06~0.35$MPa)。

(4)根据试验数据,计算出迟缓率 $\varepsilon \leqslant 2\%$。图 12-4 为某台电液转换器的试验特性曲线,其迟缓率 $\varepsilon=1.09\%$。

4. 伺服系统闭环特性试验

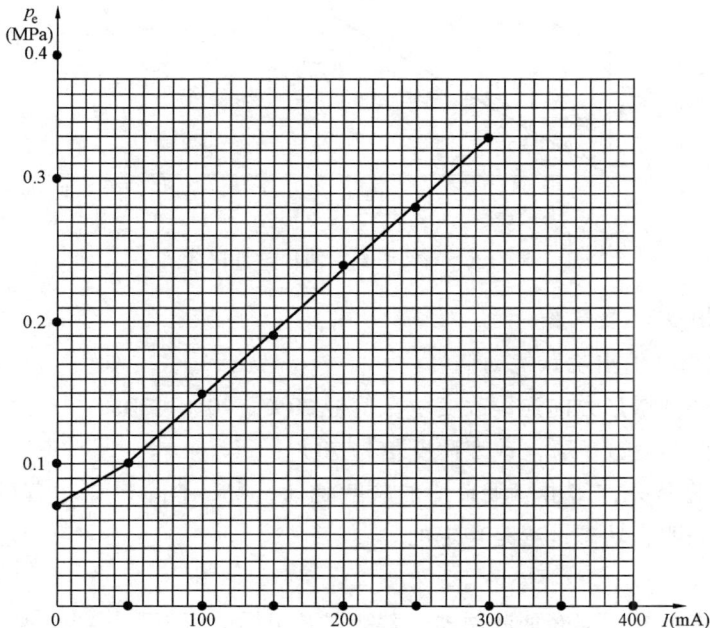

图 12-4 某台电液转换器试验特性曲线

除需对电液转换器的部套进行试验外，还需利用 DEH 中的阀门驱动卡对高压油动机进行伺服系统闭环特性试验，图 12-5 为试验原理图，试验步骤如下：

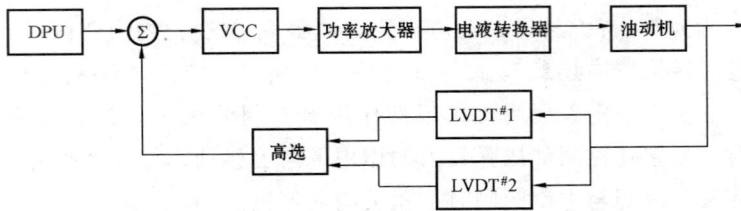

图 12-5　伺服系统闭环特性试验原理图

（1）改变 DPU 的输出信号 0～5V，对应于功率放大器输出至电液转换器的电流信号应为 0～400mA。

（2）油动机的行程通过 LVDT 反馈至 VCC 卡的输入，反馈信号为 0～5V。

（3）调整 VCC 卡。

（4）用 CRT 显示并打印出伺服系统闭环特性曲线，图 12-6 为某伺服系统的闭环特性曲线，其迟缓率小于 0.2%，线性度良好。

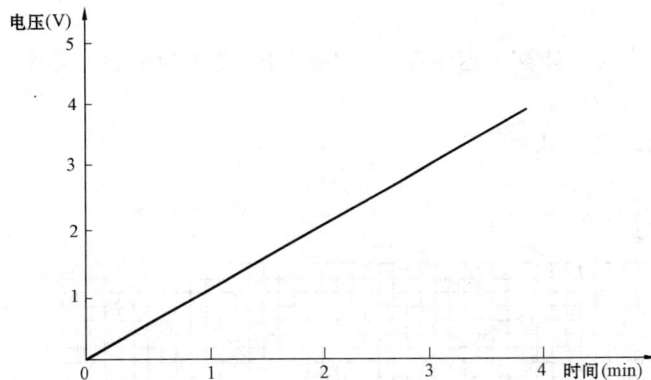

图 12-6　某伺服系统闭环特性曲线

5．伺服系统阶跃扰动试验

在 DPU 的输出处给出阶跃扰动信号：

（1）沿阀门开度增加方向连续改变阶跃信号 20%、20%、30%。

（2）再沿阀门开度减少方向改变阶跃信号 70%。

（3）用 CRT 显示并打印出伺服系统的阶跃扰动情况，整个动态过程的特性曲线如图12-7 所示。试验表明，动态过程是稳定的。

6．调节装置

将调节系统中的有关部套如滤油器、蓄能器及附属的压力表、截止阀等附件与电液转换器组装成一只调节装置，如图 12-8 所示。这样可以减少外部连接管路，使结构紧凑，

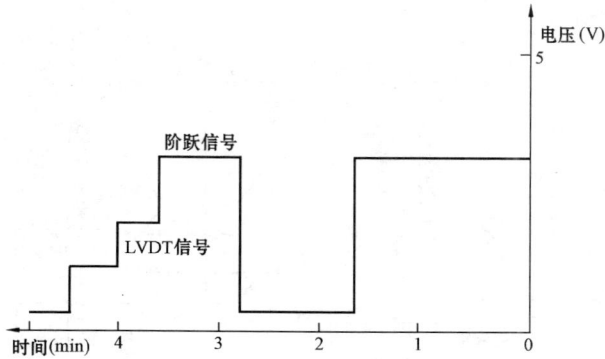

图 12-7　阶跃扰动试验曲线

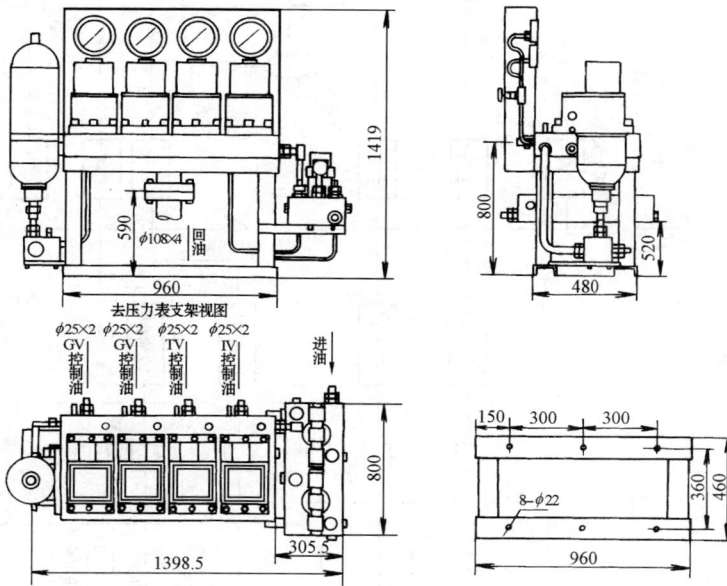

图 12-8　调节装置

调试维修方便。

　　因电液转换器采用的是蝶阀式结构，所以对透平油质的要求不苛刻，不会引起卡涩现象。这种力矩电动机蝶阀式电液转换，是目前我国机组主油压在 1.0～2.0MPa 范围，将调节系统改造为纯电调控制系统的较适宜选择。

　　7. 采用低压纯电调方案的 DEH 调节系统

　　图 12-9 为某台 125MW 机组采用的低压纯电调方案的 DEH 调节系统简图。图 12-10 为该机组调节系统的方框图。在低压纯电调系统中，与原有的液压调节系统相比，有以下特点：

　　（1）防堵塞、防卡涩的能力较强，对油质要求低。

　　由于此系统的伺服系统采用了力矩电动机式电液转换器，其排油是利用喷嘴挡板控制的，无滑阀机构，不会卡涩，抗污染性能特别好，对油质无特殊的要求，原来的油质清洁

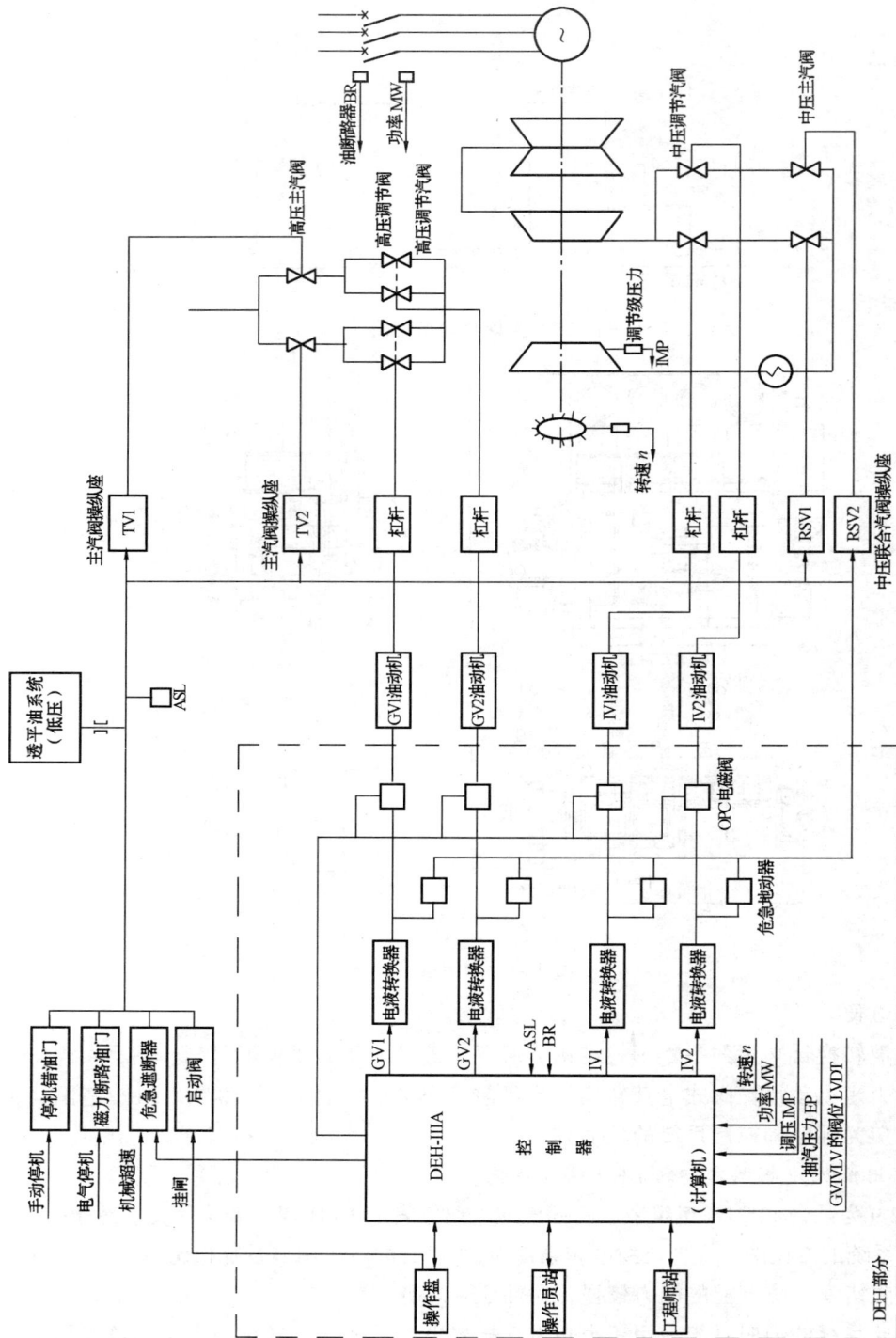

图 12-9 125MW 机组 DEH 调节系统简图（低压纯电调）

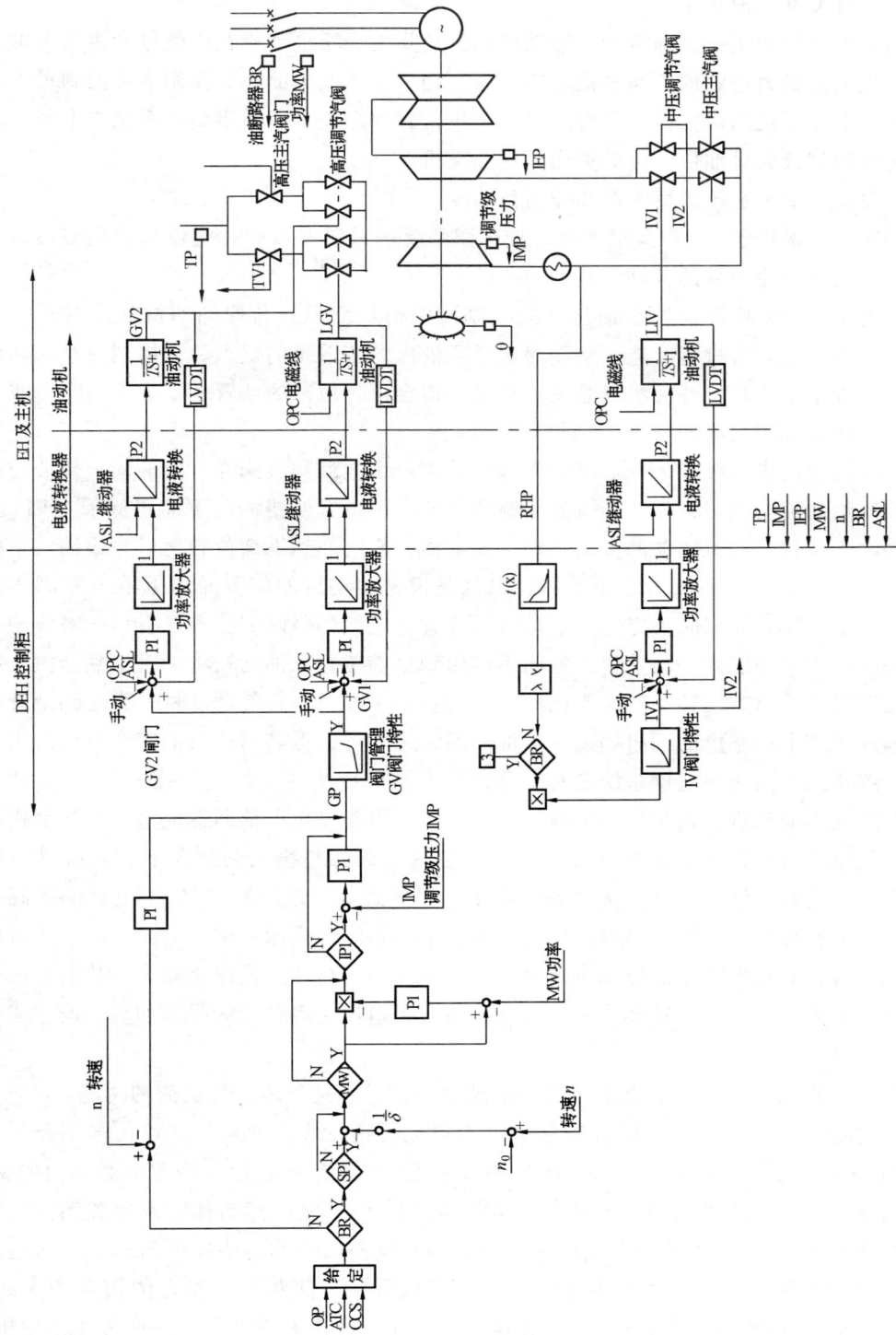

图 12-10 125MW 机组 DEH 调节系统方框图 (低压纯电调)

度就可以满足要求。

（2）具有失电保护功能。

由力矩电动机的工作原理可知，油动机的开启是由力矩电动机在电信号产生的电磁力的作用下克服弹簧力达到的，当电信号消失后，挡板在弹簧力的单独作用下可回到最大排油位，而力矩电动机的最大排油位对应的油动机位置为全关，因此当整个系统失电时，力矩电动机将回到最大排油位，自动关闭调速油动机。

（3）提高了整个系统的稳定性和控制精确度。

由于系统中增加了 LVDT 反馈回路，使伺服系统的迟缓率减少，定位精确度提高，有效地克服了伺服回路内部的各种干扰。

（4）由于电液转换器的输出油压（或控制滑阀油口面积）与原油动机的位置一一对应，因此不用对油动机进行改造，从而保留了原液压调节系统的优点，即控制油动机动作的部套一旦发生了卡涩，油动机只是发生拒动，但会保持原来的位置，不会发生全开或全关现象，从而保证了机组的安全。

如果对油动机进行改造，取消反馈滑阀，并配一个电液伺服阀通过对油动机错油门的控制来控制油动机的位置，那么当电液伺服阀离开平衡位置使错油门下油压低于 10kg 时，错油门的动作将使油动机往关的方向移动，在电液伺服阀回到平衡位置之后，错油门下的油压也回到了 10kg，油动机才停止动作。也就是说，油动机的位置是由电液伺服阀离开平衡位置的距离和时间同时决定的，油动机的位置与电液伺服阀的位置没有一一对应的关系，如果此时电液伺服阀一旦发生卡涩而不能回到平衡位置，油动机将一直走到全关。反之，在油动机向开启方向移动时，当电液伺服阀发生卡涩时，将使油动机一直走到全开位置。这和高压纯电调系统的伺服阀发生卡涩时的结果一样，但其对机组的安全将构成更大的威胁，这是因为高压纯电调系统是每个蒸汽调节阀配一个油动机（一拖一），一般共有四个以上的高压油动机，当其中一个油动机的电液伺服阀发生卡涩而造成这一个油动机到全开或全关位置时，其余油动机还在工作，在被调对象闭环投入的情况下可在线进行补偿；而低压纯电调系统如果是一个油动机带四个调节阀（一拖四），当出现电液伺服阀卡涩时，无法进行补偿，必然要停机。如果低压纯电调系统也采用一拖一方式，则还要对调节阀进行改造，而且由于是低压油源，每个调节汽阀油动机都要做得比较大，从而造成改造费用与高压纯电调系统一样高，并且油动机的布置也比较困难，效果不如直接改造成高压纯电调系统。

（5）专门的硬件 OPC 站，增强了机组的超速保护、超速试验、甩负荷的功能。

OPC 站由一块 OPC 卡和三块测速的 MCP 卡组成，这三块测速卡的转速信号不经过软件的处理直接送到 OPC 卡。OPC 卡通过对这三路转速信号进行三取二，以及 103％、110％的逻辑处理，直接发出 103％的开关量信号，使 OPC 电磁阀动作，快速关闭高、中压调节汽阀；或发出 110％遮断开关量信号，使停机电磁阀动作，快速关闭高、中压主汽阀和高、中压调节汽阀。OPC 卡还接受油断路器信号，当油断路器闭合的信号消失时，OPC 卡立即发出使 OPC 电磁阀动作的开关量信号，在转速还未飞升前，快速关闭油动机，防止机组转速的一次飞升。在做 110％超速试验时，OPC 卡还能接受屏蔽 103％动作的手操盘钥匙开关信号，在做112%超速试验时，OPC卡则还接受屏蔽110%动作的钥匙开关信号，从而保证了试验的进行。

三、高压纯电调方案

125MW 机组也可采用高压纯电调改造方案，此系统类似于 200MW 机组的高压纯电调系统。图 12-11 为某台 125MW 机组采用的高压纯电调方案的 DEH 调节系统简图。图 12-12 为某台 125MW 机组采用的高压纯电调方案的 DEH 调节系统方框图。

图 12-13 为华能长兴电厂 5 号机组采用的高压纯电调方案的 DEH 系统中的 EH 液压控制系统图。图 12-14 为该机组的低压保安系统图。从图 12-14 中可看出，改造后的系统拆除了原调节系统中的一些部套，如电磁阀、放大器及同步器、启动阀、防火油门、调节滤油器、高压油动机、中压油动机、主汽阀操纵座、中压联合汽阀操纵座等。保留了原有的旋转阻尼器、危急遮断器、危急遮断油门、危急遮断试验油门、喷油装置、超速指示器、危急遮断装置等，并增加了一个挂闸电磁阀，用于建立透平油和安全油压。

改造后的 DEH 系统由一个控制柜、一个端子柜、一对冗余 DPU、两对冗余电源、五个 I/O 站、相应的 I/O 卡及 DEH 手操盘组成，DEH 系统的工程师站和操作员站与 DCS 系统共用。改造后的 ETS 系统由冗余的两块 LPC 卡（逻辑保护卡）及 ETS 保护投切盘组成。

DEH 系统的功能主要有：

（1）升速控制、升速率控制、暖机、过临界转速。

（2）自动同期接口。

（3）并网、带初负荷。

（4）升/降负荷控制、升负荷率控制、负荷限制。

（5）功率回路、调压回路的投切、开环、闭环负荷控制。

（6）遥控运行方式（CCS 协调控制、AGC 控制等）。

（7）单阀/顺序阀运行方式及切换。

（8）其他要求的控制功能（如一次调频、机调压、RUNBACK 等）。

（9）手动控制及手/自动切换。

（10）超速保护控制、甩负荷。

（11）超速保护控制试验。

（12）阀门试验。

（13）机组要求实现的其他试验功能（如汽阀严密性试验、AST 电磁阀试验、EH 低油压试验等）。

（14）ATC 控制。

（15）EH 油站油泵及加热器控制。

ETS 系统保护功能主要有：

（1）轴向位移大保护。

（2）高压缸差胀大保护。

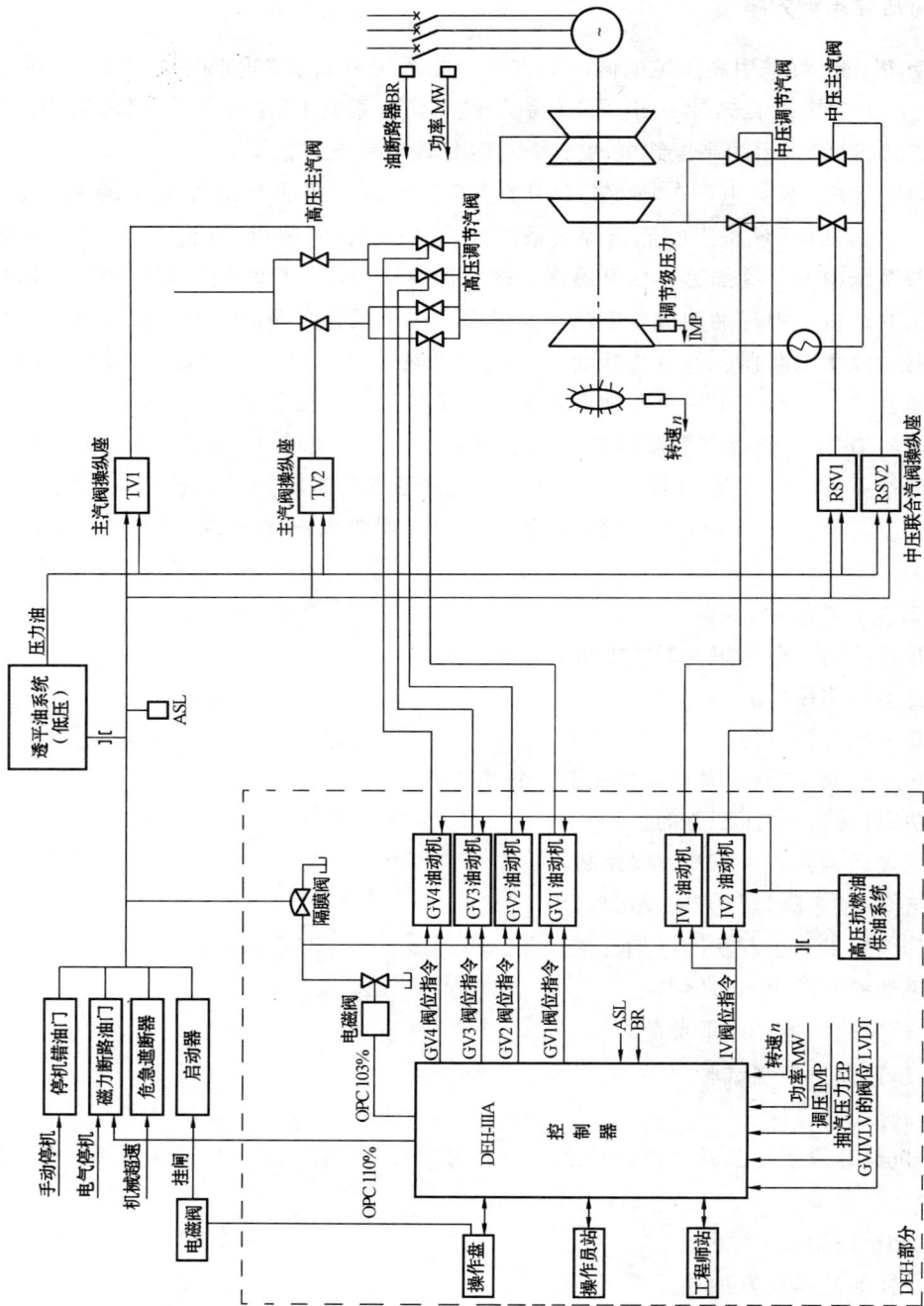

图 12-11 125MW 机组 DEH 调节系统简图 (高压纯电调)

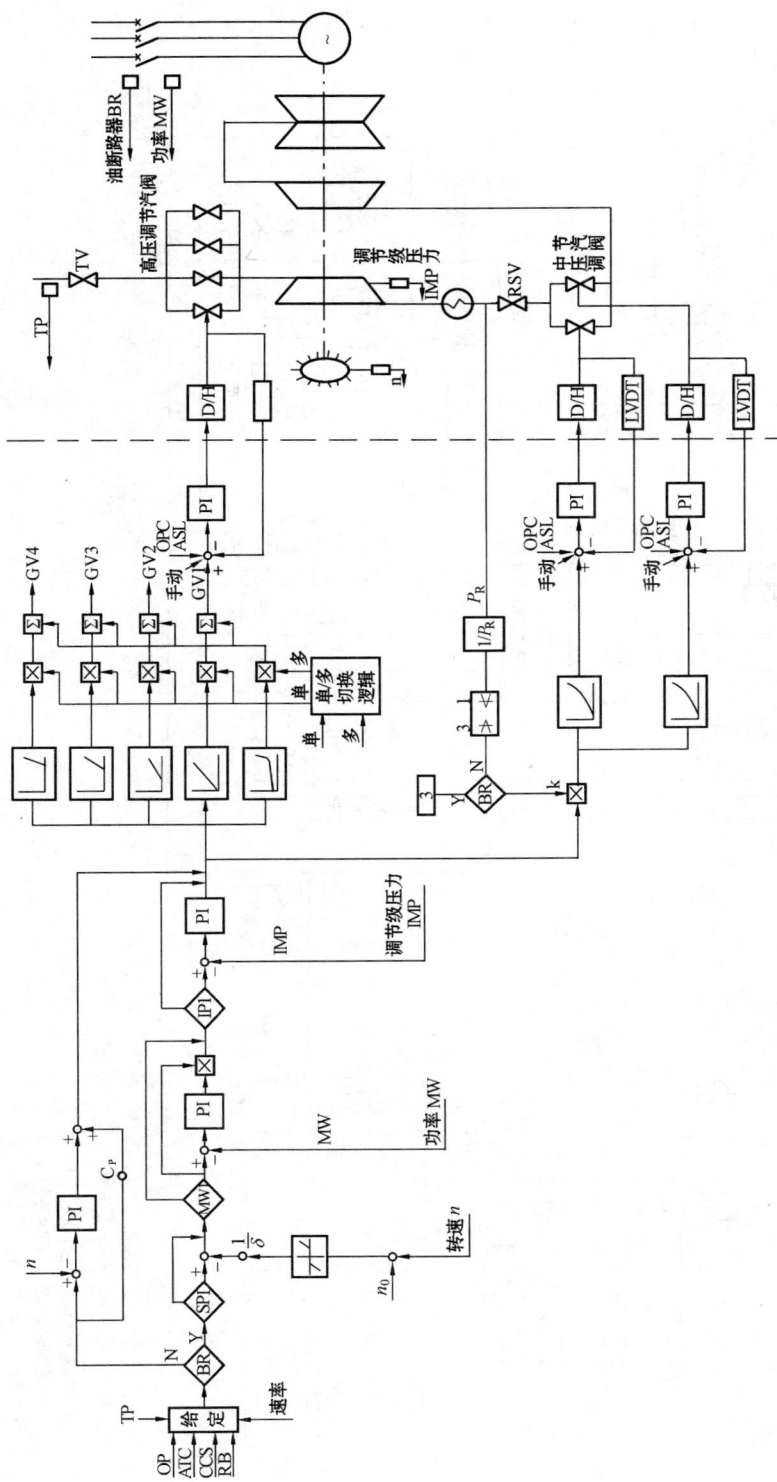

图 12-12 125MW 机组 DEH 调节系统方框图（高压纯电调）

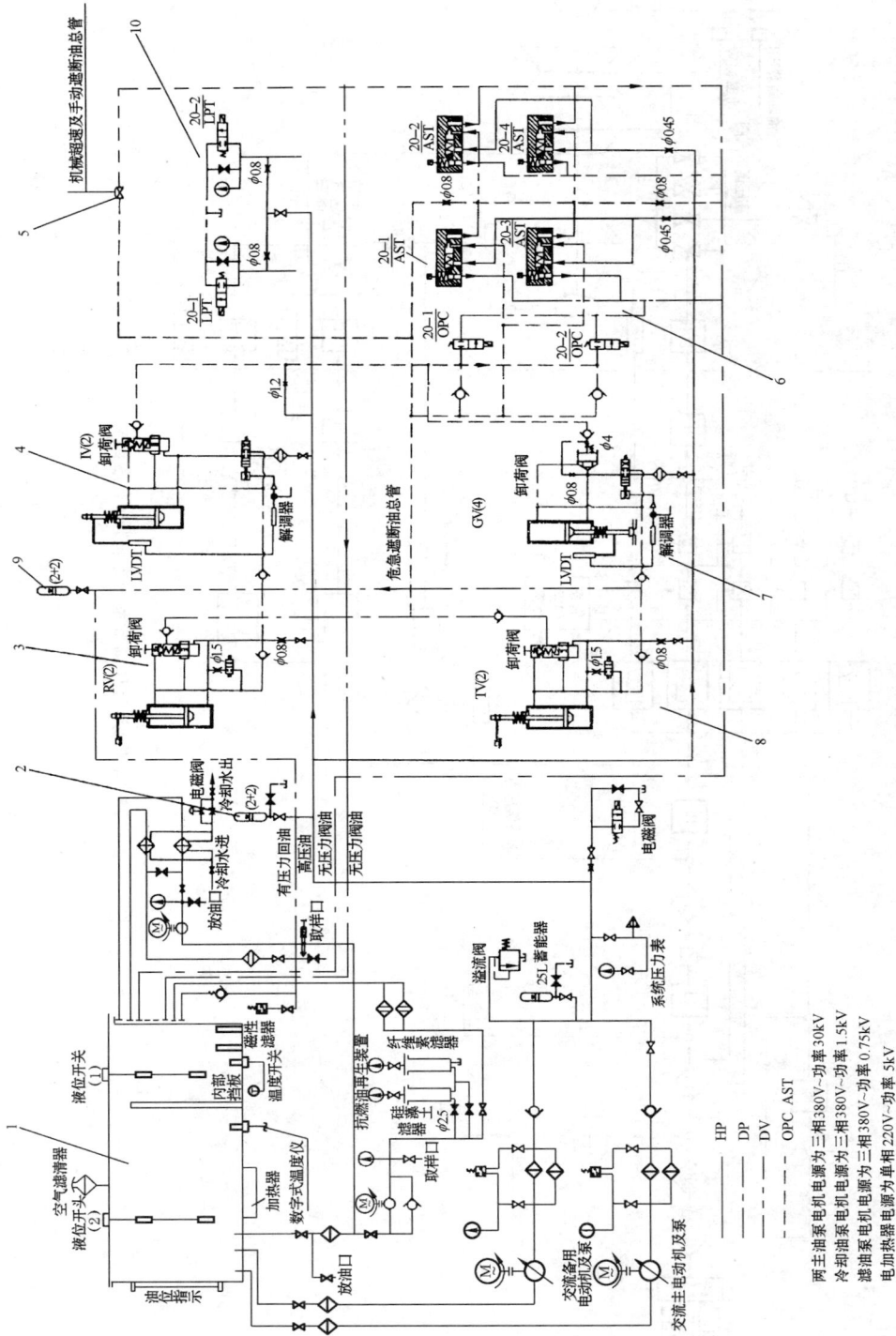

图 12-13 125MW 机组 EH 液压控制系统

1—EH 供油装置；2—高压蓄能器(40L)；3—中压主汽阀执行机构；4—中压调节汽阀执行机构；5—隔膜阀；6—危急遮断阀；7—高压调节汽阀同服机构；
8—高压主汽阀执行机构；9—低压蓄能器(10L)；10—EH 油压低试验装置

两主油泵电机电源为三相380V～功率30kV
冷却油泵电机电源为三相380V～功率1.5kV
滤油泵电机电源为三相380V～功率0.75kV
电加热器电源为单相220V～功率5kV

HP ————
DP — — —
DV — · — ·
OPC AST · · · · ·

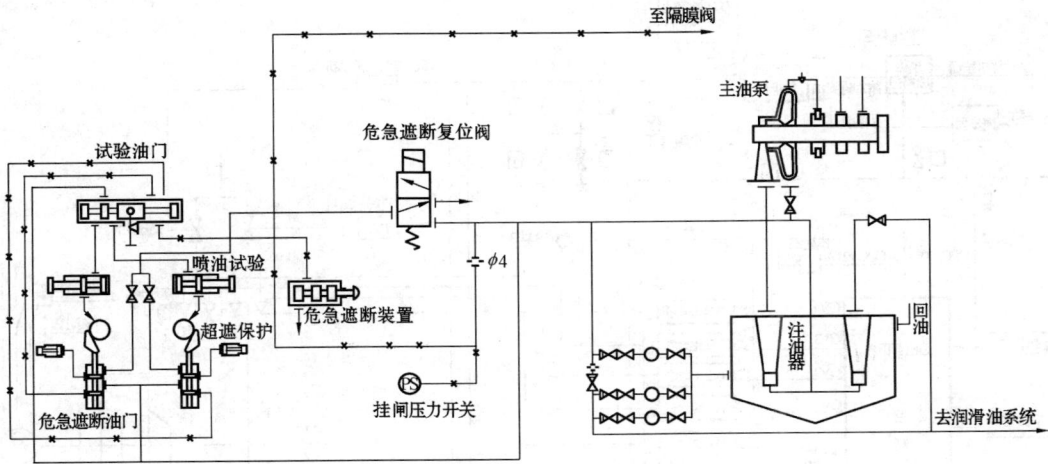

图 12-14 125MW 机组低压保安系统

（3）EH 油压低保护。

（4）润滑油压低保护。

（5）推力瓦回油温度高保护。

（6）支持轴承回油温度高保护。

（7）汽轮机转速 > 110% n_0 保护。

（8）发电机差动保护。

（9）真空低保护。

（10）DEH 失电跳机。

（11）手动打闸等。

改造后的 DEH 系统，响应时间快，控制精确度高（在转速控制时，控制精度为 ±1r/min；负荷控制时，投入功率及调压回路，主汽压从 11.65MPa 到 10.64MPa 变化时，控制精确度为 ±0.4MW），阀门重叠度少。

第四节 200MW 机组的数字式电液调节系统

图 12-15 为某 200MW 机组 DEH 调节系统简图；图 12-16 为某 200MW 机组 DEH 调节系统的方框调。

图 12-17 为该机组的调节保安系统图。该系统取消了以往 200MW 机组配有的凸轮配汽机构，更换了高/中压油动机和阀门操纵座，实现了每个调节汽阀配备一个独立的高压伺服执行机构；高、中压自动关闭器也采用了开关式高压抗燃油机构；增加了 OPC 超速保护和 AST 跳闸装置，保留了传统的透平油危急遮断装置，并通过薄膜阀与高压抗燃油系统相连。

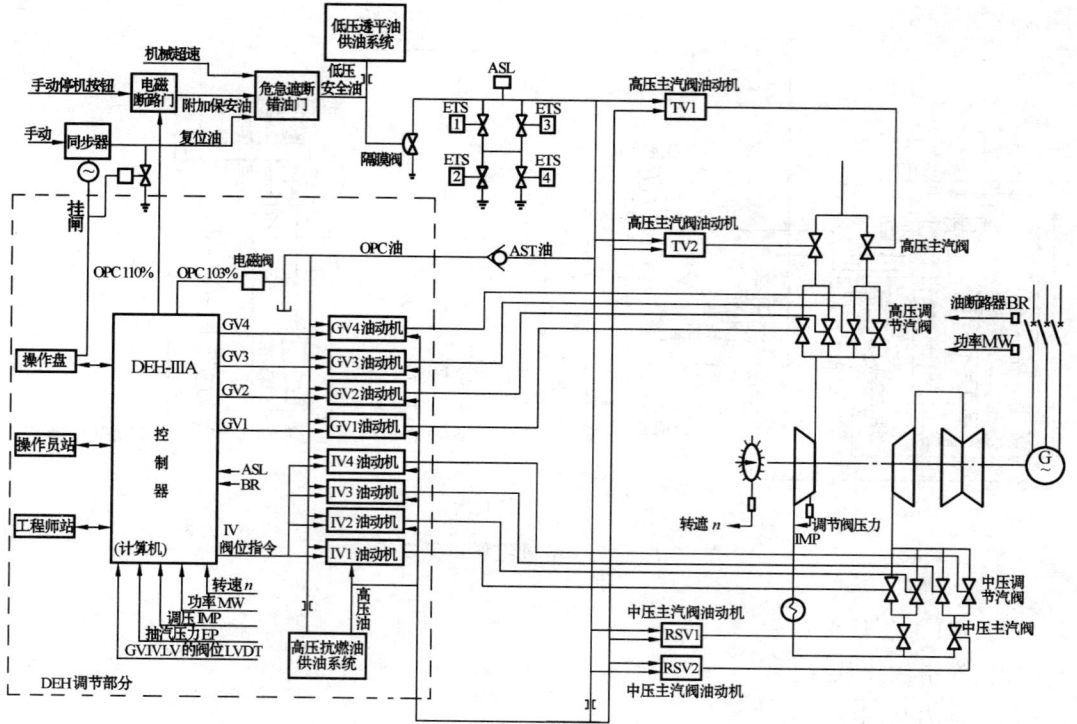

图 12-15 200MW 机组 DEH 调节系统简图

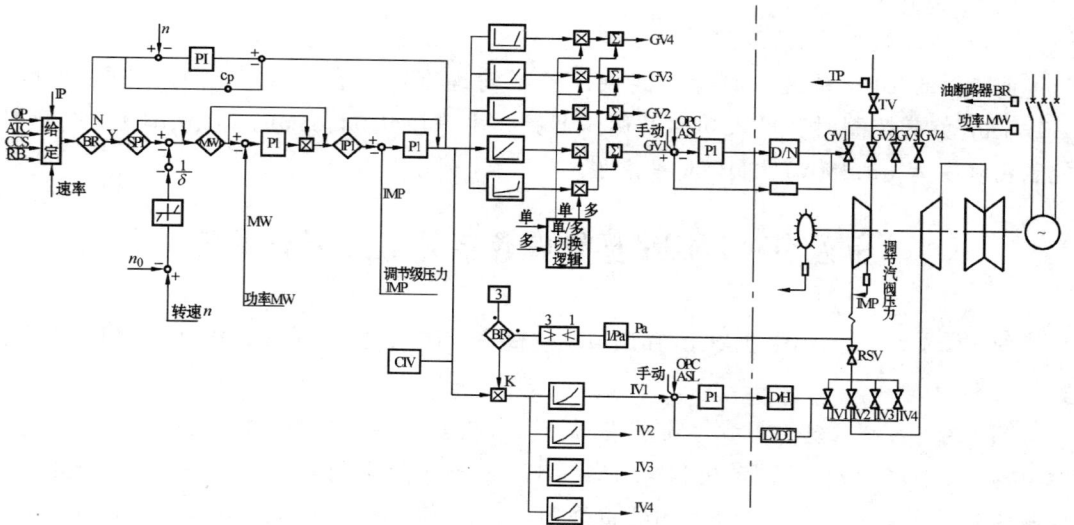

图 12-16 200MW 机组 DEH 调节系统方框图

一、DEH 调节系统的基本功能和技术指标

1.基本功能

本机组的 DEH 调节系统具有下列功能：

(1) 汽轮机挂闸（ASL）、开主汽阀、摩擦检查。

(2) 中压缸启动。

(3) 自动和手动升速。

(4) 转速闭环控制（冲转、升速、暖机、转速保持、自动冲临界转速）。

(5) 自动、手动同期（AS）。

(6) 超速试验（103% n_0、110% n_0、113% n_0）。

(7) OPC 超速保护（Over speed protection controller）、AST 跳闸保护（Auto stop tripped）。

(8) 并网后自动带初负荷。

(9) 闭环控制（发电机功率、调节级压力和主蒸汽压力）。

(10) 协调控制（CCS）；AGC 方式运行。

(11) 一次调频投入和切除。

(12) 汽压保护、真空低快速减负荷、减负荷（RUNBACK）。

(13) 阀门在线试验（主汽阀严密性试验、调节阀活动试验）。

(14) 阀门管理（单阀与顺序阀切换）。

(15) 供热抽汽调节。

(16) 手动与自动的互相跟踪，实现无扰动切换。

2.技术指标

(1) 转速控制范围为 0～3500r/min，控制精确度为 ±1r/min。

(2) 负荷控制范围为 0～110%，控制精确度为 ±1MW。

(3) 速度变动率为 3%～6%连续可调。

(4) 系统迟缓率≤0.01%。

(5) 甩全负荷转速超调量为≤7%。

(6) 油动机全行程快速关闭时间≤0.15s。

(7) 系统控制运算周期 <50ms。

(8) DEH 平均连续无故障运行时间 >8000h，电控装置 >20000h。

(9) 系统可用率 >99.9%。

二、DEH 系统的组成及运行方式

DEH 控制系统是对汽轮机实现闭环控制的数字式电液调节系统，它采用数字计算机作为控制器，电液转换器、高压抗燃油系统和油动机作为执行器。汽轮机被控对象分为高压缸、中压缸和低压缸，其中高压缸设有两个高压主汽阀和四个高压调节汽阀，中压缸设有两个中压主汽阀和两个中压调节汽阀，低压缸设有两个低压抽汽调节汽阀。

机组启动时，DEH 系统通过高压调节汽阀来控制机组升速和并网。正常运行时，DEH

系统通过中、低压调节汽阀来控制机组的功率和热负荷。当电气主断路器跳闸时，DEH系统通过调节汽阀来控制汽轮机转速以防止机组超速。

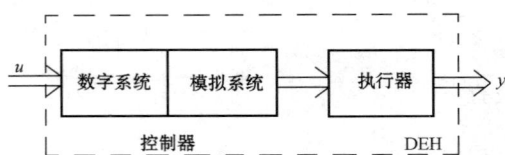

图 12-18　DEH 组成示意图

DEH 系统主要由电子控制器及 EH 供油系统组成，电子控制器又由数字系统和模拟系统组成。数字系统完成输入信号的处理检查，设定值的计算处理和控制运算，其控制输出通过模拟系统来设置模拟量的阀位信号，该信号经电液转换器（也叫电液伺服阀、MOOG 阀）转换后控制调节阀门的伺服执行机构，使阀门达到控制所要求的位置。控制系统采用了一对一的方式来实现对机组的控制，即 DEH 发出的阀位控制指令通过 10 块 VCC 卡（伺服回路控制卡）分别送到 10 个调节汽阀（4 个高压调节汽阀、4 个中压调节汽阀和两个抽汽蝶阀）的 MOOG 阀上，MOOG 阀将电气信号转换成液压信号，由安装在油动机上的高压抗燃油执行机构直接带动调节汽阀的开启和关闭。DEH 组成示意图如图 12-18 所示，其中 u 表示 DEH 的输入信号，包括汽轮机转速信号、发电机功率信号、调节级压力信号、主汽压力信号、励磁机开关状态、再热蒸汽压力信号等反映机组运行状态的信息，y 表示 DEH 的输出信号，主要有高、中压主汽阀开度，高、中、低压调节汽阀的开度信号等。

执行部件由 EH 油系统组成，包括 EH 高压供油系统，电液转换器和危急遮断组件。DEH 控制系统的运行方式主要有自动控制方式和手动控制方式。

三、EH 供油系统

EH 供油系统主要由油箱、油泵—电机组件、控制块、滤油器、磁性过滤器、溢流阀、蓄能器、自循环冷却系统、抗燃油再生过滤系统、EH 油箱加热器及一些对油压、油温、油位进行报警、指示和控制的标准设备所组成。这些部件组成了重复的两套系统，当一套系统投入运行时，另一套系统即可作为备用。当汽轮机正常运行时，一台油泵足以满足系统所需的用油量，偶尔在控制系统阀位开指令加在伺服阀上，而这时汽轮机又没有挂闸或蓄能器内胆破裂的情况下，第二台油泵即可投入。

油泵供出的油经过滤网、溢流阀等进入高压母管和高压蓄能器，以建立 14.0±0.5MPa 的压力。回到油箱的抗燃油经滤网、冷油器返回油箱。

1. 油箱

EH 油箱为一台能容纳 900L 液压油的容器，考虑到抗燃油中少量的水分对碳钢有腐蚀作用，设计时选用了 1Cr18Ni9Ti 型不锈钢作为油箱的材料，并由此材料焊接而成一密封结构。在油箱上设有人孔板供今后维修清洁油箱时用，在油箱上部还装有空气滤清器（兼作加油口）和空气干燥器，使供油装置呼吸时对空气有足够的过滤精确度，以确保油系统的清洁度。

在油箱中还插有三个由永久磁钢组成的磁棒，作为磁性过滤器用以吸附油箱中游离的磁性微粒。磁棒可以分别拆出进行清洁。

当油温降低时，油的黏度将增加而影响油泵的吸入与启动，油温低于 10℃ 时，油泵不能启动，因此油箱底部外侧装有一组加热器，在油系统中油温过低时投入使用；当 EH 油箱油温低于 21℃ 时，电加热器在温度开关的控制下投入，同时，应切断主油泵电动机的电源并启动循环油泵，当 EH 油箱油温高于 60℃ 或油箱油位处于低油位时应停止加热。电加热器的功率为 3×3kW，220V（AC），50Hz（星形连接）。

在油箱中装有一监视油温的油箱热电偶，它的信号送给厂用计算机及 DEH 的 ATC 系统进行监视和控制。此外还有一指针或温度计及温度控制开关，当油温升高到 57～60℃ 时冷油器温度控制开关动作发出警报信号或通过冷油器循环冷却水出口的温度控制阀，对流过冷油器的冷却水流量进行控制。

油箱的油位除装有就地的指示式油位计外，还设有两个浮子型液位高、低报警装置。这两个报警装置安装在油箱的顶部，当液位改变时，推动开关机构，报警高、低油位，并在极限低油位时使遮断开关动作。在油位为 730mm 时高油位报警；在油位为 450mm 时低油位报警；在油位为 370mm 时低油位预遮断报警，并停加热器；在油位为 270mm 时低于油位遮断停机，并停主油泵。EH 油箱中的油位，标志着油箱储油量的多少，当油位低于 370mm 时油箱内的加热器就露出了液面，此时若再投加热器则会使加热器烧坏，因此在此液位下不许投加热器。当液位低于 270mm 时，油泵吸入滤网露出液面，油泵将空气吸入后，会造成 EH 油系统气蚀、系统压力不稳或建立不起压力而使 EH 油压低跳闸，故在此油位下系统不能正常工作，这也是浮子型液位报警装置报警及遮断停机的油位参数选定依据。

在油箱底部还装有手动泄放阀，以泄放 EH 油箱中的抗燃油。在油箱上盖上还装有控制块组件、溢流阀等液压元件。

2．油泵

本系统装有两台由交流电动机驱动的高压柱塞泵，电动机的功率为 30kW，油泵的流量为 85L/min，泵出口的压力可在 0～21MPa 之间任意设置，本系统允许正常工作压力设置在 11.0～15.0MPa。柱塞式恒压变量柱塞泵是一种变量的液压能源，泵组可根据 EH 油系统所需的流量自行调整，以保证系统的压力不变。这种变量式液压能源减轻了蓄能器的负担，也减轻了间歇式能源特有的液压冲击，同时也有利于节能。

两台油泵并联安装在油箱底部，以保证吸入正的压头，使油泵不会由于吸入气体而影响汽轮机伺服执行机构的动作。每台泵送油到高压输油母管的设备完全相同，具有相互独立的供油系统。正常运行时一台运行，另一台备用，当汽轮机启动需要较大的流量时，或由于某种原因系统压力偏低时，可通过电器的连锁，启动备用油泵，以满足系统对流量的需要。

正常运行时，油泵将 EH 油通过滤网吸入，油泵出口的压力油又经过滤油器通过单向阀及溢流阀进入 EH 油箱出口的高压蓄能器及高压供油母管。油泵启动后，当油压达到系统的整定压力 14MPa 时，高压油推动着恒压阀上的控制阀，控制阀又操作泵的变量机构，使泵的输出流量减少，当泵的输出流量和系统的用油流量相等时，泵的变量机构将维持在某一位置上。当系统需要增加或减少用油量时，泵会自动改变输出流量，以维持系统油压在 14MPa，当系统瞬间用油量很大时，蓄能器将参与供油。

柱塞式变量泵对油液的清洁度及黏度要求很高，必须在确认油温高于 20℃时才允许启动泵组。

在油泵入口处还装有一真空式压力表发信器，用以监视泵入口的真空度，当 EH 系统主油泵入口油压大于 0.08MPa 时，将发出报警信号。

高压母管上装有压力开关用来监视油泵出口油压，感受油系统中的油压过低信号，当油系统中压力低至 10.2～10.9MPa 时，开关接点闭合，启动备用油泵。

在压力开关邻近的油路上，还装有一电磁阀，对此压力开关进行调整及对备用油泵启动开关进行遥控试验。电磁阀在正常运行时不通油，当电磁阀动作后才可通油，并使高压工作油路的油泄回油箱，这时油路失压，随着压力的降低，备用油泵压力开关使油泵启动。在电磁阀以及压力开关与高压油母管之间用节流孔隔开，使试验时，母管压力不会受影响。另外，当调节系统动作时，也不会使压力开关产生反应动作，使备用油泵误启动。油泵开动后不会自动停运，必须手动操作三位开关停泵，三位开关自"停止"位置释放时，依靠弹簧力自动返回到"自动"位置，从而使备用油泵重新处于压力开关控制之下而处于备用状态。油泵启动开关的动作可通过手动动断阀来进行试验，此动断阀装在油箱顶部靠近控制块的地方。

3．控制块组件

控制块组件安装在油箱的侧面，其上装有两个高压过滤器、两个单向阀、两个溢流阀、两个截止阀、两个压差发信器。

（1）高压过滤器。每台油泵出口均装有一个筒式金属网过滤器，使通过过滤器后的油中杂质小于 $10\mu m$。另外在过滤器进出口两侧连接一压差发信器，用来检测过滤器的工作情况。当进出口两侧压差达 0.35MPa 时，压差发信器发出报警信号，表示过滤器已变脏堵塞，需清洗或调换。滤芯可以清理后重用。

（2）溢流阀（安全阀）。两个有安全阀作用的溢流阀位于两台油泵出口的高压 EH 油管路上，用来监视系统的油压，防止系统超压。当系统油压达到 17.2MPa ± 0.2MPa 时，溢流阀动作将多余的油通过溢流阀流回油箱，保证了系统的工作压力在正常范围内。

（3）泵出口截止阀。泵出口截止阀在运行时全开，装在单向阀后的高压 EH 油母管上，手动关闭其中任意一个截止阀时只隔离了双重系统中的一路，不影响机组的正常运行，以便及时对该路的滤网、单向阀等进行在线维修或更换。

（4）直角单向阀。两只直角单向阀装在 EH 油泵的出口侧高压供油管路中，以防止高压 EH 油倒流。

4．蓄能器

（1）高压活塞式蓄能器。本系统在高压油母管上装有 6 只活塞式蓄能器，其中 2 只容量为 10L，安装于油箱旁边的过滤器组件上方，中间有一个 $\phi45$ 的孔相通。另 4 只容量为 40L，分别安装在调节汽阀附近的高压油管上。这四个高压活塞式蓄能器分别安装在两个支架上，每个支架各位于左右两侧的主汽阀——调节汽阀组件旁。每个蓄能器上还装有一个测量氮气的压力表。

蓄能器的作用为：

1）积蓄能量。液压系统利用蓄能器在某段时间内将油泵输出的液压能储存起来，短期地或周期性地给执行机构输送压力油，或作为应急的动力源，以提高液压系统液压能的利用率；

2）补偿压力和流量损失。以及补充系统内的漏油消耗；

3）当调节系统的执行机构突然停止时，管内油压将发生急剧变化，而产生油压冲击，这时蓄能器能吸收和缓冲液压冲击，稳定系统的油压。

（2）低压皮囊式蓄能器。在本系统的压力回油管道上装有两个低压皮囊式蓄能器，此蓄能器作为缓冲器，在负荷快速卸去时，防止油压冲击，吸收回油系统中的油。

5．抗燃油再生净化装置。

抗燃油在使用过程中，会出现酸值增高、含水量增加、电阻率下降、颗粒度增加等现象，油质的劣化不仅降低了抗燃油的使用寿命，同时也降低了油系统及执行机构的使用寿命，因此需要定期对其检验，并采用再生装置对其进行处理。

再生装置采用了一种新型高效的再生介质，可以迅速、有效地降低抗燃油的酸值，提高电阻率，恢复其正常的理化性能。精密过滤器采用了渐变固节式孔径滤材，具有纳污能力大，过滤效率高等特点。需要再生处理的抗燃油由油泵抽出后经控制阀进入再生罐进行再生处理，再生处理后的油液经脱水过滤器脱水，然后经精密过滤器过滤后返回油箱，从而完成一次循环。经过反复循环再生和过滤，可使抗燃油的酸值和污染等级达到 NAS1638 五级标准。

再生装置与 EH 油箱以旁路形式连接，通过控制操作面板上的"精滤/再生"开关，对油箱进行补油、再生、滤油和排油。与 EH 油箱相连有四个油口，一个进油口为对油质进行再生、过滤；一个进油口为备用进油口，给 EH 油箱加油；一个回油口；一个取样口兼作放油阀。

在首次运行该装置或刚更换再生芯、精滤芯、脱水芯后运行该装置时，应先拧开相应罐的放气螺栓，将存留在罐中的空气放掉，直至有油液溢出，再将放气螺栓拧紧。运行中当"精滤报警"灯亮时，该装置自动停机，提示运行人员更换精滤芯；当"脱水报警"灯亮时，该装置也将自动停机，提示运行人员更换脱水芯。在"精滤报警"或"脱水报警"状态下不能启动该装置，必须将控制柜内的单级空气开关断开后再闭合，复位报警状态后才可再次启动该装置。再生芯中的再生介质也应定期更换，运行中由于系统压力过高而使该装置自动停机时，则应立即更换再生芯。更换再生芯或滤芯时，应避免将油滴在操作盘上。

更换精滤滤芯时，首先用扳手拧开滤油器下部的排污口螺栓，再拧开滤油器上盖的放气螺栓，排去少许油液，以避免拧开上盖时油液喷溢，然后逆时针方向拧开滤油器上盖，取出滤芯，将新滤芯小心装入滤油口罐内，最后将盖盖好拧紧。更换再生滤芯时，同样先用扳手拧开再生罐下部的排油口螺栓，再拧开上盖上的放气口螺栓，然后拧下再生罐上盖的全部紧固螺栓，取下上盖，拧下再生滤芯上的紧固螺母，取出再生芯，最后将新再生芯装入再生罐内，接原样恢复紧固螺栓上盖。

四、回油系统

回油系统分无压力回油和有压力回油系统，无压力回油系统的回油直接回油箱，而有压力回油通过压力回油母管，经过一个冷油器冷却后再通过一个 $5\mu m$ 的回油过滤器回到油箱。

在液压系统工作时，由于各种能量损失全部转化为热量，这些热量除部分通过油箱、管道等散发到周围空间外，大部分将会使油温升高。当油温升高到 60℃以上时，抗燃油酸值升高，油质被破坏，故需要用冷油器来限制油温的升高，使系统油温保持在 35～45℃之间，以保证系统的正常运行。

为了保证油温在正常范围内，在冷油器循环水出口处装有温度控制阀，它与浸在油箱中的温度控制器温控开关（23/CW）相连，对流过冷油器的水流量进行控制。当 EH 油箱油温高于 57℃时，触点闭合，发出信号，冷却水控制电磁阀打开，冷油器开始工作；当 EH 油温低于 37℃时，触点闭合，发出信号，冷却水电磁阀关闭，冷油器停止工作。冷却水量除通过温度控制阀控制外，也可手动控制。水量应调到保证系统的回油温度在 37～57℃之间。油箱表盘上的盘式温度计随时指示油箱中的油温。当油温高到 60℃时，由一个温度敏感开关发出报警信号。冷却水进口管路中装有配备清洗塞的滤网。冷油器装在油箱边上，冷却水在管内流过，EH 回油在冷油器外壳内环绕管束流动。

回油过滤器外壳上装有一个可拆卸的盖板，以便于调换滤芯。该过滤器还设有一过载旁路装置，当因回油流量波动（如系统快速关闭）致使回油压力超过 0.35MPa 时，过载旁路装置动作，可避免回油过滤器的损坏。

机组在正常运行时，系统的滤油效率较低，因此系统经过一段时间的运行后，EH 油品质会变差，而要达到油质的要求，则必须停机重新进行油循环。为了不影响机组的正常运行，同时保证油系统的清洁度，使系统长期运行可靠，在供油装置中还设置了独立的自循环冷却—滤油系统。即使伺服系统不工作该系统也可实现在线油循环，即当油温过高或清洁度不高时，可启动该系统用专门的油泵将油从油箱中吸出对油液进行冷却和过滤。

自循环冷却—滤油系统由一台 40L/min 的循环油泵—电动机组件、一台 $5\mu m$ 滤油器、一台冷油器及冷却水流量控制电磁阀组成。循环泵可以由温度开关来控制，也可以由人工控制启动或停止。冷油器也是采用了列管式冷油器。

五、电液伺服执行机构

电液伺服执行机构是 DEH 控制系统的重要组成部分之一，本机组的 DEH 系统共有 14 只执行机构（如图 12-17 所示），分别控制 2 个高压主汽阀、4 个高压调节汽阀、2 个中压主汽阀、4 个中压调节汽阀和 2 个低压抽汽调节汽阀。其中 1 只高压主汽阀和 2 只高压调节汽阀布置在一起构成一个高压联合进汽阀，1 只中压再热主汽阀和 2 只中压再热调节汽阀布置在一起构成一个中压联合进汽阀，高、中压联合进汽阀和 2 只低压抽汽调节汽阀分别布置在高压缸、中压缸及低压缸两侧。

每个执行机构上都装有一只油动机，油动机主要由油缸及弹簧组成，其开启靠抗燃油压力驱动，而关闭靠油动机上的弹簧力。油缸（油动机）是单侧进油式。由于油压很高，油动机及控制机构均做得很小。油动机与一个控制块连接，在这个控制块上装有隔离阀（截止阀）、快速卸荷阀和逆止阀，加上不同的附加组件（如伺服放大器、伺服阀等组件），就可组成两种基本形式的执行机构，即开关型和控制型执行机构。此外，油动机在快速关闭时，为了使蒸汽阀碟与阀座的冲击应力保持在允许的范围内，在油动机活塞尾部采用了液压缓冲装置，可以将大部分动能在冲击发生前的瞬间转变成流体的能量。

高压主汽阀和一般机组的自动主汽阀相同，当机组发生故障紧急停机时，安全油失压，经过卸荷阀使主汽阀自动关闭。

高压调节汽阀能根据运行方式的不同要求，可以用单阀节流调节方式，四个调节汽阀同时动作，也可用多阀喷嘴调节方式，依次动作。

高、中压主汽阀执行机构因无伺服放大器、伺服阀等组件，属开关型执行机构，因此高、中压主汽阀只有开、关两个位置。而高压调节汽阀、中压调节汽阀及低压抽汽调节汽阀执行机构有伺服放大器、电液伺服阀、线性差动位移传感器等组件，均属于控制型执行机构。

1. 高压自动关闭器执行机构

两个高压自动关闭器执行机构分别安装在机组左、右两侧的高压主汽阀—调节汽阀组上，其工作介质为 14MPa 的抗燃油。该执行机构属于开关型执行机构，阀门只有全开或全关两个位置。

如图 12-17 所示该执行机构主要由油动机、控制块、阀门活动试验电磁阀、开关电磁阀、卸荷阀、截止阀和逆止阀等组成。控制块是用来将所有部件安装及连接在一起，也是所有电气触点及液压接口的连接件。由于没有控制功能，所以不必装设电液伺服阀及其相应的伺服放大器。

油动机活塞杆与高压主汽阀杆直接相连，油动机为单侧进油式油动机，高压抗燃油提供开启主汽阀的动力，卸荷阀泄油可使油动机下腔室的动力油失压，依靠弹簧力的作用，快速关闭高压主汽阀。

启动时 DEH 控制系统来的控制信号送入高压自动关闭器执行机构，则开关电磁阀（为二位二通常闭电磁阀）动作，使其排油通道关闭。此时高压抗燃油经节流孔进入该执行机构的油缸和卸荷阀的下部，在油压的作用下，该执行机构克服了蒸汽作用在阀门上的作用力、摩擦力、阀门本身的重力和操纵座弹簧力而开启主汽阀，当主汽阀运动到限位行程后，操纵座上的行程开关触点闭合，同时发出一个节点信号给 DEH，表明该主汽阀已全开。节流孔是用来限制油动机进油量的，其作用一是开门时使汽阀缓慢开启，避免冲击；二是在危急遮断系统动作，大量卸去油动机下腔室的高压油并关闭主汽阀时，避免大量的高压油又自隔离阀涌入，使高压主汽阀的关闭速度减慢，造成超速。

在油动机的油缸旁，有一个卸荷阀，当汽轮机发生危急情况时自动停机危急遮断油（AST 油）卸去后，卸荷阀快速打开，迅速卸去执行机构活塞杆下腔的压力油，则主汽阀在弹簧作用下将迅速关闭，以实现对机组的保护。在卸荷阀动作的同时，工作油还可排入油动机的上腔室，从而避免了回油旁路的过载。

在卸荷阀的顶部有一个松动试验电磁阀（也为二位二通常闭电磁阀），该电磁阀通过一个节流孔与卸荷阀上腔的自动停机危急遮断油（AST油）相连，当需要对主汽阀进行松动试验时，DEH控制装置发出一个信号，该电磁阀打开后将引起卸荷阀上腔的自动停机危急遮断油（AST油）油压跌落，卸荷阀微许打开，将执行机构活塞杆下腔的压力油卸去一部分，使主汽阀在弹簧力的作用下关闭一定的行程，以达到主汽阀松动试验的目的，防止主汽阀卡死。

2．中压自动关闭器执行机构

两个中压自动关闭器执行机构分别安装在机组左、右两侧的中压主汽阀上，其工作介质也为14MPa的抗燃油。该执行机构也属于开关型执行机构，主要由油动机、控制块、阀门活动试验电磁阀、开关电磁阀、卸荷阀、截止阀和逆止阀等组成。其工作原理和主要部件与高压自动关闭器执行机构的工作原理相同，如图12-17所示。

3．高压调节汽阀执行机构

高压调节汽阀的执行机构属于连续控制型执行机构，可以将高压调节汽阀控制在任意的中间位置上，成比例地调节进汽量，以适应负荷变化的需要。

如图12-17所示，高压调节汽阀的执行机构主要由油缸、线性位移差动变送器（LVDT也称线性位移差动传感器）、快速卸荷阀、截止阀、滤油器、单向阀（逆止阀）、电液伺服阀、解调器和伺服放大器等组成。其中解调器和伺服放大器安装在DEH控制柜中。该执行机构安装在蒸汽阀的弹簧室旁，油动机活塞杆经连杆与主汽阀相联。油动机的弹簧是拉弹簧。

经过计算机运算处理后的欲开大或者关小调节汽阀的电气信号（阀位指令信号）经伺服放大器放大后，在电液伺服阀中将电气信号转换为液压信号，使伺服阀的主滑阀移动，并将液压信号放大后，控制高压油的通道，使高压油进入油动机活塞下腔室，油动机活塞向上移动，经杠杆带动调节汽阀使之开启；或者使压力油自活塞下腔室放去，借助弹簧力使活塞下移，关闭调节汽阀。因此，油动机是单动式，每一只油动机控制一只阀门。当油动机活塞移动时，同时带动线性位移差动变送器中的线圈，将油动机活塞的机械位移信号转换成电气信号，作为负反馈信号，与由计算机处理送来的信号相加。由于两者极性相反，实际上是相减，只要其差值不为零，伺服阀就控制着油动机的活塞移动，只有在原输入信号与反馈信号相加后，使输入伺服放大器的信号为零时，电液伺服阀的主滑阀才能回到中间位置，不再有高压油通向油动机下腔或使压力油从油动机下腔泄出，油动机活塞停止移动，其活塞及阀门停留在DEH控制器所要求的位置上，从而控制了阀门的开度及汽轮机的进汽量。

当汽轮机转速超过103%额定转速或发生故障需紧急停机时，危急遮断系统动作，使超速保护（OPC）母管油卸去，执行机构的卸荷阀快速动作，迅速泄去油动机活塞下腔室中的压力油，在弹簧的作用下，使油动机及相应的进汽阀门迅速关闭。从油动机下腔室泄去的油一部分去活塞的上腔，另一部分去排油管路。

4．中压调节汽阀的执行机构

中压调节汽阀执行机构的油动机安装在中压调节汽阀的弹簧室上，活塞杆经连接器与再热汽阀阀杆相连，活塞杆在油压作用下克服弹簧力向上动作开启汽阀，而由于弹簧作用下使活塞杆向下关闭汽阀。该执行机构也属于控制型，可以将阀门控制在任意的中间位置上，成比例地调节进汽量，以适应负荷变化的需要。

中压调节汽阀执行机构的工作原理及主要部件与高压调节汽阀的相同，如图 12-17 所示。

为了保证机组的经济性，再热调节汽阀在正常运行时保持全开位置，以减少通流节流损失，但是当带低负荷，或突然甩全负荷，或机组转速超过额定转速的 3%，或机组突然甩去大部分负荷但又将很快恢复时，则再热调节汽阀可依据不同情况关小，短期关闭或关闭，以维持电网的稳定，防止超速。

5. 低压抽汽调节汽阀执行机构

低压抽汽调节汽阀执行机构属于控制型执行机构，可以将低压抽汽调节汽阀控制在任一位置上，成比例地调节抽汽量以适应汽轮机抽汽运行的需要。其油动机的弹簧是压弹簧。

该执行机构的工作原理及主要部件与高压调节汽阀执行机构的相同，如图 12-17 所示。

六、危急遮断系统

图 12-19 为汽轮机危急遮断保护系统工作原理图。危急遮断系统分为两种情况，一是在机组运行中，为防止部分设备失常造成机组严重损坏，装设了自动停机危急遮断系统，相应的油路为自动停机危急遮断油路（AST 油路）；当发生异常情况时，可使 AST 油路泄油，关闭所有进汽阀，机组停机。二是超速保护控制系统，相应的油路为超保护控制油路（OPC 油路），当转速超过额定转速的 103% 时，OPC 油路泄油，使高、中、低压调节汽阀暂时关闭，减少汽轮机进汽量及功率，但不会使汽轮机停机。而自动停机危急遮断系统又分成两个层次，第一是危急跳闸控制装置（ETS）的跳闸信号可使 AST 油路泄油，所有进汽阀关闭，机组停机。第二是机械超速及手动停机部分，当其动作时，可通过薄膜阀，使 AST 油路泄油，关闭所有进汽阀，机组停机，起到了危急保护作用。上述所提及的 AST 油路和 OPC 油路分别由各自的电磁阀控制。

为了提高保护系统的可靠性，危急遮断信号通常采用双通道设计，其中任何一个通道动作都会引起停机。此外，危急遮断信号通道和重要的危急遮断项目通常是冗余设置的。

重要的危急遮断项目设置多个变送器，采用三取二方式输出危急遮断信号。

为了测试保护系统动作的可靠性，对于重要的危急遮断信号通道都采取了可以在线试验的措施。

危急遮断系统中由两只并联布置的超速保护电磁阀（20/OPC-1.2）及两个逆止阀和一个控制块组成超速保护电磁阀组件。四个串、并联布置的自动停机危急遮断保护电磁阀（20/AST-1、2、3、4）和一个控制块构成超速保护—自动停机危急遮断保护电磁阀组件，这两个部件均布置在高压抗燃油系统中，由 DEH 控制的 OPC 部分和 AST 部分所控制。

四个串、并联布置 AST 电磁阀（如图 12-17 所示）是由 DEH 控制的自动停机危急遮断

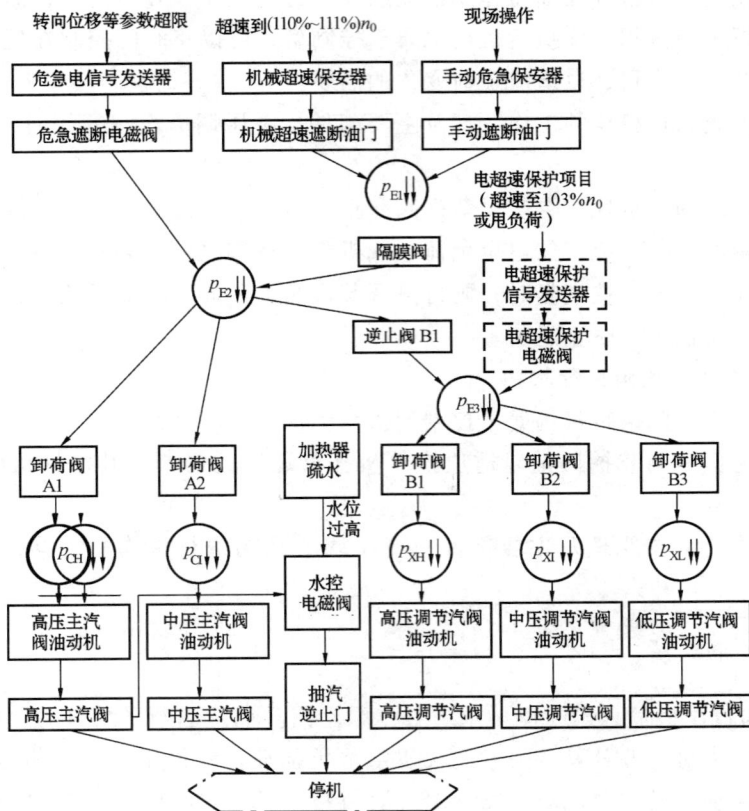

转向位移等参数超限　　超速到$(110\%\sim111\%)n_0$　　现场操作

| 危急电信号发送器 | 机械超速保安器 | 手动危急保安器 |

| 危急遮断电磁阀 | 机械超速遮断油门 | 手动遮断油门 |

p_{E1}

电超速保护项目（超速至$103\%n_0$或甩负荷）

隔膜阀　　p_{E2}

电超速保护信号发送器

电超速保护电磁阀

逆止阀 B1　　p_{E3}

| 卸荷阀 A1 | 卸荷阀 A2 | 加热器疏水 | 卸荷阀 B1 | 卸荷阀 B2 | 卸荷阀 B3 |

p_{CH}　p_{CI}　水位过高　p_{XH}　p_{XI}　p_{XL}

水控电磁阀

| 高压主汽阀油动机 | 中压主汽阀油动机 | | 高压调节汽阀油动机 | 中压调节汽阀油动机 | 低压调节汽阀油动机 |

抽汽逆止门

| 高压主汽阀 | 中压主汽阀 | | 高压调节汽阀 | 中压调节汽阀 | 低压调节汽阀 |

停机

图 12-19　汽轮机危急遮断保护系统工作原理

p_{E1}—危急事故油压；p_{E2}—危急遮断油压；p_{E3}—危急继动油压；p_{CH}—高压主汽阀控制油压；p_{CI}—中压主汽阀控制油压；p_{XH}—高压调节汽阀调节油压；p_{XI}—中压调节汽阀调节油压；p_{XL}—低压调节汽阀调节油压

保护部分所控制，正常运行时，这四个 AST 电磁阀得电关闭，从而封闭了自动停机危急遮断总管中抗燃油的泄油通道，使各主汽阀执行机构和调节汽阀执行机构活塞杆的下腔建立起电压，当机组发生危急情况时，AST 信号输出，四个电磁阀失电打开，使 AST 母管中的油经无压回油管路排至 EH 油箱，则各主汽阀执行机构和各调节汽阀执行机构上的卸荷阀快速打开，使各个汽门快速关闭。

危急跳闸装置（ETS）所监视的参数有：汽轮机超速（110％额定转速），推力轴承磨损，润滑油压过低，EH 油压低，凝汽器真空低，DEH 失电，MFT 跳闸，机组振动大等。当这些参数超过安全运行极限时，将通过 ETS 给出触点控制信号去控制 AST 电磁阀，使汽轮机的主汽阀和调节汽阀迅速关闭，以保证机组的安全。

OPC 电磁阀和 AST 电磁阀在结构上相同，两只 OPC 电磁阀并联布置，受 DEH 控制器的 OPC 部分所控制，其中只要有一路动作，信号通过高、中、低压油动机的卸荷阀，释放油动机内的控制油，快速关闭调节汽阀，防止超速。这种连接方式可以防止一路 OPC

不起作用时，另一路仍可动作，确保系统的可靠性和机组的安全性；另外可以进行在线试验，即当 1 个回路进行在线试验时，另一路仍具有连续的保护功能，避免保护系统失控。正常运行时，两个电磁阀常闭，封闭了 OPC 总管油的泄放通道，使高、中、低压调节汽阀的执行机构活塞杆的下腔建立起油压。当转速超过 103% 额定转速时，OPC 动作信号输出，两个电磁阀被励磁通电打开，OPC 油管中油经无压回油管路排至 EH 油箱，相应调节阀执行机构上的卸荷阀快速开启，使高、中、低压调节汽阀迅速关闭。但当调节汽阀暂时关闭后，转速降回 103% 额定转速以下时，则 DEH 控制器的 OPC 控制又使 OPC 电磁阀关闭，OPC 油管中的油压又重新建立，这样高、中、低压调节汽阀就可重新开启。

单向阀和跳闸试验块组件的作用工作原理与 300MW 机组的相同，这里就不再重复叙述。

七、机械超速保护与手动停机装置

1. 薄膜阀

薄膜阀连接着低压透平油系统和高压抗燃油系统，其作用是当汽轮机转速飞升，使危急遮断器动作或危急遮断装置发生停机信号时，通过危急遮断器滑阀使机械超速——手动停机母管泄油，当该路油的压力降至一定值时，薄膜阀打开，使 AST 油母管泄油，通过 EH 油系统关闭高、中压自动关闭器和高、中、低压调节汽阀执行机构，强迫汽轮机停机，以保证汽轮机组的安全。其结构及工作原理与 300MW 机组相同。

2. 机械超速及手动停机装置动作原理

机械超速及手动停机装置包括有危急遮断器、危急遮断杠杆、危急遮断器滑阀错油门以及保安操纵箱，其作用是在汽轮机工作转速达到额定转速的 109% ~ 110% 时危急遮断器动作，能快速切断汽轮机的进汽，停止汽轮机的运行并发出报警信号；手动解脱滑阀动作时，关闭各主汽阀和调节汽阀。

（1）飞锤式危急遮断器。汽轮机转子在运行中所受的离心力很大。离心力的大小与转子转速的平方成正比，考虑到各种运行条件下转子所需的转速正常变化范围，规定驱动发电机的汽轮机转子转速按 $120\% n_0$ 进行强度校核。若运行转速过高，则可能发生破坏性事故，例如叶片断裂等，严重时会发生飞车事故。因此，一般规定转子的转速不超过 $(110\% \sim 112\%)\, n_0$，最高也不能超过 $(113\% \sim 116\%)\, n_0$。

汽轮机调节系统在正常情况下可以控制汽轮机转速的超限，即使甩全负荷也不会使转速超过 $109\% n_0$。但是，在异常情况下，机组转速有可能超过 $110\% n_0$，因此，每台汽轮机具有超速遮断保护功能。

图 12-20 为本机组采用的飞锤式危急遮断器的结构图，它是超速保护装置的感应机构，属于不稳定的调速器，它在工作时只能从一个极限位置移动到另一个极限位置。

危急遮断器壳体 1 设有两个离心棒式撞击子（即飞锤），壳体 1 用法兰与汽轮机前轴刚性连接，撞击子的重心与旋转轮中心偏离 6.5mm，当汽轮机转速低于额定转速的 111%，弹簧 4 的预紧力大于撞击子的离心力，撞击子始终被压在塞头 6 上。当汽轮机转速达到额定转速 111% 时，撞击子的离心力大于弹簧预紧力，撞击子便开始飞出，只要撞击子一旦动作，随着偏心距增大，离心力也迅速增大，撞击子就走完其全行程 6mm

±0.2mm，然后被限位套 5 限位。此时的转速就是危急遮断器动作转速。当汽轮机转速降到略高于额定转速时（一般为 3050r/min 左右），撞击子的离心力就减小到小于弹簧预紧力，这时撞击子便在弹簧力的作用下回到原来位置。这个转速就叫撞击子的复位转速，撞击子的动作转速可以通过调速螺帽 2 加以改变。顺时针旋转螺帽 2，每转 30°使其动作转速增大 105r/min。

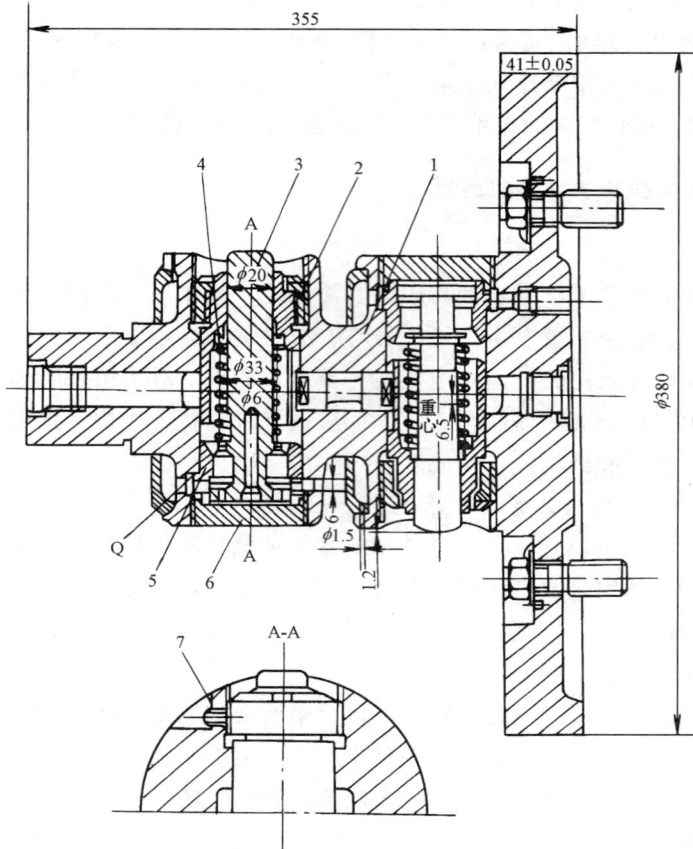

图 12-20 飞锤式危急遮断器的结构

1—壳体；2—调速螺帽；3—撞击子；4—弹簧；5—限位套；6—塞头；7—螺钉

利用喷油装置，可以在汽轮机额定转速下活动撞击子。活动撞击子时，可利用喷油装置将压力油从专门喷油管喷出来经过油室 Q 进入撞击子底部，在油压、油柱和撞击子本身离心力的共同作用下，撞击子向外飞出。当活动试验完毕后，喷油管停止喷油，压力油从壳体底部的 φ1.5 小孔和塞头 6 上的两个 φ1 小孔排出，撞击子就恢复到原来位置。

危急遮断器在制造厂内均进行过试验，调整好弹簧预紧力，保证在汽轮机达到额定转速的 111%～112%（即 3330～3360r/min）时，撞击子动作。调整完毕后，用螺钉 7 将调整螺帽固定住，并将螺钉头部敛缝。在电厂里，为需要重新调整撞击子动作转速时，应先松开螺钉7，调整完后仍应拧紧螺钉7，并注意将头部敛缝。

在危急遮断器动作后，机组尚未下降到复位转速前，不应急于恢复保护装置，启动机组。因为，此时虽强行使危急遮断油门复位，而撞击子仍在未出时的最大偏心距位置，危急遮断油门的脱扣杠杆将不断地受撞击子的撞击而受到损坏。

（2）危急遮断器杠杆。图12-21为危急遮断器杠杆结构图。危急遮断器杠杆直接安装在危急遮断器错油门上，位于危急遮断器与危急遮断器错油门之间。当危急遮断器动作时，撞击子飞出打击危急遮断杠杆6的左端，见A向视图，而右端则向下移动，弹簧将危急遮断器的罩螺母压下，使危急遮断器错油门动作。当撞击子恢复原位，危急遮断器错油门恢复工作位置时，危急遮断错油门的罩螺母2将危急遮断器杠杆顶至原来位置。No.1、No.2杠杆与联动杆之间用圆柱销固定，使三者成为一体。

利用喷油装置，可以左右活动危急遮断器杠杆，以便能在汽轮机正常运行时进行危急

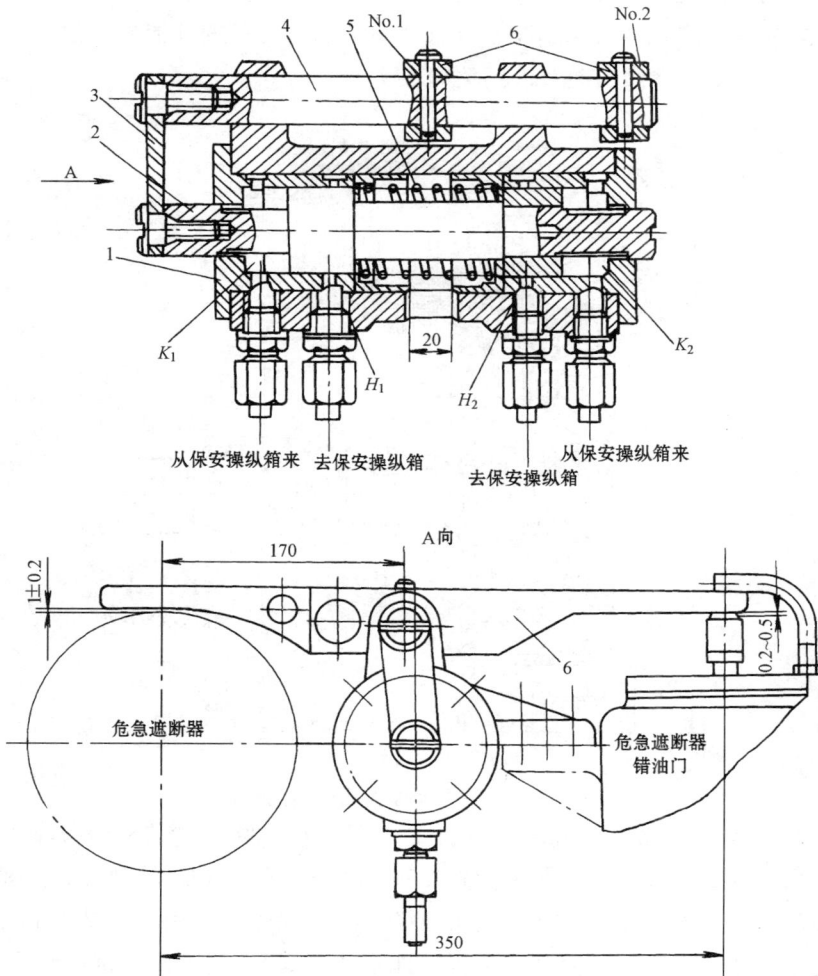

图 12-21　危急遮断器杠杆结构图

1—壳体；2—轴；3—连杆；4—联动杆；5—弹簧；6—No.1、No.2杠杆

遮断器撞击子的压出试验。当压力油进入油室 K_1 时，轴 2 在压力油的作用下克服弹簧力的作用而向右移动 20mm，到达其右限制点位置，打开油口 H_1，使压力油从油口 H_1 中流出。同时，通过连杆 3，联动杆 4 使 No.1、No.2 杠杆也相应地向右移动 20mm。此时，No.2 杠杆与 No.1 撞击子脱开，尚有 2mm 左右的间隙。当 No.1 撞击子飞出时将不对 No.1 杠杆发生作用；但 No.2 杠杆仍然处于 No.2 撞击子的上部位置，所以 No.2 撞击子一旦动作，则仍然对危急遮断器杠杆起作用。当切断压力油时，轴 2 在弹簧力的作用下回到原来的工作位置，重新将油口 H_1 堵住。

当压力油进入油室 K_2 时，轴 2 便向左移动，其过程和作用与上述相同。

No.1、No.2 杠杆的重心均在图示的左方。

（3）危急遮断器错油门。危急遮断器错油门（如图 12-22 所示）直接安装在前轴承箱内侧壁上。在套筒上有六挡油口，由上开始第一挡油口与危急遮断器错油门的挂闸油路相通，第二和第四挡油口为排油口，第三挡油口与自动关闭器安全油路相连，第六挡油口与附加保安油路相通。当危急遮断器错油门被压下后，可使保安油泄掉，致使薄膜阀迅速打开，AST 油泄掉，将主汽阀和调节汽阀关闭。

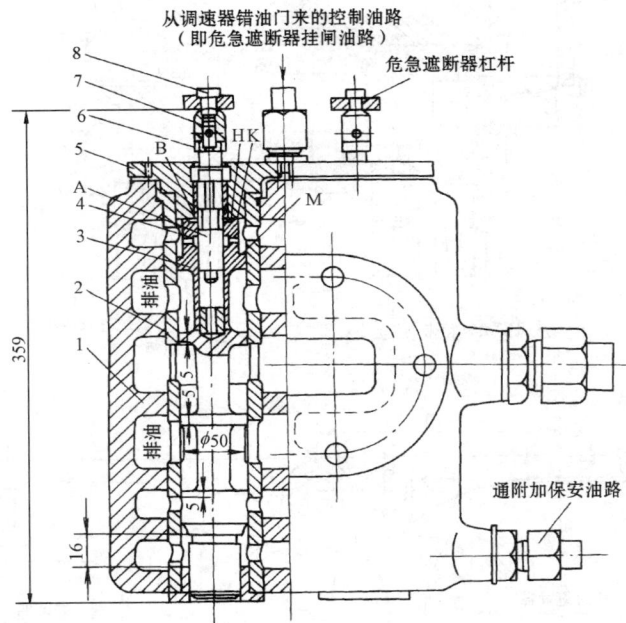

图 12-22　危急遮断器错油门的结构

1—壳体；2—套筒；3—错油门；4—心杆；5—上盖；6—垫圈；7—罩螺母；8—限位块

在机组启动前，错油门 3 下部承受附加保安油压（1.96MPa），对错油门有向上的作用力，而错油门 3 的上部则承受挂闸油路的油压（0.35MPa）作用力。此时错油门 3 在上、下油压差的作用下，上升到上限位点位置（即工作位置）。错油门上部的环形研磨面 K 贴紧在上盖 5 上，而存在油室 B 中的油从心杆外表面上的三角形油槽中排出。错油门 3 的下部分分别将通往自动关闭器的安全油与排油口隔开，使自动关闭器下的安全油建立起油压。这一过程也称为挂闸，通过启动挂闸电磁阀组，使挂闸油路上的油压逐渐上升至1.96MPa。由于挂闸油路的油压仅作用在错油门3上部的环形面积M上，其向下的作用力小于附加保安油压对错油门3上的作用力。故错油门3仍处于上限制点位置。这时，危急遮断器错油门仍处于工作状态。

当危急遮断器动作后，通过危急遮断器杠杆，迫使罩螺母7，心杆4向下移动，打开油门A，使挂闸油路的1.96MPa油压经油口A进入错油门上部的环形面积H上。此时其向下的作用力大于错油门下部向上的作用力，错油门在油压差的作用下向下移动到其下限制点位置，使套筒2上通经自动关闭器安全油路的油口与排油口相通。使油压迅速下降，以关闭油动机和自动关闭器。

另外，当附加保安油路与排油接通时，附加保安油路的油压迅速下降，错油门3在其上部挂闸油路油压作用下也迅速向下移动至下限制点位置，同样可使油动机和自动关闭器关闭。

危急遮断器错油门在装配时应保证错油门3，心杆4上下移动灵活，并特别注意应将错油门3上部的K面与上盖5下端面研磨至贴合，以防止挂闸油路的油流入环形面积H，使危急遮断器错油门误动作。

危急遮断器错油门在总装时，如果错油门3处在上限制点，可以通过调整垫圈6的厚度，使危急遮断杠杆一端贴紧罩螺母，另一端与撞击子头部间隙保持1mm±0.2mm(见图12-25)。

危急遮断器、危急遮断器杠杆、危急遮断器错油门均设有两套同样的动作机构，并且可以直接或交叉动作，以保证在任何一个撞击子或错油门一旦发生卡涩时，保安系统仍不失灵。

(4) 保安操纵箱。保安操纵箱是保安系统中的控制部分，悬挂在前轴承箱端盖外侧。图12-23是保安操纵箱的结构图。在解脱错油门3的套筒上有两挡油口。下面一挡油口与

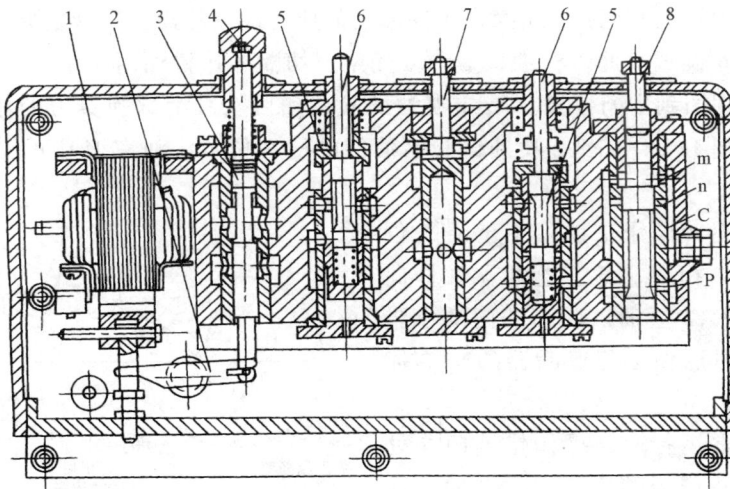

图12-23　保安操纵箱

1—电磁铁；2—杠杆；3—解脱错油门；4—按钮；5—No.1、No.2喷油试验错油门；
6—小错油门；7—操作错油门；8—超速错油门

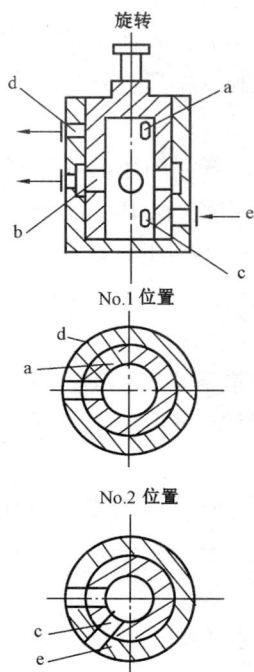

旋转

No.1 位置

No.2 位置

图 12-24 操作错油
门示意图

附加保安油路相通，上面一挡油口与排油相通。解脱错油门 3 与其上部的按钮 4 用螺钉固定。在正常运行时，解脱错油门 3 在弹簧力的作用下处于其上限制点位置。此时，解脱错油门 3 将这两个油口隔绝。当手揿按钮 4 或电磁铁 1 的动作时（电磁铁 1 通过杠杆 2 的传递作用），解脱错油门 3 便向下移动，则附加保安油路与排油相通，其油压迅速下降，使危急遮断器错油门动作，因而关闭主汽阀和调节汽阀。

使电磁铁 1 动作的控制机构有：①集中控制室中的紧急停机按钮；②测速发电机的超速保护装置；③汽轮机转子电气式轴向位移保护装置。

在操作错油门 7 上有三个油口，如图 12-23 所示。压力油经中间的油口 6 流入操作错油门 7 的中心孔内。当反时针旋转操作错油门 7 至 No.1 位置时，操作错油门上部的油口 a（见图 12-24）与壳体上的油口 d（见图 12-24）相通，压力油从油口 d 中流出，通往危急遮断器杠杆并使它向右移动然后流入 No.1 喷油试验错油门 5 下部的油室 K。No.1 喷油试验错油门 5 在其下部油压的作用下而向下移动至上限制点位置，油口 g、f 分别与其套筒上的油口 i、h 相通。此时，手揿喷油试验错油门 5 中的小错油门 6，则油室 K 的压力油经油口 i、g、f、h 从壳体中流出，流入危急遮断器 No.1 撞击子的底部，使 No.1 撞击子在汽轮机处于额定转速（或略低于额定转速）运行时动作。

松开小错油门 6，则小错油门 6 在其下部弹簧力的作用下回到上限制点位置，将油口 g 遮盖，切断通往危急遮断 No.1 撞击子底部去的压力油。经撞击子恢复原位后，将操作错油门 7 回到中间位置。此时，油口 a 和 d 隔绝，切断操作错油门 7 中心孔压力油的去路，危急遮断器杆则回到中间位置。No.1 喷油试验错油门在其上部弹簧力的作用下回到下限制点位置，即图 12-24 中 No.2 喷油试验错油门的所在位置。油室 K 中的油则从其下部的 $\phi1$ 小孔泄出。

当顺时针旋转操作错油门 7 至 No.2 位置时油口 c 与 e 相通，危急遮断器杠杆向左移动，手揿 No.2 喷油试验错油门的小错油门时，同样可以使危急遮断器的 No.2 撞击子动作。

在机组正常运行时，操作错油门 7 处于中间位置，并用插销固定着。此时，油口 a 与 d、c 与 e 均不相通，No.1、No.2 喷油试验错油门均处于其下限制点位置。

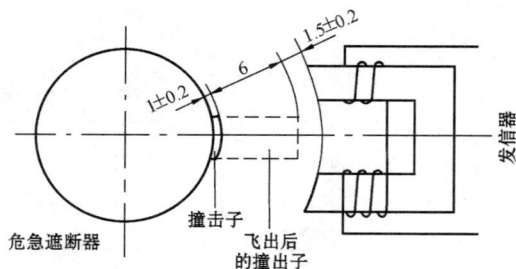

图 12-25 危急遮断器指示器示意图

在超速错油门 8 的套筒上有三个油口，上面和中间的油口 m、n 与油室 G 相通，而油

198

室 G 又与压力油路相通；下面的油口 P 则与中间错油门一次脉动油路相通，当顺时针旋转超速错油门 8 时，超速错油门 8 向上移动打开油口 n，此时压力油经油口 n、p 流向中间错油门下一次脉动油路。使该油路的油压升高，开大调节汽阀，以迅速提升汽轮机的转速。松开超速错油门 8 时，超速错油门 8 就在经油口 m 而流入其凸肩的压力油作用下沿螺旋线自动向下移动至下限制点位置。

在机组正常运行时，超速错油门 8 始终处于其下限制点位置。

保安操作箱上还装有两个就地指示的信号灯，以便在就地指示危急遮断器№.1、№.2撞击子的动作情况，该指示装置的工作原理如图 12-25 所示。每个撞击子外装有一个 π 型铁芯和线圈的发信器，利用电磁感应原理来工作。当撞击子飞出后，π 型铁芯和撞击子之间的磁阻减小，感应电势增加，通过电气回路使信号灯发光。在正常运行时，撞击子没有飞出时，发信器 π 型铁芯两端的空气间隙很大，磁阻很大，信号灯不亮。

八、DEH 调节系统的操作

本机组的 DEH 调节系统操作是基于西屋公司运行在 SUN Solaris 平台上的 WEStation 工作站，通过计算机上的窗口画面和鼠标来控制汽轮机的运行，取消了传统意义上的汽轮机操作盘，具有操作灵活、人机界面友好、监控信息丰富的优点。

根据运行习惯，操作主画面（DEH CONTROL PANEL，2000）设计成一个模拟的汽轮机操作盘，如图 12-26 所示。第一排是红色的"状态指示区 1"，它显示着重要的警示性信息；第二排为两块数字表，分别表示汽轮机的实际转速和实发功率；第三排为黄色的"状态指示区 2"，用来显示重要的运行状态信息。操作区分左右两部分，左边主要是用于升速冲转操作的，右边是并网后带负荷的操作，按钮的点击结果可以从"操作指示区"内的绿色指示灯上显示。

为了提高 DEH 调节系统操作的可靠性和可用性，本机组还配备了一块备用手操盘，它是 WEStation 的辅助备用手段，即当 WEStation 发生故障或其他原因无法继续控制汽轮机正常运行时，运行人员仍然可以通过备用手操盘完成对汽轮机的基本操作。备用手操盘安装在汽轮机控制台上（如图 12-27 所示），由六块分别显示高、中、低压调节汽阀阀位的动圈式指针表、一个钥匙开关、两个旋钮开关、一个红色指示灯、十个黄色阀门状态灯和六个控制高、中、低压调节汽阀开启或关闭操作的按钮组成。

正常操作时，自动/手动按钮必须位于"自动"挡，这时操作站发出的控制指令有效。操作站和备用手操盘之间是互斥的。

DEH 的所有操作均在操作站上完成，因此，每次在启动前必须仔细的检查：①手操盘自动/手动按钮在"自动"位置，而"汽轮机手动"灯熄灭；②手操盘 OPC 钥匙开关应在"投入"位置（超速试验除外）。

1．升速过程的操作

（1）挂闸（TURBINE RESET）。点击主画面 2000 中的［TURBINE RESET］（挂闸）按钮后，挂闸电磁阀则开始带电，使危急遮断滑阀的排油关闭，滑阀在压力油的作用下复位。当保安油压大于 1.59MPa 时，安装在保安油路上的压力开关动作，挂闸电磁阀失电，同时

DEH CONTROL PANEL-2000

| TURBINE SHVTDN | PB MANUAL | DEH ALARM | CRITICAL PANGE | RUNBACK | OPC | AST |

RPM   MW

状态指示区1

3000   199.8

| BKR ONLINE | SIN MODE | SEQ MODE | CCS REQUEST | (SPARE) |

操作指示区

状态指示区2

| IP START | TPL ACTING | LOW VACUNM | (SPARE) | (SPARE) |

| COLD | WARM | HOT | EX HOT | | MW CONTROL | IMP CONTROL | IP CONTROL | VALVE CONTROL |

| ASL | GOVERING MODE | FRICHK | SPEED HOLDING | | INITIAL LOADING | SPI IN | CCS IN | TPL IN |

| AUTO START | MANUAL START | AUTO SYNC | MANUAL SYNC | | IP/HP XFERINLT | (SPARE) | (SPARE) | (SPARE) |

| TRUBINE RESET | START HALT | IP START XFER | FRICHK | | CONTROL MODE | CONTROL SETTING | LIMITOR SETTING | SEED DROOP |

| SPEED CONTROL | SPEED HOLD | SYNC CONTROL | OST | | CCS | TPL | VALVE TEST | SIN/SEQ XFER |

CANCAL   按钮区   EXTR CONTROL

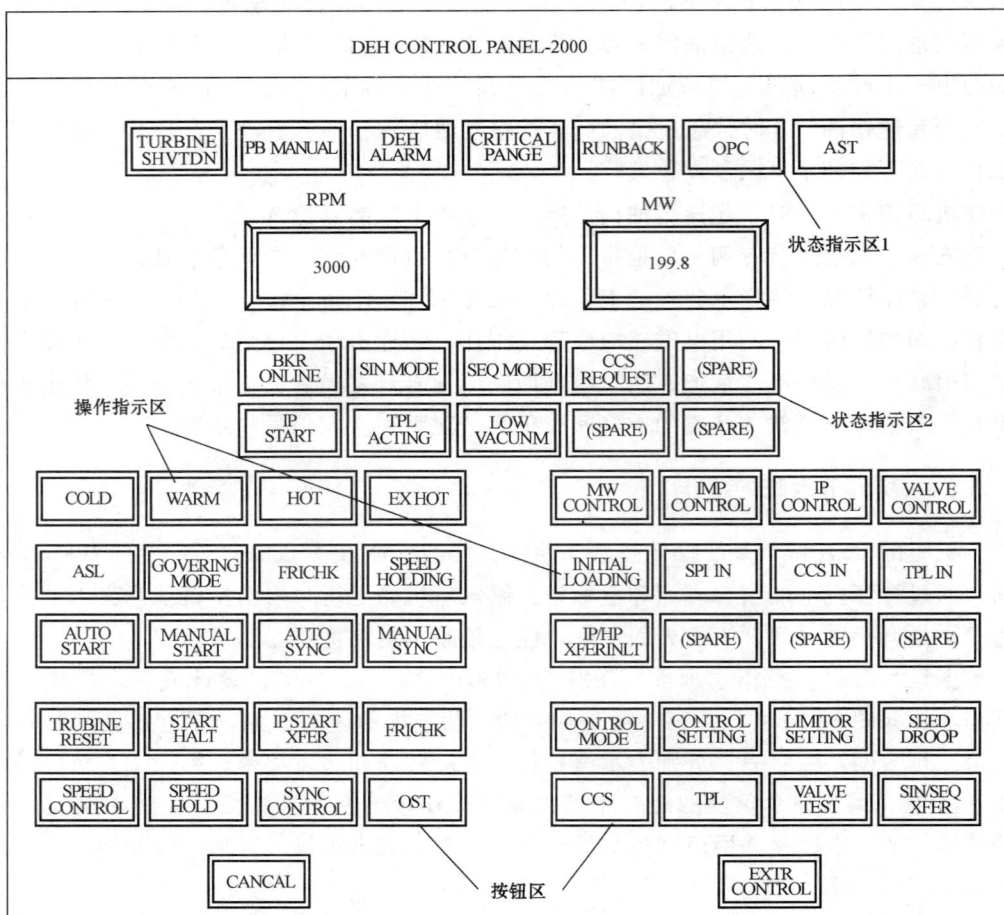

图 12-26　DEH 操作主画面

薄膜阀复位，ASL 油压恢复，则挂闸完成。挂闸完成后，主画面 2000 中"操作指示区内的"ASL"（启动允许）指示灯点亮。

（2）开主汽阀（OPEN MSV）。挂闸完成后，点击主画面 2000 中的 [START/HALT]（启机/停机）按钮，则会弹出 2000 窗口，如图 12-28 所示，在 2000 窗口中点击 [OPEN MSV]（开主汽阀）按钮，则高、中压自动关闭器上的四个主汽阀开启，电磁阀失电，主汽阀打开。主汽阀打开后，2000 窗口中表示主汽阀开/关状态的红色指示灯变亮。要特别注意在开启主汽阀前必须先挂闸，否则开主汽阀的操作将无效。

（3）启机/停机（START/HALT）。在挂闸完毕、主汽阀开启之后，在 2000 窗口中再点击 [START]（启机）按钮，按钮右边的红色指示灯则点亮，同时 [HALT]（停机）按钮左边的红色指示灯熄灭，表示可以进行升速操作。

在主画面 2000 窗口中，汽轮机的启/停状态也可以从"状态指示区 1"的 [TURBINE SHUTDOWN]（汽轮机停机）红色指示灯上反映出来。

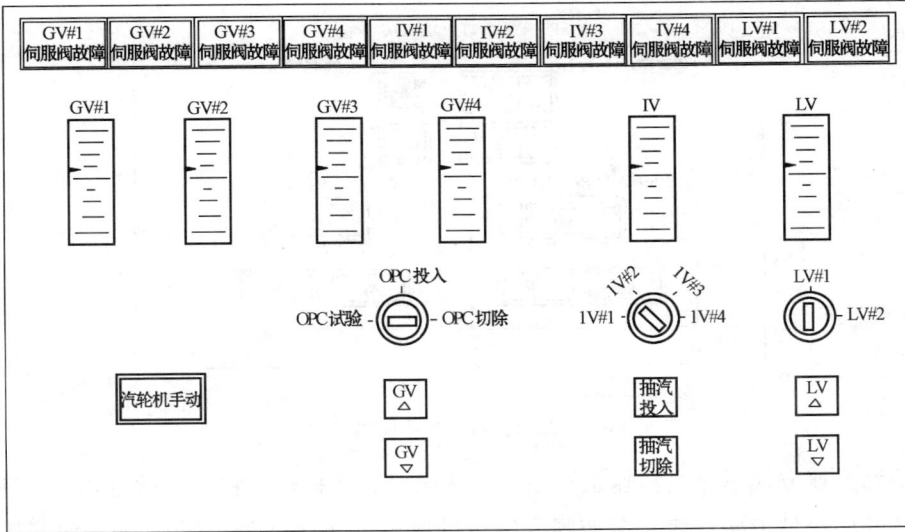

图 12-27　备用手操盘窗口

同样，在执行停机操作时，点击 2000 窗口中的 [HALT]（停机）按钮，则启机灯熄灭，停机灯点亮。停机是指汽轮机只关闭汽轮机高、中、低压调节汽阀，主汽阀不关闭，汽轮机仍保持挂闸状态，也就是说停机不是跳闸。只有当高、中压主汽阀关闭时，汽轮机才能跳闸。另外，停机操作只能在油断路器未合闸时才有效，当发电机并网后，停机操作则无效。

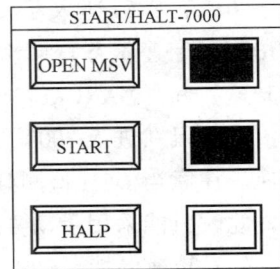

图 12-28　启机/停机窗口

（4）摩擦检查（FRICHK）。点击主画面 2000 中的 [FRICHK]（摩检）按钮，则"操作指示区内的 [FRICHK] 绿色指示灯变亮，表示机组处于摩擦检查状态，此时汽轮机以 100r/min 的升速率提升转速，当转速达到 250r/min 时，高、中、低压调节汽阀关闭，汽轮机转子惰走。

要取消摩擦检查时，点击画面 2000 中的 [CANCEL]（取消）按钮，则 [FRICHK] 指示灯熄灭，表示摩检结束。

（5）升速（SPEED CONTROL）。点击主画面 2000 中的 [SPEED CONTROL] 按钮，则会弹出 7002 窗口，如图 12-29 所示。

运行人员可以选择自动或手动升速方式。如果选择自动升速方式，DEH 将根据高压内缸金属温度可判断出当前汽轮机是处于冷态、温态、热态还是极热态，运行人员可通过主画面 2000 操作区的 [COLD]（冷态）、[WARN]（温态）、[HOT]（热态）和 [EXHOT]（极热态）绿色指示灯反映出来，从而设置相应的升速率，并自动将目标转速定在 3000r/min。如果选择手动方式，则需要在 7002 窗口中点击目标转速/升速率增/减按钮来给出相应的目标转速和升速率。

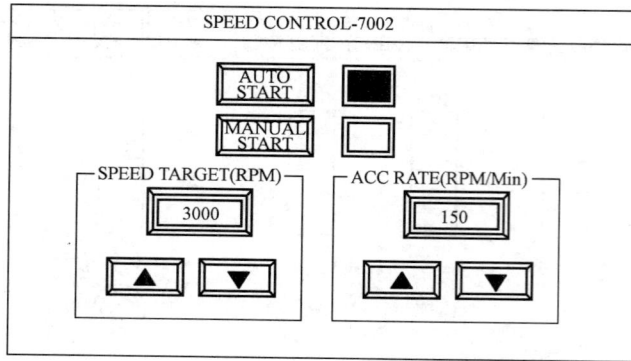

图 12-29　升速窗口

在手动升速方式下，当转速接近临界转速区时，目标转速将自动跳过临界转速区。无论是自动升速还是手动升速，在冲临界转速区时，升速率都是1000r/min，使汽轮机以最大升速率快速通过临界转速。在冲临界转速区过程中，主画面2000中"状态指示区1"内的〔CRITICAL RANGE〕（临界区）红色指示灯变亮。

当汽轮机转速大于2995r/min时，主画面2000中"操作指示区的"〔GOVERNING MODE〕（定速状态）绿色指示灯亮，表示机组已进入定速状态，同时〔AUTOSTART〕（自动升速）和〔MANUAL START〕（手动升速）指示灯将熄灭，升速过程结束。

汽轮机在进入3000r/min定速状态之前，运行人员可随时进行自动/手动升速方式的切换。注意当DEH检测到高压内缸金属温度测点有故障时，机组将无法实现自动升速功能，此时只能采用手动方式升速。

（6）转速保持（SPEED HOLDING）。汽轮机在升速过程中，可随时进入保持状态，以便机组暖机。点击主画面2000中的〔SPEED HOLDING〕（转速保持）按钮，则"操作指示区"中区的〔SPEED HOLEING〕（转速保持）的绿绝指示灯点亮，转速则停留在当前的转速下，如果想解除保持状态，只要再点击〔CANCEL〕（取消）按钮，则该指示灯熄灭，汽轮机恢复升速。

当转速处于临界转速区时，保持功能会被自动禁止，即临界区内转速保持无效；当机组进入3000r/min定速状态时，保持功能自动取消。就是说无论是自动升速还是手动升速，只要转速不在临界区或3000r/min定速时，转速保持功能时刻有效。

（7）自动暖机。在自动升速方式下，当机组实际转速达到或超过500r/min和1300r/min时，将自动进入转速保持状态，对机组进行低速和中速暖机。DEH系统会根据机组的温度状态自动决定暖机的时间。暖机结束后，则自动取消保持功能，恢复升速。如果运行人员认为自动暖机时间不充分，还可以在DEH暖机计时结束后再投入转速保持功能；如果认为自动暖机时间过长，可以随时按下〔CANCEL〕（取消）按钮，提前结束暖机。

在手动升速方式下，则需要运行人员自行决定暖机点和暖机时间。暖机停留则用转速保持功能实现。

（8）同期控制（SYNC CONTROL）。3000r/min 定速后，可进行同期操作。点击主画面2000 中［SYNC CONTROL］，（同期控制）按键，则会弹出 7003 窗口，如图 12-30 所示。

同期分为自动同期和手动同期两种方式。当自动同期时，点击［AUTO SYNC］（自动同期）按钮，则手动同期方式退出，此时 DEH 开始接受自动准同期装置发出的增/减脉冲信号，以控制汽轮机的转速。在手动同期时，点击［MANUAL SYNC］（手动同期）按钮，则自动同期方式退出，运行人员可根据电气操作的需要，点击 2003 窗口中的手动同期增/减按钮，点动转速，以便并网。

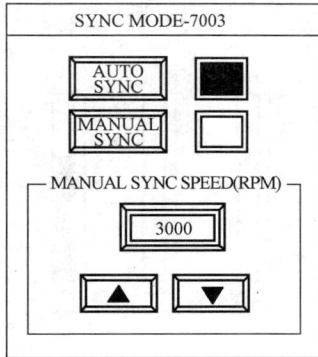

图 12-30　同期控制窗口　　　　　　　图 12-31　超速试验窗口

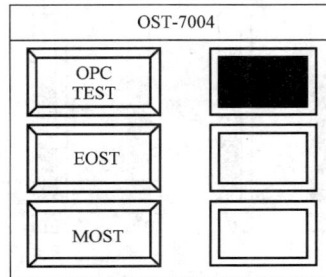

当要取消同期操作时，点击主画面 2000 中的［CANCEL］（取消）按钮，则"操作指示区"内的［AUTO SYNC］和［MANUAL SYNC］绿色指示灯均熄灭，此时表示已退出同期状态。

同期转速有效范围是 2970~3030r/min，若超过此范围，则同期操作无效。

（9）超速试验（OST）。超速试验分为 OPC 超速试验（103% n_0）、电气超速试验（110% n_0）和机械超速试验三种。点击主画面 2000 中的［OST］（超速试验）按钮，则可弹出 7004 窗口，如图 12-31 所示。

若进行 OPC 超速试验时，点击［OPC TEST］按钮，按钮右边的红色指示灯则被点亮，DEH 系统自动将目标转速设定在 3100r/min，并以 200r/min 的升速率升速；当转速达到3090r/min 时，主画面 2000 "状态指示区 1"内的［OPC］红色指示灯变亮，OPC 电磁阀则动作，使所有调节阀关闭，机组停机。试验结束后，转速将恢复 3000r/min。

在进行电气超速试验时，点击［OST］（电气超速）按钮，DEH 则自动将目标转速设定在 3310r/min，并以 200r/min 的速率升速；当转速达到 3300r/min 时，AST 电磁阀则动作，使全部主汽阀、调节汽阀关门，汽轮机跳闸。

当进行机械超速试验时，点击［MOST］（机械超速）按钮，DEH 则自动将目标转速设定在 3370r/min，并以 200r/min 的速度升速；当转速达到 3360r/min 时机械撞击子飞出，打在脱扣杠杆上，使危急遮断错油门动作，安全油泄掉，通过薄膜阀，使 AST 油泄掉，则关闭全部进汽阀，汽轮机跳闸。

电气超速和机械超速试验结束后，需要重新进行挂闸，开主汽阀和升速操作。

在任何一种超速试验的升速过程中，如果运行人员临时决定取消试验，可在实际转速达到相应的目标值前按下［CANCEL］（取消）按钮，则该项超速试验会自动解除，目标转速回到3000r/min，汽轮机恢复定速状态。

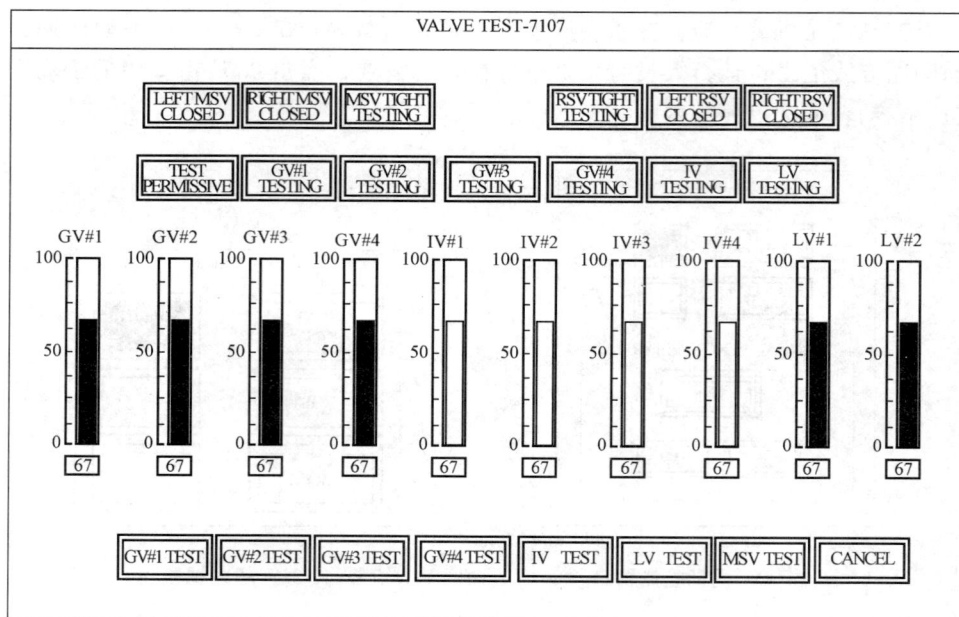

图 12-32　阀门严密性试验窗口

超速试验时，备用手操盘上的OPC钥匙开关必须打到"试验"位置，否则所有的超速试验功能均无效，以便在试验过程中发现试验失败时，可立即手动停机。OPC试验时，当OPC电磁阀动作后，不要立即将钥匙开关复位，必须等到转速重新恢复3000r/min并稳定后才可离开"试验"位置。超速试验结束后，该钥匙开关必须回到"投入"位置，以跟踪自动状态，实现自动和手动切换时无扰动。

（10）阀门严密性试验（VALVE TEST）。点击主画面2000中的［TEST］（阀门试验）按钮，则会弹出7107画面，如图12-32所示。

阀门严密性试验为主汽阀严密性试验和调节汽阀严密性试验。

当进行主汽阀严密性试验时，点击［MSVTEST］（主汽阀试验）按钮，则控制主汽阀开启、关闭的四个电磁阀带电，使高、中压主汽阀关闭，转子惰走。在主汽阀严密性试验过程中，调节汽阀则保持开启状态。试验结束后，点击7107窗口中的［CANCEL］（取消试验）按钮，主汽阀则重新打开，转速恢复3000r/min。

调节汽阀严密性试验的操作与停机操作的要求相同，即按下7000窗口中的［HALT］（停机）按钮，则所有调节汽阀将关闭。

2．并网后的操作

（1）负荷控制（MW CONTROL）。点击主画面2000中的［CONTROL MODE］（控制方

式）按钮，则会弹出 7100 窗口，如图 12-33 所示。

在 7100 窗口中显示有四种并网后供运行人员控制汽轮机负荷的方式。即 MW CONTROL（负荷方式）、IPM CONTROL（调节级压力控制方式）、TP CONTROL（主汽压控制方式）、VALVE CONTROL（阀门控制方式）。若点击其中的［MW CONTROL］（负荷控制）按钮时，则发电机功率为闭环回路，调节级压力控制、主汽压控制和阀位控制自动退出。

回到主画面 2000 中，点击［CONTROL SETING］（控制设定）按钮，则可弹出 7101 窗，如图 12-34 所示。

在 7101 窗口中，点击负荷目标值和升速率设定增减按钮，即可实现负荷的闭环控制。

图 12-33 控制方式窗口

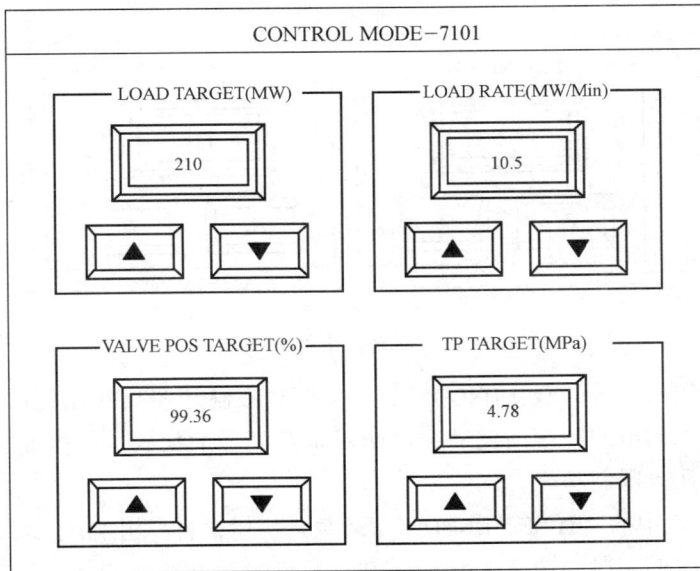

当 CCS 投入时，是否采用负荷控制方式是由协调控制系统决定的，汽轮机的负荷给定也是由协调控制系统自动给出，此时汽轮机运行人员无法通过负荷设定窗口来改变负荷给定。

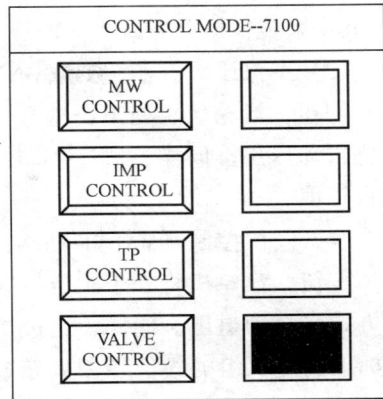

图 12-34 控制设定值窗口

（2）调节级压力控制（IMP CONTROL）。调节级压力控制主要用于阀门切换和调节汽阀在线试验时，防止阀门振荡和负荷波动，因此它是一种特殊的控制回路，正常运行时单独投入调节级压力控制没有意义。另外，当 CCS 投入时，调节级压力控制将被自动禁止。

点击 7100 窗口中的［IMP CONTROL］（调节级压力控制）按钮，则汽轮机将处于调节级压力控制方式，负荷控制、主汽压控制或阀位控制方式自动退出。调节级压力的设定值由 DEH 系统根据此方式投入时当前级压力而自动设定的，运行人员无法更改。

（3）主汽压力控制（TP CONTROL）。点击 7100 窗口中的［TP CONTROL］（主汽压控制）按钮，汽轮机将处于调压方式下运行，负荷控制、调节级压力控制方式或阀位控制方式将自动退出。同样，通过 7101 窗口操作相应的主汽压设定的增/减按钮，即可设定主汽压目标值。

（4）阀位控制（VALVE CONTROL）。点击 7100 窗口中的［VALVE CONTROL］（阀位控制）按钮，汽轮机将处于阀位控制方式，负荷控制方式、调节级压力控制方式或主汽压控制方式将自动退出。同样，通过 7101 窗口操作相应的阀位设定增/减按钮，即可设定阀位目标值。本机组的阀位控制属于缺省控制方式，当发电机并网后，DEH 系统则自动选择阀位控制方式。

实际上阀位设定值是相当于单阀时的累计阀门流量，并非真正意义上的阀门开度。

（5）限值设定（LIMITOR SETTING）。点击主画面 2000 中的［LIMITOR SETTING］（限值设定）按钮，将弹出 7103 窗口，如图 12-35 所示。只要满足启动允许条件，就可随时对负荷高限值和汽压保护限值进行设置。操作相应的增/减按钮，即可设定或改变负荷限值和汽压保护限值。

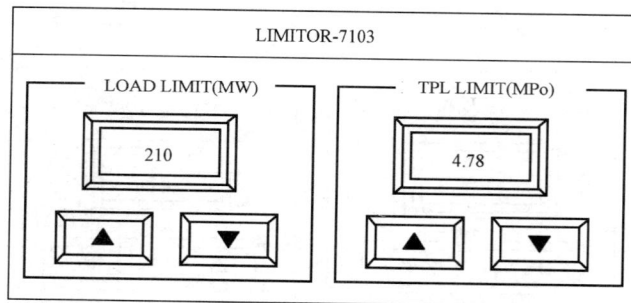

图 12-35　限值窗口

（6）一次调频限制（SPEED DROOP）。一次调频限制功能只有在负荷方式下（功率闭环）才有效。考虑到电网频率的波动会影响对负荷调节的精确度，因此建议在 DEH 投运初期应投入一次调频限制功能。

点击画面 2000 中的［SPEED DROOP］（调频）按钮，将弹出 7104 窗口，如图 12-36 所示。再点击［SPI IN］（频限投入）按钮，则一次调频限制功能投入，此时机组不参加电网的一次调频；若点击［SPI OUT］（频限切除）按钮，则系统将恢复调频功能。

（7）汽压保护（TPL）。点击主画面 2000 中的［TPL］（汽压保护）按钮，则将弹出 7106 窗口，如图 12-37 所示。

点击［TPL IN］（汽压保护投入）按钮，则汽压保护功能有效，如果此时机前实际主汽压低于汽压保护限值，高压调节汽阀将缓缓关闭；当主汽压恢复到保护限值以上或流量低于额定值 10% 以下时，高压调节汽阀便不再继续关闭，汽压保护功能自动停止。如果不再需要投入汽压保护，则点击［TPL OUT］（汽压保护切除）按钮即可。

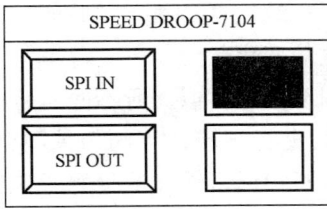

图 12-36　一次调频限制窗口　　　　　图 12-37　汽压保护窗口

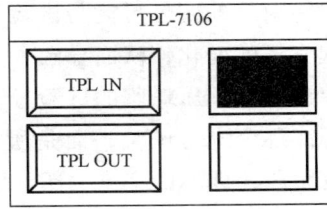

　　当机组处于正常滑参数停机时，应切除汽压保护，或将汽压保护限值设置低些，否则有可能会导致逆功率运行。

　　（8）协调运行（CCS）。当主画面 2000 中"状态指示区2"内的［CCS REQUEST］（协调请求）黄色指示灯点亮时，表示协调控制系统已经准备好，可以投入机炉协调运行。此时只要点击［CCS］（协调运行）按钮，就会弹出 7105 窗口，如图 12-38 所示。在 7105 窗口上点击［CCS IN］（协调投入）按钮，则汽轮机可参加协调运行。若点击［CCS OUT］（协调切除）按钮，则表示退出协调方式。在协调方式下，运行方式由协调控制系统选择，不需要运行人员干预。

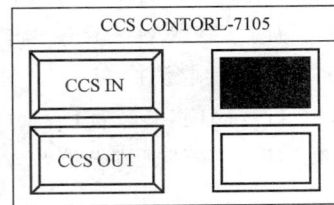

图 12-38　协调控制窗口

　　（9）快速减负荷（RUNBACK）。当锅炉侧出现 RUNBACK 或 MFT（即辅机故障或主燃料跳闸）等事故工况时，锅炉控制系统将发出汽轮机快速减负荷命令，此时 DEH 控制系统将控制汽轮机自动以 200MW/min 或 100MW/min 的速率减负荷；当 RUNBACK 指示消失时，汽轮机将停止减负荷，维持当前负荷运行。如果汽轮机负荷减至 40MW 时，RUNBACK 信号仍未消失，则负荷不再降低。在 RUNBACK 过程中，主画面 2000 的"状态指示区 1"中［RUNBACK］（快速减负荷）的红色指示灯一直点亮，当快速减负荷结束时，该指示灯才熄灭。

　　（10）阀门试验（VALVE TEST）。并网后的阀门试验是指阀门在线活动试验。主汽阀的在线活动试验由运行人员在就地手动进行，不能通过 DEH 来实现。

　　先点击主画面 2000 中［VALVE TEST］（阀门试验）按钮，则弹出 7101 窗，参见图 12-32，通过操作 7101 窗口中的有关按钮，即可做各阀门试验。

　　调节汽阀在线活动试验分为两个阶段：试验开始时，阀门首先关闭，进入阀门试验关闭阶段，当达到一定的阀位后，阀门再重新开启，进入阀门试验恢复阶段。

　　当具备试验条件时，［TEST PERMISSIVE］（试验允许）指示灯点亮，表示可以进行试验。现以 1# 高压调节汽阀为例，点击［GV# 1 TEST］（1# 高压调节汽阀试验）按钮，则［GV# 1 TESTING］（1# 高压调节汽阀试验中）的指示灯变亮，1# 高压调节汽阀从当前位置开始缓缓关闭；当阀门开度小于 2% 时，停止继续关闭，进入阀位恢复阶段，即 1# 高压调节汽阀再重新缓缓开启；当恢复到试验前的阀位时，阀门停止继续开启，［GV1# TESTING］指示灯熄灭，则 1# 高压调节汽阀试验结束。试验过程中的各个调节汽阀阀位变化可以从阀位棒图中反应出来。阀门试验时的关闭和开启速度为 10%/min，即 10min 走完全行程。阀门试验结束后的阀位可能与试验前的阀位不一致，这是由于试验前后因阀门的开启和关闭会引起汽压的变化，从而导致了蒸汽初参数的变化。

中压调节汽阀和低压蝶阀的试验过程与高压调节汽阀类似，所不同的是中压调节汽阀和低压蝶阀不能逐个进行试验，而是所有阀门同时进行试验；当阀门关闭到 72% 时，便进入阀位恢复阶段，即不能完全关闭。中压调节汽阀和低压蝶阀试验的开启和关闭速度也是 10%/min。此外，高、中、低压调节汽阀的试验是分别进行的，它们在逻辑上是互锁的，不能同时进行。

在阀门试验过程中，如果在阀门试验关闭阶段点击 7101 窗口中的 [CANCEL]（取消试验）按钮，则该阀门停止继续关闭，并立即转入阀门试验恢复阶段。如果在阀门试验恢复阶段点击 [CANCEL] 按钮，则该按钮不起作用。

为防止在阀门试验过程中阀位出现振荡，禁止刚投入试验便立即取消，而应等待至少 30s 才可进行取消操作。

（11）阀门切换（SIN/SEQ XFER）。点击主画面 2000 中的 [SIN/SEQ XFER]（单阀/顺序阀切换）按钮，则会弹出 7108 窗口，如图 12-39 所示。

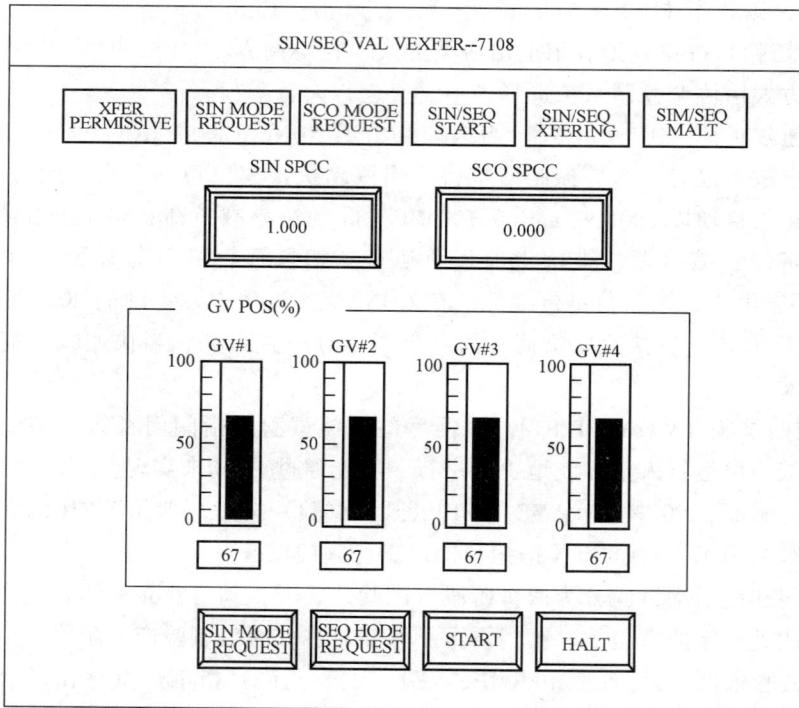

图 12-39　单阀/顺序阀功换窗口

阀门切换窗口与阀门试验窗口类似，只是在阀门切换窗口中增加了两块显示单阀系数和顺序阀系数的模拟表，它们用来作为阀门切换过程的进度指示。

切换前要注意主画面 2000 "状态指示区 2" 中的 [SIN MODE] （单阀）和 [SEQ MODE]（顺序阀）指示灯，它们表示了当前阀门的状态是单阀还是顺序阀。如果当前是单阀状态切换后则可变成顺序阀，反之，阀门切换后顺序阀将变成单阀。同样要注意观察阀门切换窗口中的单阀系数和顺序阀系数显示表，显示数字为 1 的则是当前阀门的状态。

现以单阀切换为顺序阀为例，当阀门切换条件满足时，在 7108 窗口中 [XFER INHIB-IT]（禁止切换）指示灯将熄灭，表示可以进行阀门切换。此时点击 [SEQ MODE RE-QUEST]（切换序阀）按钮后，[SEQ MODE REQUEST]（顺序阀请求）指示灯则点亮，[SIN MODE REQUEST]（单阀请求）指示灯将熄灭。再点击 [START]（切换开始/继续）按钮，则 [SIN/SEQ START]（切换开始）和 [SIN/SEQ XFERING]（切换进行中）两个指示灯同时点亮，表示单阀开始向顺序阀切换；此时顺序阀系数显示表中的数字从 0 开始逐渐增加，而单阀系数显示表中的数字从 1 逐渐减少。阀门切换的时间通常为 2min。如果在切换过程中按下 [HALT]（中止）按钮后，[SIN/SER HALT]（切换开始/中止）指示灯则点亮，[SIN/SEQ START]（切换开始）指示灯将熄灭，单阀向顺序阀的切换暂停，阀门处于中间状态，既非单阀也非顺序阀。之后要重新按下 [START]（切换开始/继续）按钮，[SIN/SEQ HALT]（切换完成/中止）指示灯熄灭，[SIN/SEQ START]（切换开始）指示灯重新点亮，切换过程在此基础上继续进行，直到 [SIN/SEQ XFERING]（切换进行中）指示灯熄灭，单阀系数显示表中的数字变成 0，顺序阀系数显示表中的数字变成 1，此时表示阀门切换结束，汽轮机已处于顺序阀方式下进行。顺序阀切换为单阀的过程与此类似。当切换结束后，主画面 2000 中 "状态指示区 2" [SIN MODE]（单阀）指示灯熄灭，[SEQ MODE]（顺序阀）指示灯点亮。

阀门切换过程中可以随时进行反向操作。以单阀切换为顺序阀为例，如果在进行到中间状态时要取消切换，恢复单调方式，只要按下 [HALT]（中止）按钮，暂停向顺序阀的切换，然后点击 [SIN MODE REQUEST]（切单阀）按钮，再按下 [START]（切换开始/继续），则切换会反向回复到原先的单阀状态。

为防止在阀门切换过程中负荷的波动，在切换过程中最好投入功率或调节级压力闭环控制。闭环控制投入后阀门切换过程中如果功率或调节级压力超过一定的调节精确度（功率波动范围大于 4%，调节级压力波动范围大于 2%），则切换自动暂停，出现 [SIN/SEQ START]（切换开始）、[SIN/SEQ XFERING]（切换进行中）和 [SIN/SEQ HALT] 切换完成/中止）三个指示灯同时点亮的情况；此时运行人员不必进行干预，待功率或调节级压力自动稳定在调节精确度以内后（功率少于 3%，调节级压力小于 1.5%），切换过程会自动继续进行。

由于本机组的 DEH 系统设计时考虑了既可单阀冲转，也可顺序阀冲转两种升速方式，因此启机前阀门方式的切换可在瞬间完成。当调节阀门接近全开时，阀门切换也是瞬间完成的，不必等待很长时间。但在升速过程中阀门切换将被自动禁止，运行人员无法操作。当转子转速达到 3000min 定速后才可以进行切换，但是有一定的风险，运行人员应谨慎操作。

（12）抽汽控制（EXTRACTION CONTROL）。当机组满足了抽汽条件时，可点击主画面

2000 中的［EXTR CONTROL］（抽汽控制）按钮，则可弹出 7102 窗口，如图 12-40 所示。

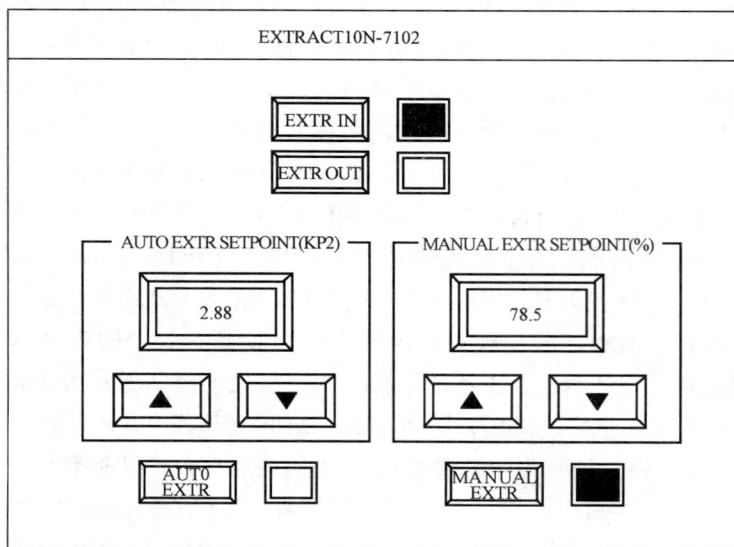

图 12-40　抽汽控制窗口

　　首先应选择是否投入抽汽调节。若投入抽汽，则点击［EXTR IN］（抽汽投入）按钮，然后根据运行要求，可投入［AUTO EXTR］（自动抽汽）或［MANUAL EXTR］（手动抽汽）。当自动抽汽时，机组通过抽汽压力目标设定来调节抽汽量；当手动抽汽时，可通过开关控制低压蝶阀直接对抽汽流量进行调节。一般情况下，手动抽汽是缺省的控制方式。是否投入自动抽汽调节，由电厂操作规程决定。

　　解除抽汽时，只要点击 7102 窗口中的［EXTR OUT］按钮，即可退出抽汽运行工况。

　　3. 其他项操作

　　（1）DEH 报警（DEH ALARM）。当重要的传感器（转速、真空、功率、调节级压力或主蒸汽压力等）发生故障时，"状态指示区 1"的［DEH ALARM］（DEH 报警）红色指示灯将点亮。此时，运行人员应从 WEStation 的报警信息中心找出发生故障的变送器，通知有关人员进行检修。检修后如果［DEH ALARM］灯熄灭，说明故障已排除；否则，说明故障仍存在。

　　出现了 DEH 报警时运行人员不必过于担心，因为这些重要的传感器均为冗余配置（特别是转速信号，它采用了三选二逻辑），其中一个发生故障不会影响 DEH 正常的操作控制。

　　（2）汽轮机手动。当备用手操盘上的表示调节汽阀伺服阀故障的指示灯点亮或 WEStation 发生故障无法继续操作时，运行人员应从自动状态切换到手动状态，即按下备用手操盘上的"汽轮机手动"按钮，若该按钮指示灯点亮，表示 DEH 已进入后备手操状态。操作盘的按钮分为两组，一组是控制高、中压调节汽阀的增、减按钮，另一组是控制低压蝶阀的增、减按钮和抽汽投/切的选择按钮。

在手动方式下，运行人员可以通过手操盘上的阀位指示表观察高、中、低压调节汽阀的阀位。对于中压调节汽阀和低压蝶阀，只有相应的一块阀位指示表，因此只要转动盘上的 IV/LV 阀位选择开关，就可看到其他汽阀的阀位。

当要解除手动时，再按下"汽轮机手动"按钮，则系统退出手动方式，回到自动状态，继续通过 WEStation 控制汽轮机的运行。

手动方式是一种完全的开环控制状态，在这种方式下，通过备用手操盘上的增/减按钮来调节阀位，运行人员的负担将大大增加，容易发生误操作或操作不当。尽管自动/手动可以相互跟踪，保证无扰切换，但频繁地在自动/手动方式之间来回切换也会产生影响机组的平稳运行。因此除非在不得已的情况下，尽量避免自动/手动相互切换。机组在启动升速过程时必须在自动方式下，禁止自动/手动切换。

(3) 中压缸启动/切换（IP START/XFER）。本机组的 DEH 控制系统专门设计有中压缸启动/切换逻辑。当具备中压缸启动条件时，点击主画面 2000 中的 [IP START/XFER]（中压缸启动/切换）按钮，则会弹出 7001 窗口，如图 12-41 所示。在此窗口上再点击 [IP START]（中压缸启动）按钮，则机组将以中缸冲转方式启动。在中压缸启动方式下的升速控制、同期等操作与前面正常的升速过程完全一样。

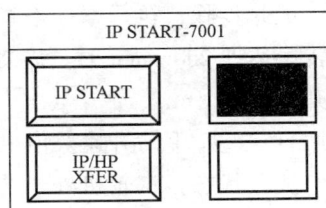

图 12-41　中压缸启动窗口

当发电机并网后，DEH 系统将以阀位方式控制机组带负荷运行。当汽轮机负荷大于 20MW 后，可以进行高、中压调节汽阀切换。此时点击 7001 窗口中的 [IP/HP XFER]（高/中压缸切换）按钮，则高压调节汽阀开始缓缓开启。当高、中压缸的流量关系满足1:3时，切换将结束，7001 中 [IP/HP XFER]（高、中压缸切换）按钮右边的指示灯熄灭。高、中压调节汽阀切换的时间大约为 10min 左右。

是否采用中压缸启动必须在启机冲转前决定，一旦汽轮机冲转后，将无法再投入中压缸启动功能。而中压缸启动一旦投入，只有在高、中压缸切换完毕或再次停机时才能解除，而且并网后只有阀位控制一种方式。为了防止高、中压缸切换过程中汽轮机负荷发生波动，DEH 将自动投入功率闭环控制。

4．电调功能试验

(1) 装置通电前的检查。装置通电前需检查以下项目：确认接线正确；确认装置对地绝缘情况正常；确认输入电源正常；确认机柜内电缆连接牢固；确认各模件安插正确、牢固。

(2) 装置送电。需进行以下各项工作：闭合机柜输入电源主开关；投入机柜主电源；详细检查各个模件状态；对所有 I/O 通道进行检查；工程师站/操作员站 WEStation 通电运行。

(3) 由调速专业人员进行 EH 装置及电液转换器的调整。

(4) 在 WEStation 上对所有的 QVP 卡进行校准和标定。

(5) 启动前 DEH 的检查准备。需做如下准备工作：确认机组是否具备冲转条件；查看 WEStation 操作站工作是否正常，操作画面显示是否正常；DEH 备用手操盘 OPC 钥匙开关置于"投入"位置，自动/手动切换按钮置于"自动"位置；没有 DEH 报警信号产生；EH 装置工作正常，EH 相关保护系统应投入。

（6）DEH 功能试验。根据 DEH 所具有的功能，可做如下各项功能试验：

1）汽轮机挂闸/开主汽阀试验：

试验状态：汽轮机跳闸后。

试验步骤：执行挂闸操作，使 AST 母管油压恢复；执行开主汽阀操作，则使高、中压自动关闭器打开。

2）摩擦检查试验：

试验状态：汽轮机允许启动并处于"启机"状态。

试验步骤：执行摩擦检查操作，使汽轮机自动设定摩擦检查转速和摩擦检查升速率；当转速达到 250r/min 时，摩擦检查投入，转子开始惰走；试验结束后解除摩擦检查，恢复升速状态。

3）自动/手动升速及停机试验：

试验状态：汽轮机处于"启机"状态。

试验步骤：选择"手动升速"方式，设定目标转速为 500r/min，升速率为 100r/min；当转速达到 400r/min 后，选择"自动升速"方式；当转速达到 500r/min 后，执行停机操作，确认调节汽阀关闭、转子惰走。

4）转速保持/自动暖机/自动冲临界/3000r/min 定速试验。

试验状态：选择"自动升速"方式。

试验步骤：当转速达到 500r/min 后，DEH 自动进入保持状态，暖机结束后恢复升速；当转速达到 1300r/min 后，DEH 自动进入保持状态，暖机结束后恢复升速；当转速进入第一段临界区时，DEH 自动设定升速率为 1000r/min；当转速进入第二段临界区时，DEH 自动设定升速率为 1000r/min；当转速大于 2995r/min 时，DEH 进入定速状态，升速操作结束。

5）手动/自动同期试验：

试验状态：汽轮机处于 3000r/min 定速状态。

试验步骤：选择"自动同期"方式时，DEH 可接收自同期装置增/减脉冲信号；选择"手动同期"方式时，点操转速给定；当转速小于 2970r/min 或大于 3030r/min 时，自动/手动同期操作均无效；当油断路器合闸后，发电机则并网。

6）超速试验：

试验状态：带负荷暖机结束，发电机解列，汽轮机处于 3000r/min 定速状态。

试验步骤：备用手操盘上的 OPC 钥匙开关打到"试验"位置；若选择"OPC 超速试验"，则当转速大于 3090r/min 时，OPC 电磁阀动作，调节汽门关闭，维持机组在 3000r/min 下运行；若选择"EOST"，则当转速大于 3300r/min 时，AST 电磁阀动作，高、中压自动关闭器和所调节汽阀关闭，汽轮机跳闸，转子惰走；若选择"MOST"，则当转速大于 3360r/min 时，机械撞击子动作，高、中压自动关闭器和所有的调节汽阀均关闭，汽轮机跳闸，转子惰走；超速试验结束后，应重新挂闸，开主汽阀，使机组恢复到3000r/min定速状态下，并将备用手操盘上的OPC钥匙开关打到"投入"位置。

7）阀门严密性试验：

试验状态：汽轮机处于3000r/min定速状态。

试验步骤：执行主汽阀严密性试验操作，使高、中压主汽阀关闭，调速汽阀打开，检查转子惰走情况。取消试验后，转速应恢复到3000r/min；执行停机操作，使调速汽阀关闭，检查转子惰走情况。

8）自动带初负荷试验：

试验步骤：油断路器闭合瞬间，自动投入阀位控制；负荷大于6MW后，带初负荷结束。

9）负荷控制试验：

试验状态：选择"负荷控制"方式，控制回路切换时汽机负荷应无扰动。

试验步骤：设定目标负荷100MW，升负荷率为40r/min；整定负荷控制回路的PID参数。

10）调节级压力控制试验：

试验状态：选择"调节级压力控制"方式，控制回路切换时汽轮机负荷应无扰动。

试验步骤：整定调节级压力控制回路的PID参数。

11）主汽压控制试验：

试验状态：选择"主汽压控制"方式，控制回路切换时，汽轮机负荷应无扰动。

试验步骤：设定主汽压目标值为12MPa；整定主汽压控制回路的PID参数。

12）阀位控制试验：

试验状态：选择"阀位控制"方式，控制回路切换时，汽轮机负荷应无扰动。

试验步骤：设定目标阀位。

13）快速减负荷试验：

试验步骤1：升负荷至200MW；锅炉控制系统发出快速减负荷指令RUNBACK1$^\#$；DEH自动投入负荷控制，以200MW/min速率减负荷至40MW；在快速减负荷过程中，可随时取消RUNBACK指令，汽轮机负荷则停留在当前值。

试验步骤2：升负荷至200MW；锅炉控制系统发出快速减负荷指令RUNBACK2$^\#$；DEH自动投入负荷控制，并以100MW/min的速率减负荷至40MW；在快速减负荷过程中，可随时取消RUNBACK指令，汽轮机负荷则停留在当前值。

14）阀门在线试验：

试验状态：投入负荷控制回路，并具备阀门试验条件。

试验步骤：①对GV1$^\#$进行在线试验。观察试验过程中汽轮机负荷的波动情况；投入调节级压力控制回路。②对GV2$^\#$进行在线试验。观察试验过程中汽轮机负荷的波动情况；比较功率闭环和调节级压力闭环时，阀门在线试验负荷波动的范围。可依次对其他8个调节汽阀进行在线试验。

15）阀门切换试验：

试验步骤：投入负荷控制回路，执行单阀切换顺序阀操作；投入调节级压力控制回路，执行顺序阀切换单阀操作；比较功率闭环和调节级压力闭环状态下，阀门切换时负荷波动的范围。

16）汽压保护试验：

试验状态：锅炉燃烧稳定，蒸汽参数达到额定值。

试验步骤：投入汽压保护功能，设定汽压保护限值为 12MPa；投入主汽压控制回路，将汽压目标值修改为 11MPa；当机前实际压力小于 12MPa 时，汽压保护应动作。

17）自动/手动切换试验：

试验状态：发电机并网运行。

试验步骤：按下后备手操盘"汽轮机、手动"按钮，进入手动方式；用操作盘上高、中低压阀门增、减按钮来改变汽轮机负荷，并观察手操盘上阀位指示表开度的变化；解除手动，恢复自动方式运行。

18）抽汽控制试验：

试验状态：投入抽汽调节功能。

试验步骤：投入"手动抽汽"方式，改变低压蝶阀阀位，观察热负荷/电负荷变化；投入"自动抽汽"方式，改变抽汽压力设定值，观察热负荷/电负荷情况；解除抽汽调节功能。

19）中压缸启动试验：

试验状态：汽轮机启动允许并处于"启机"状态。

试验步骤：选择"中压缸启动"方式；选择"手动升速"方式；执行升速、同期、并网操作，以阀位控制方式升负荷至 20MW，并执行高、中压缸阀门切换；观察高、中压缸阀门切换过程中汽轮机负荷的变化情况。

除上述试验外，还可以做一次调频限制投、切试验；真空低自动减负荷试验；机炉协调运行试验；50%、100% 甩负荷试验。

参 考 文 献

1. 吴季兰主编 . 300MW 火力发电机组丛书·（第二分册）·汽轮机设备及系统 . 北京：中国电力出版社，1998

2. 赵义学 . 电厂汽轮机设备及系统 . 北京：中国电力出版社，1997

3. 哈尔滨汽轮机厂 . 20 万千瓦汽轮机的结构 . 北京：水利电力出版社，1992

4. 叶荣学 . 汽轮机调节 . 北京：水利电力出版社

5. 上海汽轮机厂 . 汽轮机电液调节 . 北京：水利电力出版社，1985

6. 中国华东电力集团公司科学技术委员会编著 . 600MW 火电机组运行技术丛书 . 汽轮机分册 . 北京：中国电力出版社，2000

7. 席洪藻 . 汽轮机设备及运行 . 北京：水利电力出版社，1988

8. 曹祖庆 . 汽轮机调节动态特性 . 北京：水利电力出版社，1991

9. 金毓军 . 火力发电厂国产 200MW 机组运行培训教程·汽轮机分册 . 沈阳：辽宁科学技术出版社，2000